Triple Play

Außerdem erschienen:

A. Picot, S. Doeblin (Hrsg.)
eCompanies – gründen, wachsen, ernten
ISBN 3-540-67726-7. 2001. IX, 160 S.

A. Picot, H.-P. Quadt (Hrsg.)
Verwaltung ans Netz!
ISBN 3-540-41740-0. 2001. IX, 201 S.

J. Eberspächer, U. Hertz (Hrsg.)
Leben in der e-Society
ISBN 3-540-42724-4. 2002. IX, 235 S.

J. Eberspächer (Hrsg.)
Die Zukunft der Printmedien
ISBN 3-540-43356-2. 2002. VIII, 246 S.

A. Picot (Hrsg.)
Das Telekommunikationsgesetz auf dem Prüfstand
ISBN 3-540-44140-9. 2003. VIII, 161 S.

M. Dowling, J. Eberspächer, A. Picot (Hrsg.)
eLearning in Unternehmen
ISBN 3-540-00543-9. 2003. VIII, 154 S.

J. Eberspächer, A. Ziemer (Hrsg.)
Video Digital – Quo vadis Fernsehen?
ISBN 3-540-40238-1. 2003. VIII, 140 S.

A. Picot (Hrsg.)
Digital Rights Management
ISBN 3-540-40598-4. 2003. V, 153 S.

J. Eberspächer, H.-P. Quadt (Hrsg.)
Breitband-Perspektiven
ISBN 3-540-22104. 2004. VIII, 186 S.

A. Picot, H. Thielmann (Hrsg.)
Distribution und Schutz digitaler Medien durch Digital Rights Management
ISBN 3-540-23844-1. 2005. X, 153 S.

J. Eberspächer, H. Tillmann (Hrsg.)
Broadcast-Mediendienste im Spannungsfeld zwischen Märkten und Politik
ISBN 3-540-24345-3. 2005. VIII, 191 S.

A. Picot, H.-P. Quadt (Hrsg.)
Telekommunikation und die globale wirtschaftliche Entwicklung
ISBN 3-540-25778-0. 2005. VI, 110 S.

J. Eberspächer, A. Picot, G. Braun (Hrsg.)
eHealth
ISBN 3-540-29350-7. 2006. X, 354 S.

J. Eberspächer, W. von Reden (Hrsg.)
Umhegt oder abhängig?
ISBN 3-540-28143-6. 2006. IX, 230 S.

A. Picot (Ed.)
The Future of Telecommunications Industries
ISBN 3-540-32553-0. 2006. VI, 190 S.

Th. Hess, S. Doeblin (Hrsg.)
Turbulenzen in der Telekommunikations- und Medienindustrie
ISBN 3-540-33529-3. 2006. IX, 315 S.

J. Eberspächer, S. Holtel (Hrsg.)
Suchen und Finden im Internet
ISBN 3-540-38223-2. 2006. IX, 232 S.

Arnold Picot · Andreas Bereczky
Axel Freyberg (Herausgeber)

Triple Play

Fernsehen, Telefonie und Internet wachsen zusammen

Mit 126 Abbildungen

Prof. Dr. Dres. h.c. Arnold Picot
Universität München
Institut für Information,
Organisation und Management
Ludwigstr. 28
80539 München
picot@lmu.de

Dr. Andreas Bereczky
Zweites Deutsches Fernsehen
ZDF-Str. 1
55100 Mainz
bereczky.a@zdf.de

Axel Freyberg
A.T.Kearney GmbH
Charlottenstr. 57
10117 Berlin
axel.freyberg@atkearney.com

ISBN-10 3-540-49722-6 Springer Berlin Heidelberg New York
ISBN-13 978-3-540-49722-6 Springer Berlin Heidelberg New York

Bibliografische Information der Deutschen Nationalbibliothek
Die Deutsche Nationalbibliothek verzeichnet diese Publikation in der Deutschen Nationalbibliografie; detaillierte bibliografische Daten sind im Internet über http://dnb.d-nb.de abrufbar.

Springer ist ein Unternehmen von Springer Science+Business Media

springer.de

Herstellung: LE-TEX Jelonek, Schmidt & Vöckler GbR, Leipzig
Umschlaggestaltung: Erich Kirchner, Heidelberg

SPIN 11914716 42/3100YL - 5 4 3 2 1 0 Gedruckt auf säurefreiem Papier

Vorwort

Triple Play ist gegenwärtig ein Zauberwort der Telekommunikationsindustrie: die Bündlung von Telefonie, Internet und Video/TV in einem Leistungsangebot, also die Konvergenz der Medien. Nach Jahre langen Versuchen mit Video on Demand soll die Vision im Jahr der Fußball-WM Realität werden. Unternehmen wie die Deutsche Telekom, Kabel Deutschland, Arcor, Telefónica und viele andere investieren Milliarden in neue Breitbandinfrastrukturen und Inhalte – gleichzeitig sind Inhalteanbieter und Sender verblüfft über die neue Vielfalt an Verbreitungswegen und die sich daraus ergebenen Einflüsse auf ihr Geschäftsmodell.

Doch was ist Triple Play wirklich? Was ist der Mehrwert, der für den Konsumenten erzeugt werden kann? Heute bezahlt ein Kunde neben der GEZ-Gebühr zusätzlich für seinen Kabelanschluss, sofern er nicht sein Programm über Satellit oder DVB-T unentgeltlich empfängt. Gleichzeitig fallen die Preise für Telefonie und Internet derzeit fast ins Bodenlose. Da stellt sich die Frage, wie sich die Investitionen in die Netze rentieren können. Über die kommerzielle Bündelung der Dienste muss Mehrwert erzeugt werden. Führt hier der Griff nach attraktiven Inhalten nur zu immer höheren Preisen für Senderechte, oder können durch neue Formate, durch Interaktivität oder neue Werbeformen neue Umsatzströme erschlossen werden?

Andererseits: wird der rechtliche Rahmen diesen neuen Formaten noch gerecht? Reicht die Mediengesetzgebung aus, eine Welt zu regeln, in der Verbreitungswege nicht mehr limitiert sind, in der Jedermann zu einem „Sender“ werden kann, in der klassische Werbung nicht mehr funktioniert, in der Internetparadigmen auf die Medienlandschaft transferiert werden?

Deutschland ist bei weitem nicht der Vorreiter im Triple Play Umfeld, sondern kann hier von Erfahrungen in anderen Ländern lernen, wenn auch die Entwicklung überall noch am Anfang steht und unter jeweils spezifischen Bedingungen verläuft. Derzeit werden neue zusätzliche Verbreitungswege wie Mobilfunk und neue Formate und Anwendungen weltweit und auch in Ansätzen in Deutschland verfolgt.

Der MÜNCHNER KREIS hat die vielfältigen Aspekte und zukünftigen Szenarien des Triple Play in seiner Fachkonferenz „Triple Play“ präsentiert und diskutiert. Dabei wurde das Thema grundsätzlich beleuchtet. Vor dem Hintergrund des sich verändernden Nutzerverhaltens haben die großen Protagonisten des Triple Play im deutschen Markt teilgenommen und dargestellt, wie und wo sie Mehrwert für den Kunden schaffen. Die medienrechtlichen und gesellschaftlichen Aspekte wurden kontrovers diskutiert. Abschließend wurde ein Ausblick auf die zukünftigen Möglichkeiten des Triple Play von der Mobilität über die Interaktivität bis zur Werbung gegeben.

Arnold Picot Andreas Bereczky Axel Freyberg

Inhalt

1 **Begrüßung und Einführung** 1
Prof. Dr. Arnold Picot, Universität München

2 **Einführung**

2.1 **Medienmärkte im Wandel** 9
Erwin Huber, Bayer. Staatsministerium für Wirtschaft, Infrastruktur, Verkehr und Technologie, München

2.2 **Triple-Play-Entwicklung – in Deutschland und weltweit** 13
Axel Freyberg, A.T. Kearney GmbH, Berlin

2.3 **Evolution des Nutzerverhaltens** 29
Prof. Dr. Hans-Bernd Brosius, Universität München
Hannah Früh M.A., Universität München

2.4 **Erfahrungen mit Triple Play in den USA** 51
Eckart Pech, Detecon Inc., Reston, VA

2.5 **Diskussion** 64
Moderation: Dr. Andreas Bereczky, Zweites Deutsches Fernsehen, Mainz

3 **Geschäftsmodelle im Triple Play**

3.1 **Erfolgsfaktoren für Triple Play** 69
Wolfgang Kasper, RTL interactive GmbH, Köln

3.2 **Geschäftsmodell der Telefónica Deutschland** 75
Dr. Mahler, Telefónica Deutschland, München

3.3 **Geschäftsmodelle im Bereich des Rundfunks** 81
Herbert Tillmann, Bayerischen Rundfunk, München

3.4 **Geschäftsmodell der Kabel Deutschland GmbH** 89
Christof Wahl, Kabel Deutschland, Unterföhring

3.5 **Diskussion** 94
Moderation: Prof. Dr. Bernd Skiera, Universität Frankfurt

4 Podiumsdiskussion Medienpolitik und institutionelle Rahmenbedingungen 107
Moderation: Prof. Dr. Arnold Picot, Universität München
Teilnehmer:
Prof. Dr. Carl-Eugen Eberle, Zweites Deutsches Fernsehen, Mainz
Dr. Hans Hege, Medienanstalt Berlin-Brandenburg, Berlin
Georg F. Hofer, Kabel Baden-Württemberg GmbH, Heidelberg
Prof. Dr. Jörn Kruse, Helmut-Schmidt-Universität, Hamburg
Dr. Angelika Niebler, Mitglied des Europäischen Parlaments, Brüssel
Dr. Wolfgang Schulz, Hans-Bredow-Institut, Hamburg
Martin Stadelmeier, Staatssekretär Rheinland-Pfalz, Mainz

5 Konvergente Dienste – Mehr als nur ein Bündel

5.1 Internationale Beispiele für konvergente Dienste 139
Norbert Günther, Alcatel SEL AG, Stuttgart

5.2 Fernsehempfang auf dem Handy: Basis für neue mobile interaktive Dienste 152
Prof. Dr. Claus Sattler,
Broadcast Mobile Convergence Forum, Berlin

5.3 Interaktives TV – Konvergente Geschäftsmodelle für TV und TK Kriterien für erfolgreiche interaktive Geschäftsmodelle 164
Michael Werber, FiveWorks GmbH

5.4 Neue Multimediale Werbeformen 180
Stefan Baumann, STURM und DRANG, Hamburg

5.5 Diskussion 201
Moderation:
Dr. Annette Schumacher,
Kabel Deutschland GmbH, Unterföhring

6 Schlusswort 209
Prof. Dr. Arnold Picot, Universität München

Anhang 211
Liste der Referenten und Moderatoren
Programmausschuss

1 Begrüßung und Einführung

Prof. Dr. Arnold Picot
Universität München

Ich begrüße Sie im Namen des Münchner Kreises sehr herzlich zu unserer heutigen Konferenz „Triple Play“. Wir freuen uns sehr, dass dieses Thema, das wir von langer Hand in einem Programmausschuss, mit dem Forschungsausschuss und mit dem Vorstand unserer Gesellschaft vorbereitet haben, eine so große Resonanz gefunden hat. Wir sind gespannt auf lebendige Diskussionen und gute Information.

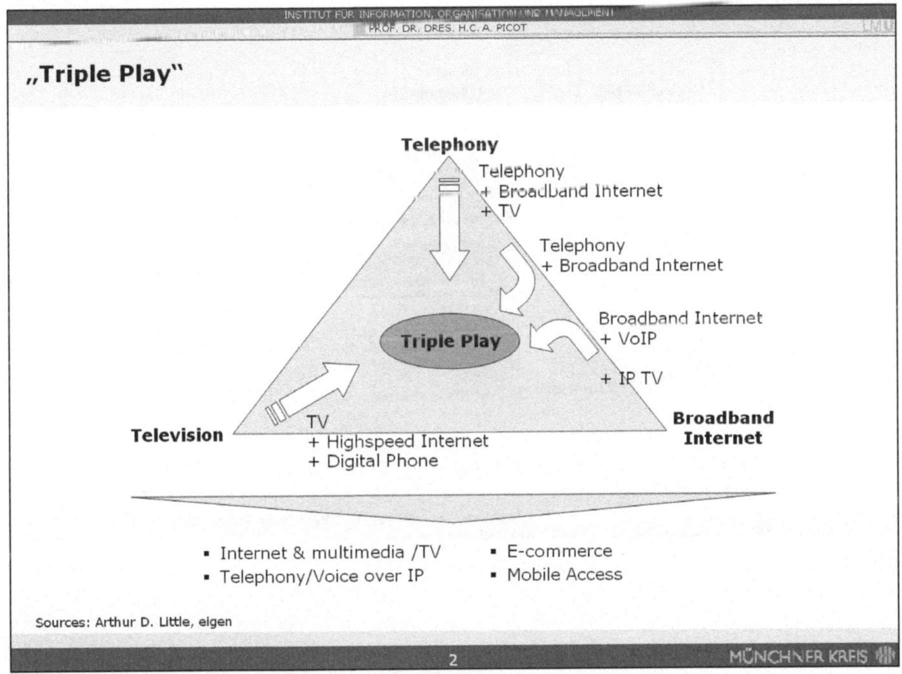

Bild 1

Meine Damen und Herren, Triple Play ist ein Kunstbegriff, der vor einigen Jahren in die Diskussion kam. Seit mindestens zwei Jahren hat er jetzt eine gewisse Konjunktur in der Branche. Triple Play heißt dreifaches Spiel, und dieses dreifache Spiel speist sich aus drei Quellen, die nun auf einmal gemeinsam sprudeln sollen (Bild 1). Da sollen die Telefonie, der Internetzugang und der Fernsehzugang in gewisser Weise zusammen verfügbar werden, zusammenwachsen, so dass jemand, der bisher ein isolierter Kunde des einen oder anderen dieser Dienste war, auf einmal alle drei Dienste, alle drei Medien und Kommunikationsdienste im Verbund zur Verfügung hat und dann ad hoc wählen kann, ob er nun das eine oder das andere – vielleicht auch parallel – nutzen möchte. Wenn so etwas in großer Breite Wirklichkeit werden sollte, und es gibt starke Anzeichen dafür, dann hat das natürlich tief greifende Konsequenzen für die Struktur der Medien und Telekommunikationswirtschaft; denn bisher ganz getrennte Anbieter, Anbietergruppen und Geschäftsmodelle verschmelzen nun auf einmal. Das ist das Thema unserer heutigen Veranstaltung.

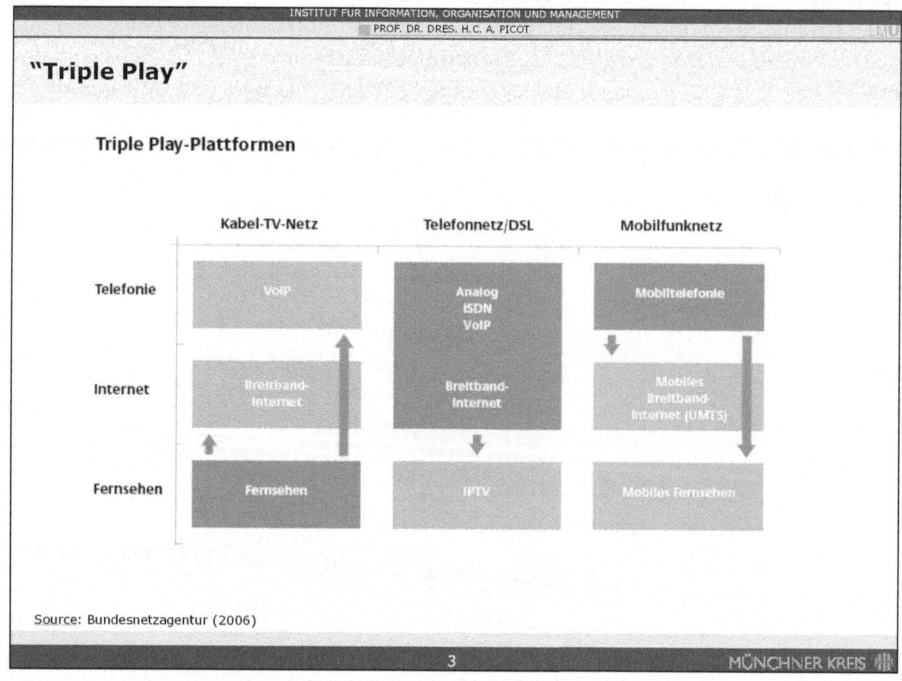

Bild 2

Die zunehmende Bandbreite des Internetzugangs hat Möglichkeiten eröffnet, neben einfacher Recherche im Internet auch Telefonie und schließlich Videosignale in großer Qualität abzurufen bzw. interaktiv zu nutzen. Dies ist nicht allein auf Netzen der Telekommunikationsanbieter, sondern z.B. auch auf den Netzen der Kabelwirtschaft realisierbar. Insofern können nun verschiedene Netzinfrastrukturen für diese Angebote genutzt werden und auch in Konkurrenz treten. Wir haben es also mit Plattformen zu tun, die sich in gewisser Weise aufeinander zu bewegen und dann Ähnliches ermöglichen (Bild 2). Die Kabelnetze entwickeln sich vom Fernsehen hin zum Internet und zur Telefonie. Die Telefonnetze und die damit zusammenhängenden DSL-Netze entwickeln sich von der Telefonie und dem Internetzugang hin zum Fernsehen. Und auch die Mobilfunknetze sind nicht ausgeschlossen von der Entwicklung, sondern sie ermöglichen zunehmend den Breitbandzugang zum Internet und schließlich auch zum mobilen Fernsehen; wir beobachten zudem ein Zusammenwachsen mit den Festnetzen.

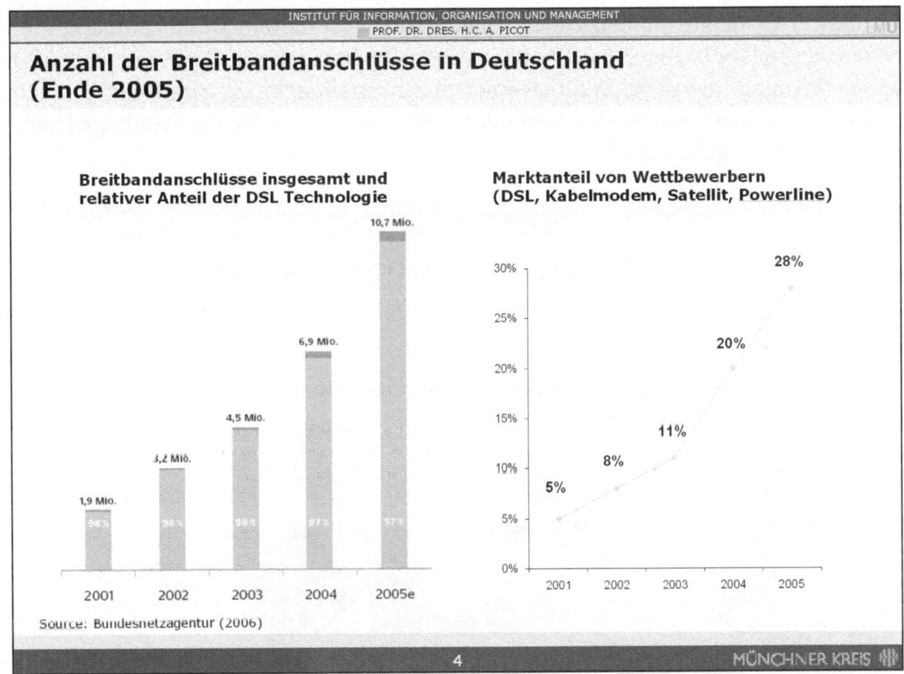

Bild 3

Die Bundesnetzagentur hat in ihrem jüngsten Jahresbericht gleich zu Anfang nach ihren Einführungen dem Thema „Triple Play" einen eigenen Abschnitt gewidmet und hat damit deutlich gemacht, dass auch aus ihrer Sicht dieses Thema eine große Bedeutung für die weitere Entwicklung der von ihr betreuten Telekommunikationsmärkte haben wird. Das Zusammenwachsen, die Konvergenz, über die wir hier schon seit vielen Jahren reden, wird sich nicht auf die Infrastrukturen und die Dienstangebote beschränken, sondern eben auch bei den Endgeräten stattfinden. Auch das ist zurzeit bereits beobachtbar; bei den stationären Endgeräten genau so wie bei den mobilen Endgeräten. Ein wichtiger Treiber der Entwicklung war sicherlich die Ausbreitung der Breitbandanschlüsse in Deutschland, aber auch natürlich international. Auf der Folie ist noch einmal die Entwicklung in Deutschland dargestellt (Bild 3). Sie ist im internationalen Vergleich nicht besonders stürmisch – wir liegen dort gerade so im Mittelfeld. Aber es zeigt doch, dass durch diese Möglichkeiten des breitbandigen interaktiven Zugangs zum Internet erst die Voraussetzung geschaffen wurde für das, was wir heute Triple Play nennen. Dieser Zugang zum Internet findet zum größten Teil in Deutschland zurzeit über die DSL Technologie statt und zu einem kleineren, aber wachsenden Teil über die Kabeltechnologie, während in anderen Ländern das zum Teil gerade umgekehrt ist oder zumindest anders strukturiert.

Wettbewerber nehmen einen zunehmenden Anteil an diesem Breitbandmarkt ein. Allerdings muss man bei dieser Wettbewerbsbetrachtung sagen, dass ein großer Teil der Vorleistung, die diese Wettbewerber in Anspruch nehmen gerade im Bereich von DSL von dem marktbeherrschenden Unternehmen, in Deutschland der Deutschen Telekom, geliefert wird.

Bild 4

Die ersten konsumnahen Angebote für Triple Play sind im Markt. Hier ist ein Beispiel, gezeigt von Kabel Deutschland, die auf ihrem Kabelnetz in bestimmten Regionen bereits diese Triple Play interaktive Nutzung ihres Kabels in dieser Form realisiert haben (Bild 4). Sie sehen hier, dass verschiedene Angebote da sind, in welcher Form der Kunde dieses gebündelt und im Paket wahrnehmen kann und zu welchen Preisen.

Weitere Angebote von anderen Playern sind ebenfalls im Markt oder auch von verschiedenen Beteiligten angekündigt. Wir werden dazu heute sicherlich noch Einiges hören.

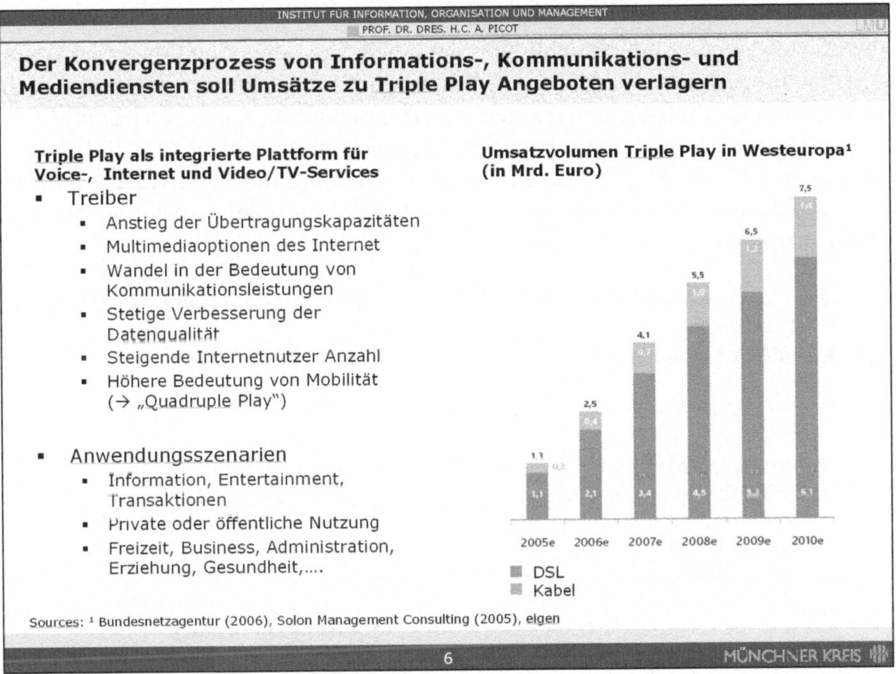

Bild 5

Die Zukunftserwartungen, die sich mit dieser Entwicklung verknüpfen, sind durchaus beträchtlich. Ob sie sich alle realisieren, wird man in den nächsten Jahren sehen.

Hier ist eine Prognose wiedergegeben, die von der Bundesnetzagentur in ihrem jüngsten Jahresbericht veröffentlicht und von Solon Management Consulting erstellt wurde (Bild 5). Darin wird immerhin für Westeuropa ein Marktvolumen, wohlgemerkt für Triple Play allein, von ca. 7,5 Milliarden Euro für das Jahr 2010 in Aussicht gestellt, für ganz Westeuropa basierend auf DSL, aber auch zu einem beträchtlichen Teil auf Kabel. Das ist je nach westeuropäischem Land, das dahinter steht, unterschiedlich zu sehen.

Die Treiber dieser Entwicklung sind vielfältig. Die Übertragungskapazitäten wurden schon erwähnt; die Multimedialität des Internet, die immer stärker zunimmt; die sich wandelnde Bedeutung von Kommunikationsleistung, die sich immer stärker in Richtung Communities entwickelt; die Verbesserung der Quality of Service in der Datenqualität im Internet; die steigende Internetnutzung in allen Bereichen unseres Lebens und schließlich auch die Mobilität, die dann zu etwas führt, was auch zum Teil „Quadruple Play“ genannt wird, obwohl das systematisch eine etwas merkwürdige Bezeichnung ist.

Die Anwendungen sind ebenfall sehr zahlreich und sehr vielfältig. Auch dazu werden wir heute noch Einiges hören. Es geht eben um Fachinformation, aber auch um unterhaltende Information. Es geht um Transaktion im Sinne von eCommerce. Es geht um private und öffentliche Nutzung, auch eGovernment ist natürlich hier stark angesprochen. Es geht um geschäftliche und um Freizeitaktivitäten. Es geht um Gesundheit und Erziehung – also um ein breites Anwendungsspektrum, das sich eröffnen könnte.

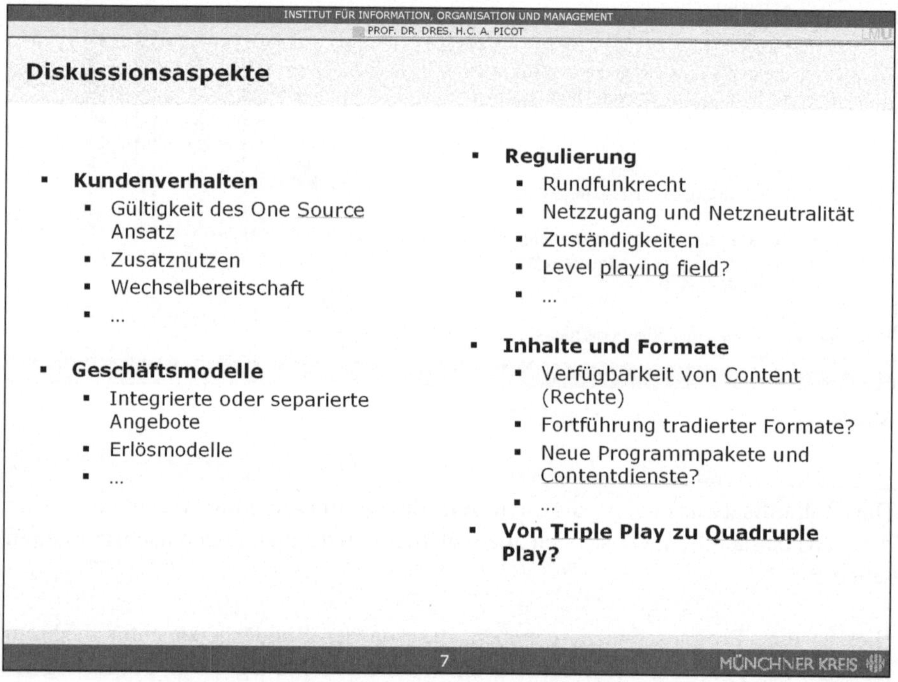

INSTITUT FÜR INFORMATION, ORGANISATION UND MANAGEMENT
PROF. DR. DRES. H.C. A. PICOT

Diskussionsaspekte

- **Kundenverhalten**
  - Gültigkeit des One Source Ansatz
  - Zusatznutzen
  - Wechselbereitschaft
  - ...
- **Geschäftsmodelle**
  - Integrierte oder separierte Angebote
  - Erlösmodelle
  - ...
- **Regulierung**
  - Rundfunkrecht
  - Netzzugang und Netzneutralität
  - Zuständigkeiten
  - Level playing field?
  - ...
- **Inhalte und Formate**
  - Verfügbarkeit von Content (Rechte)
  - Fortführung tradierter Formate?
  - Neue Programmpakete und Contentdienste?
  - ...
- **Von Triple Play zu Quadruple Play?**

7 MÜNCHNER KREIS

Bild 6

Meine Damen und Herren, wir wollen dieses Feld heute vertieft erörtern, und wir haben ein sehr interessantes und kompetentes Programm hierzu zusammengestellt mithilfe verschiedener Partner, die wir gewinnen konnten (Bild 6). Wir werden uns mit Themen des Kundenverhaltens beschäftigen: Möchte der Kunde diesen One-Source-Ansatz wirklich verfolgen, nämlich dass er diese drei Angebote aus einer Quelle zieht? Welchen Zusatznutzen sieht er hier eigentlich? Ist er bereit zu wechseln, wenn er bisher zum Beispiel Kabel- oder Fernsehkunde auf irgendeinem anderen Netzwerk war? Möchte er das jetzt aus dem Internet haben oder umgekehrt? Ist jemand bereit, seine Internet- und Telefondienstleistungen auch über Kabel zum Beispiel zu erledigen? Was gibt es da für Faktoren zu berücksichtigen? Wie sind die internationalen Erfahrungen des Kundenverhaltens? Dazu werden wir heute früh einiges Interessantes hören. Wir groß sind die Märkte eigentlich? Was für Geschäftsmodelle sind zu erwarten oder erscheinen tragfähig? Ist das integrierte Bündelangebot das, was sich hier durchsetzen kann? Oder sind es vielleicht doch dann wieder separierte Spezialangebote, die die Geschäftsmodelle treiben? Welche Erlösmodelle können sich herausbilden? Wird eine nutzungs- oder leistungsabhängige Bezahlweise oder mehr eine Abo- und Flatrate orientierte Bezahlweise vorherrschen?

Die Regulierung wirft eine Reihe von Fragen auf. Kommt das Rundfunkrecht jetzt für manche Player zum Tragen, die bisher davon verschont wurden? Wie ist der Netzzugang für Anbieter, die ihre Angebote in diese Triple Play Welt einsteuern wollen, zu regeln? Unter welchen Bedingungen ist dieser Netzzugang zu gewähren? Wann nicht? Was ist mit dem Begriff der Netzneutralität, der ja international zurzeit sehr diskutiert wird in diesem Zusammenhang? Sind die Zuständigkeiten, wie wir sie in Deutschland oder Europa haben, hilfreich oder sollte man vielleicht auch über veränderte Institutionen nachdenken? Besteht wirklich ein Level Play Umfeld für diesen sich entwickelnden Markt, wenn es denn ein neuer Markt ist?

Die Inhalte und Formate sind ebenfalls zu erörtern. Sind überhaupt genügend Inhalte verfügbar und wer hat die Rechte daran? Werden tradierte Formate hier einfach übertragen in diese Triple Play Welt, oder werden sich angepasste neuartige Programmpakete und Contentdienste entwickeln, die mehr der spontanen Nutzungsweise in dem sich immer stärker auf Communities und auf spezifische Kunden und Gruppenwünsche ausrichtenden Internet herausbilden? Mit anderen Worten: Wird es das traditionelle Fernsehen neben dem Internet basierten Triple Play Fernsehen geben?

Und schließlich: wie ist das mit Triple Play und Quadruple Play? Die Amerikaner haben uns gesagt, dass Triple Play noch nicht das Ende der Fahnenstange ist. Dass man da eins draufsetzen könnte mit Quadruple Play und meinen damit die Mobilität. Die Mobilität ist eigentlich kein weiteres Play, keine weitere inhaltliche Dienstleistung, die geliefert wird, sondern eine andere Zugangsform zu bestimmten Dienstleistungen. Es ist systematisch nicht ganz richtig hier, von einer vierten Spielwiese zu sprechen. Es hat sich aber so eingebürgert und Marketingbegriffe sind dann oft auch nicht mehr so leicht zu revidieren. Die Frage ist also: Wird das Ganze sich auch in die mobile Welt hinein entwickeln, und wenn ja, in welchem Umfang und in welcher Geschwindigkeit?

Ich freue mich sehr, dass wir ein so interessantes Programm mit Ihnen diskutieren dürfen. Ich begrüße Sie noch einmal ganz herzlich und übergebe an Herrn Dr. Bereczky, der den ersten großen Abschnitt moderiert.

2 Einführung

2.1 Medienmärkte im Wandel

Erwin Huber
Bayer. Staatsministerium für Wirtschaft, Infrastruktur, Verkehr und Technologie, München

Der Münchner Kreis greift als interdisziplinäre Vereinigung auf höchstem Niveau sachverständig und kritisch alle Facetten der Kommunikationsforschung auf. Ich freue mich deshalb, vor Ihnen über das brandaktuelle Thema „Medienmärkte im Wandel" sprechen zu dürfen.

Wie dramatisch sich die Medienlandschaft in den zurückliegenden Jahrzehnten verändert hat, wird beispielhaft anhand der Fußball WM 2006 deutlich. Das „Wunder von Bern" verfolgten 1954 die meisten Deutschen – wie auch ich – an ihren Radioempfängern – mono, mit knackenden Störgeräuschen im Hintergrund. Nur ganz wenige konnten das Ereignis im Fernsehen „live" miterleben. Damals gab es in Deutschland gerade einmal 20.000 Fernsehgeräte.

Im Vergleich zum Jahr 1954 erscheinen heute die Möglichkeiten, an der Fußballweltmeisterschaft über die Medien teilzunehmen, geradezu unbegrenzt. 98 % der bundesdeutschen Haushalte verfügen über ein Fernsehgerät. Es ist eine Selbstverständlichkeit, die Spiele der deutschen Nationalmannschaft vor dem Fernseher in Farbe live miterleben zu können und die entscheidenden Spielszenen nochmals in Zeitlupe aufbereitet zu bekommen. Der Zuschauer kann dabei wählen, ob er das Fernsehsignal über Antenne, Kabel, Satellit oder – in den Ballungsräumen – über DVB-T empfangen will. Nutzt er einen MHP-fähigen Decoder für den Satelliten- oder DVB-T-Empfang, kann er zusätzliche Dienste, die das laufende Sportprogramm ergänzen, über seine Fernbedienung abrufen.

Im Pay-TV werden alle 64 Spiele der Weltmeisterschaft im hochauflösenden Bildformat HDTV übertragen. Es ist in Farbbrillanz, Schärfe und Detailgenauigkeit dem „normalen" Fernsehstandard weit überlegen. Um keine Höhepunkte zu verpassen, hat der Zuschauer bei parallel stattfindenden Begegnungen die Möglichkeit zur Konferenzschaltung. Darüber hinaus wird das Fernsehen zur Weltmeisterschaft 2006 mobil.

Mittels des Übertragungsstandards DMB werden in den beiden bayerischen WM-Städten München und Nürnberg mehrere Fernsehprogramme und Radiosender mobil empfangbar sein. Über UMTS wird es die Möglichkeit gegeben, viele Spiele der Weltmeisterschaft auf dem Handy zu verfolgen. Außerdem gibt es Zusammenfassungen aller 64 Begegnungen schon kurz nach Spielende.

Im WM-Jahr 2006 nutzt in Deutschland bereits mehr als jeder Zweite das Internet. Noch nie gab es ein Medium, das in so kurzer Zeit so schnell gewachsen ist. Das Internet hat sich als neue Größe in der Medienlandschaft etabliert.

Für die Anbieter der klassischen Medien Fernsehen, Radio und Zeitung ist die Präsenz im Internet mit umfassenden Online-Angeboten selbstverständlich geworden. Aber auch unzählige News-Dienste, Diskussionsforen oder die Internetseiten von Firmen, Institutionen, Verwaltungen und Privatleuten tragen dazu bei, dass das Internet eine unerschöpfliche Informationsquelle ist.

Der Fußballfan hat die Möglichkeit, im Internet den Verlauf eines Spieles im Live-Ticker mitzuverfolgen, sich mittels Podcasts oder Video-Streams zu informieren, ergänzende Hintergrundberichte nachzulesen oder einfach nur in Erfahrung zu bringen, wo er ein Spiel auf einer Großleinwand ansehen kann. Hochbitratige Breitbandanschlüsse ermöglichen heute darüber hinaus die Übertragung von TV-Signalen über das Internet. So leicht wie bei keiner anderen Übertragungsform kann der Zuschauer hier Zusatzinformationen abrufen, an Umfragen teilnehmen oder Bestellungen aufgeben. Vor allem angesichts dieser Möglichkeiten zur Interaktion wird sich das Internet zu einem bedeutenden Distributionsweg für TV-Angebote entwickeln.

Die bereits verfügbaren Video-On-Demand-Dienste bieten dabei lediglich einen Vorgeschmack auf die zu erwartende Entwicklung. Den linearen IPTV-Angeboten, die für das WM-Jahr 2006 angekündigt sind, sehe ich mit großem Interesse entgegen.

Mir ist bewusst, dass wir in Deutschland bei vielen der beschriebenen Mediendiensten erst am Anfang stehen. Teilweise gilt es, noch erhebliche Hindernisse zu überwinden. Doch unabhängig von den bestehenden Problemen lässt die Momentaufnahme der Medienwelt im WM-Jahr 2006 klare Trends erkennen: Den Wandel der Medienmärkte bestimmen vor allem die Themen digitale Konvergenz, Mobilität und Individualisierung.

Der Begriff „Medienkonvergenz" beschreibt das Verschmelzen bisher traditionell getrennter Kommunikations- und Informationsbereiche. Die Konvergenz der Medien auf inhaltlicher Ebene ist bereits fester Bestandteil unserer Medienwelt. Die zeitgleiche Präsentation eines Inhalts in verschiedenen Medien ist für uns selbstverständlich.

Als Neuerung erleben wir heute vor allem die Medienkonvergenz auf technischer Ebene: Die Digitalisierung ermöglicht gemeinsame Übertragungswege für Schrift, Bild und Ton. Durch die Verfügbarkeit hochbitratiger Breitbandanschlüsse können

Internet, Fernsehen und Telefonie zusammen wachsen. Der Konsument erhält auf einer einheitlichen Plattform die freie Wahl zwischen Zeitung, Radio, Fernsehen und dem Abruf von Kinofilmen.

In Deutschland hat diese Entwicklung gerade erst begonnen. Der Erfolg von Triple Play wird in erster Linie davon abhängig sein, dass möglichst viele Menschen möglichst schnell Zugang zu den integrierten Plattformen erhalten. Vor diesem Hintergrund begrüße ich die Ankündigung, die bayerischen Kabelnetze großflächig mit einem Rückkanal auszustatten und so auch Internet und Telefonie über das Fernsehkabel zu ermöglichen.

Außerdem brauchen wir die Investitionen der Telekommunikationsnetzbetreiber in moderne Hochgeschwindigkeitsnetze. Natürlich müssen Unternehmen dabei die Perspektive haben, dass sich ihre Investitionen bezahlt machen. Dies gilt für alle Marktteilnehmer in gleicher Weise.

Der Koalitionsvertrag der neuen Bundesregierung wird in diesem Zusammenhang viel diskutiert. Für Investitionen, die einen „neuen Markt" begründen, bietet der geplante § 9 a des Telekommunikationsgesetzes eine gute Grundlage, um ihre Rentabilität zu gewährleisten. Im laufenden Gesetzgebungsverfahren sind Einzelheiten noch genauer festzulegen. Die Grundaussage, dass zur Schaffung von Investitionsanreizen „neue Märkte" zunächst von der Regulierung ausgenommen werden, ist aber alles andere als eine revolutionäre volkswirtschaftliche These.

Besser als jede staatliche Regulierung sind für alle Seiten akzeptable Lösungen, die die Marktteilnehmer gemeinsam im Dialog erarbeiten. Gespräche zwischen der Telekom und ihren Wettbewerbern über das VDSL-Netz halte ich daher für außerordentlich wichtig. Folge der Verschmelzung von Internet, Fernsehen und Telefonie ist, dass sich Anbieter aus ehemals getrennten Märkten nun als Wettbewerber gegenüberstehen. Mit den Festnetzbetreibern betreten finanzstarke Investoren den Markt. Sie wollen nicht länger nur Transporteure von Signalen sein, sondern ihren Kunden selber maßgeschneiderte Inhaltsangebote liefern. Als Anbieter von Inhalten kommt auf sie allerdings auch eine neue Verantwortung zu, der sie sich stellen müssen. Die Regulierung muss auf die veränderte Situation reagieren. Sie kann sich künftig nicht nur auf einen Verbreitungsweg beziehen, sondern muss technologieneutral erfolgen. Regulierung muss auf das zwingend Erforderliche begrenzt werden, etwa in den Bereich Jugendschutz oder Schleichwerbung. Im Widerspruch dazu stehen quantitative Werbevorgaben oder Quotenbestimmungen zur Herkunft von Inhalten. Um den veränderten Anforderungen gerecht zu werden, muss die Medienaufsicht schneller und effizienter als bisher gestaltet werden.

Neben der Medienkonvergenz prägt der Trend zur Mobilität den Wandel der Medienmärkte. Die Erfolgsgeschichte des Handys bringt das starke Bedürfnis nach Mobilität zum Ausdruck. Bereits heute hat die Zahl der Mobilfunkkunden in Deutschland die 80-Millionen-Grenze erreicht. Neue Techniken und Endgeräte ermöglichen nun den mobilen Empfang von klassischen Rundfunkdiensten in bisher nicht gekannter Qualität und Vielfalt. Darüber hinaus macht die Steigerung der Übertragungsraten für den Datenverkehr die komfortable Nutzung von Zusatzdiensten wie Streaming-Angeboten oder Musikdownloads möglich. Damit hat das Handy die Chance, sich als mobiles Multimedia-Gerät zu etablieren und das „Triple Play" zum „Quadruple Play" zu erweitern.

Diese Chance darf nicht durch einen „Kampf" der Systeme DVB-H gegen DMB vergeben werden. Dies würde letztlich allen Marktteilnehmern schaden. Sinnvoll ist allein ein Nebeneinander im Wettbewerb. Dafür werde ich mich einsetzen.

Ob im Wohnzimmer oder unterwegs, der Konsument will heute sein Programm individuell zusammenstellen. Er will selbst Programmdirektor sein. Dies bestätigt nicht nur die große Nachfrage nach DVD-Geräten und Filmen, sondern auch die Akzeptanz von Podcast- und Streaming-Angeboten. Den Trend greifen auch die Video-On-Demand-Dienste auf.

Mit zunehmender Individualisierung wird das klassische Vollprogramm mit festem Sendeschema an Bedeutung verlieren. Spartenangebote treten mehr und mehr in den Vordergrund. Dies ist medienpolitisch nicht unproblematisch. Durch diese Entwicklung wird die für unsere Gesellschaft wichtige integrative Wirkung der großen öffentlich-rechtlichen Programme gefährdet. So drohen die Flagschiffe wie „Tagesschau" oder „Heute" an Bedeutung zu verlieren, wenn es nicht gelingt, diese „Produkte" in die neue Medienwelt als starke „Marke" hinüberzuretten.

Mit dem individuellen Zugriff auf Filme, Fußballspiele und Fernsehshows verliert aber auch die klassische Werbeunterbrechung an Bedeutung. Der Konsument, der sein Programm individuell gestalten will, wird bereit sein müssen, dafür zu bezahlen. Zahlungspflichtige Angebote werden immer mehr Raum einnehmen. Wie viel dem Konsumenten die individuelle Gestaltung seines Programms wert ist, wird sich zeigen.

Die Medienmärkte befinden sich im Umbruch. Der starke Wandel der Medienmärkte bietet vor allem eines: Chancen, die es zu nutzen gilt.

Bayern hat mit seinem Medienstandort München die besten Voraussetzungen bei der Integration von Technik und Diensten seine führende Rolle auszubauen. Nirgends sonst finden sich an einem Standort so viele Verleger, Agenturen, Fernsehsender, Produktionsfirmen, Telekommunikationsanbieter und IT-Unternehmen.

Noch stehen wir in vielen Bereichen erst am Anfang. Die Fußballweltmeisterschaft 2006 bietet dabei die Möglichkeit, neue Techniken und neue Mediendienste im Bewusstsein der Menschen zu verankern. Für die weitere Entwicklung gibt es aber noch viele Fragen, die geklärt, viele Probleme, die gelöst werden müssen. Gerade eine Fachkonferenz wie diese kann hierzu einen bedeutenden Beitrag leisten.

2.2 Triple-Play-Entwicklung – in Deutschland und weltweit

Axel Freyberg
A.T. Kearney GmbH, Berlin

Das Thema „Triple Play“ steht ganz weit oben auf den Agenden der Telekommunikationsunternehmen weltweit und ist zunehmend auch in Deutschland als Schlagwort in aller Munde. Doch was bezeichnet eigentlich „Triple-Play“? Der Begriff kann in unterschiedlichen Märkten durchaus unterschiedliche Bedeutung haben. Grundsätzlich bezeichnet Triple-Play das gebündelte Angebot von verschiedenen Diensten – nämlich von Sprachtelefonie, Internet/Daten und TV/Video-Content – aus einer Hand (Bild 1).

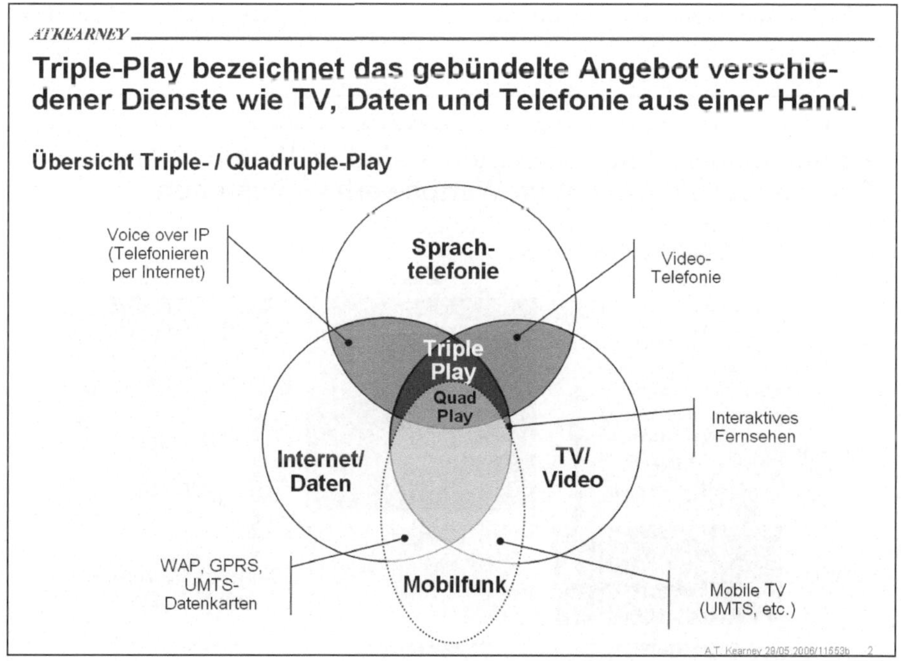

Bild 1

In einigen Märkten kommt es jedoch aufgrund der Gegebenheiten zu anderen Definitionen. So ersetzen in den USA oder Italien einige Anbieter in ihrer Definition von Triple Play die TV- durch eine Mobilfunk-Komponente, weil sie selbst noch kein TV-Angebot unterbreiten können, den Begriff Triple-Play aber zu Marketingzwecken verwenden möchten. Grundsätzlich wird jedoch gerade auch der Begriff Quad-Play geprägt, hier kommt zum klassischen Triple-Play auch noch der Mobilfunk als weitere, vierte Komponente hinzu. Besonders die Vollsortimenter unter den Telekommunikationsunternehmen in wettbewerbsintensiven Märkten verfolgen diese Richtung, da sie die Integration des Mobilfunks momentan als kurzfristig einzige Möglichkeit sehen, sich von den Kabelanbieter zu differenzieren, die den Markt angreifen.

Beim Thema Triple Play treten Festnetz- und Kabelanbieter direkt gegeneinander an und expandieren in den Markt des jeweils anderen. Während die Plattformen beider Gruppen in Deutschland die grundsätzlichen Voraussetzungen schaffen, sind auf beiden Seiten noch einige Hürden zu überwinden, um Triple Play anbieten zu können. Bei den Kabelanbietern in Deutschland sind die Herstellung der Rückkanalfähigkeit des Kabelangebots und der Zugang zum Endkunden sicherlich die größten Herausforderungen. Sie sind bedingt durch den späten Verkauf des Kabelgeschäftes und auch in der Struktur des deutschen Kabelmarktes begründet (Bild 2).

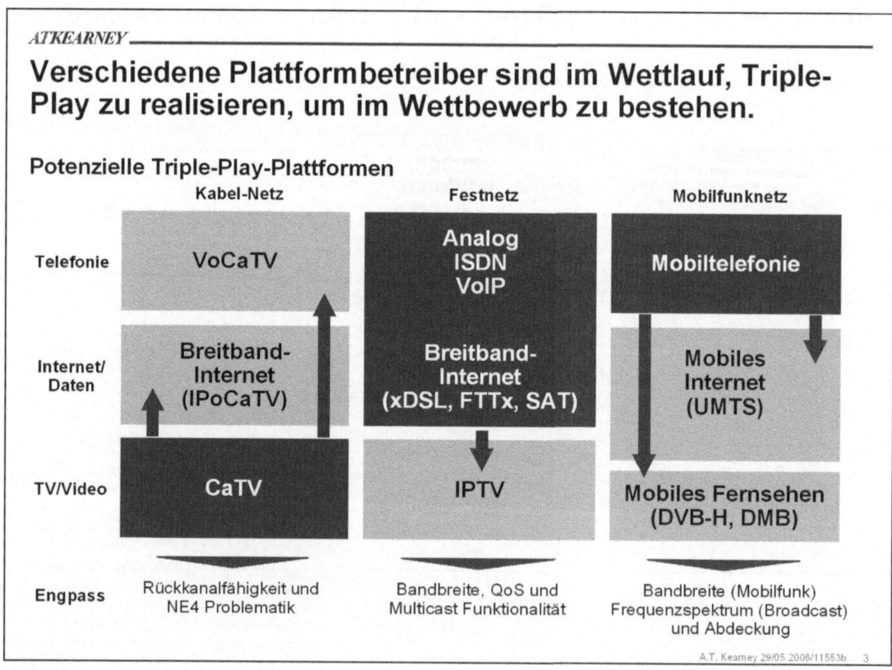

Bild 2

Im Gegensatz dazu wurde im Festnetz durch den Aufbau des breitbandigen Datengeschäfts bereits die Basis für die Expansion ins Internet Protocol Television (IPTV) gelegt – wobei IPTV jedoch bei weitem mehr Bandbreite benötigt als heute verfügbar ist. Nicht umsonst investieren alle Festnetz-Spieler in den Breitbandausbau mit ADSL 2+ (bis 16 Megabit/s), mit FTTC/VDSL (bis zu 50 Megabit/s) oder direkten Hausanschlüssen mit Glasfaser mit über 100 Megabit/s. Eine Schwachstelle der bisherigen Breitbandnetze der Festnetzanbieter ist jedoch die fehlende Multicast-Fähigkeit, also die Übertragung von einem Signal an viele Nutzer. Damit tatsächlich mehr als 100 Kanäle beim Kunden in angemessener Qualität ankommen, das Zappen zwischen Programmen nicht mehrere Sekunden dauert, und sich auch gleichzeitiges Telefonieren und im Internet-Surfen nicht negativ auf das Fernseherlebnis auswirken, müssen die Breitbandnetze entsprechend umgerüstet werden. Die Kundenerfahrung darf auf dem Festnetz in keinster Weise dem nachstehen, was die Kunden heute aus dem Kabel- oder Satelliten-TV-Umfeld kennen.

Parallel zum Kabel- und Festnetz baut auch der Mobilfunk sein Angebot weiter aus. Zwar stellt der Mobilfunk im klassischen Triple-Play aufgrund der fehlenden Bandbreite keine wirkliche Alternative zu den anderen Plattformen dar, dennoch hält auch in diesem Markt Triple-Play Einzug. Rechtzeitig zur FIFA Fußballweltmeister-schaft im Juni 2006 startete debitel mit dem ersten Broadcast-Mobile-TV-Angebot auf Basis von Digital Multimedia Broadcasting (DMB) mit vier Kanälen. Die anderen vier Mobilfunk-Spieler setzen neben ihren UMTS-basierten Mobile-TV-Angeboten dagegen auf den DVB-H-Standard (Digital Video Broadcasting-Handhelds). Dieser erlaubt zwar eine größere Programmvielfalt, lässt aber aufgrund regulativer und infra-struktureller Hürden in Deutschland im kommerziellen Betrieb noch auf sich warten. Unterstützt von der Landesmedienanstalt, werden jedoch einige tausend ausgewählte Nutzer Mobile-TV auf DVB-H-Basis bereits zur WM im Testbetrieb nutzen können.

Angesichts der hohen Investitionen, die von den Plattformanbietern getätigt werden, stellt sich die Frage: Wie groß ist eigentlich der Markt, der adressiert wird und den es zu verteilen gilt? Grundsätzlich geht es um die Neuaufteilung des Gesamtmarktes von 76 Milliarden Euro (Bild 3).

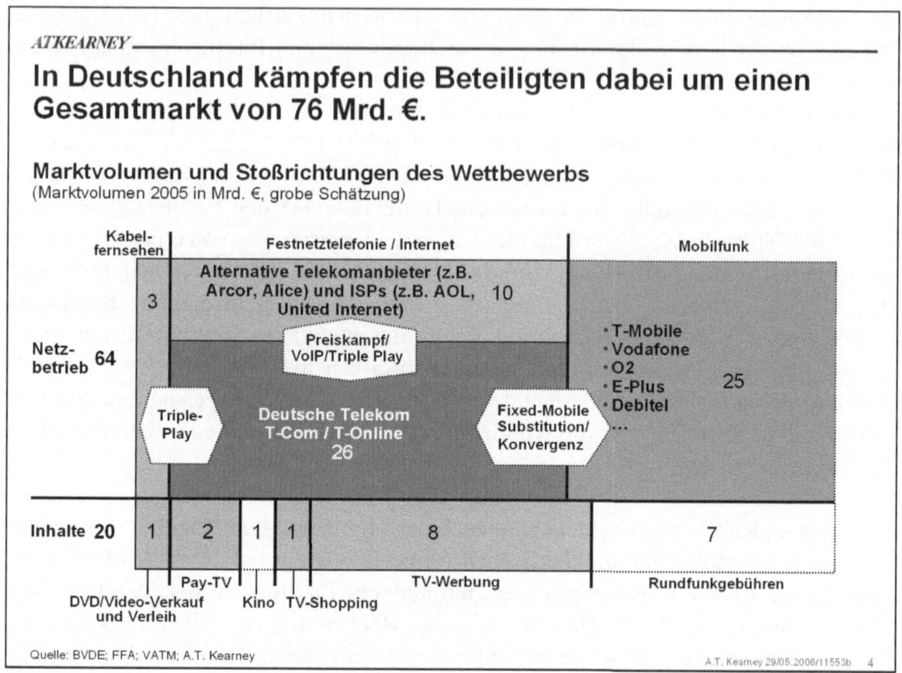

Bild 3

Schon heute wird die Deutsche Telekom von alternativen Festnetzanbietern, Kabelanbietern und Mobilfunkbetreibern begünstigt durch Regulierung und die technologische Konvergenz von allen Seiten angegriffen. Während der Mobilfunk zunehmend das Sprachgeschäft substituiert, entflammt mit Triple-Play der Kampf um den Markt für Internet-, TV- und Sprachtelefonie unter den anderen Marktteilnehmern. Der Wettbewerb, der lange im deutschen Markt gefordert worden ist, ist hier im vollen Gange. Die Marktteilnehmer haben jedoch nicht nur die Expansion in die Märkte des jeweils anderen im Netzbetrieb vor Augen, sondern möchten auch mit Pay-TV, Video-on-Demand und neuen Werbeformen und eCommerce-Lösungen in den Inhaltebereich expandieren, um sich von dem adressierbaren zwölf Milliarden Euro Markt ein Stück abzuschneiden und diesen vielleicht sogar zu erweitern.

Bild 4

Von den einzelnen Marktteilnehmern in Deutschland sind in 2006 – nach einer längeren Warmlaufphase – konkrete Triple-Play-Angebote zu erwarten (Bild 4). Die Kabelanbieter haben zunächst einmal erste Triple-Play-Angebote vorgelegt – allen voran Kabel Baden-Württemberg, die bereits knapp 50 Prozent ihrer Kunden für Triple Play ausgerüstet haben und ihnen eine Vielzahl von Programmen und Breitband-Internet bis zu 20 Megabit/s anbieten. Auch Kabel Deutschland hat in den letzten Wochen seine Aktivitäten gesteigert und führt groß angelegte Werbekampagnen durch, z. B. im hart umkämpften Breitband-Markt in Hamburg. Unity Media investierte sogar 220 Millionen Euro pro Saison für Bundesliga-Rechte, um sein Kabel- und letztlich sein Triple-Play-Angebot am Markt zu positionieren. Aber auch regionale Spieler wie NetCologne sind stark im Triple-Play engagiert. NetCologne hat nicht nur sein Kabelnetz rückkanalfähig gemacht, sondern baut auch eine moderne Glasfaserinfrastruktur bis ins Haus des Kunden (Fiber-to-the-Home), um den regionalen Markt gegenüber der Deutschen Telekom zu beherrschen.

Mit ihrer Ankündigung im Sommer Triple Play anbieten zu wollen, hat die Deutsche Telekom den Wettbewerb der Kabelanbieter angenommen und wird rund drei Milliarden Euro in den Ausbau des Breitbandnetzes mit Glasfaser investieren. Der Ausbau mit Glasfasern wurde bislang erst in wenigen Märkten wie Japan, USA, Italien oder Schweden vorangetrieben. Insbesondere in Deutschland ist der Aufbau eines solchen Netzes mit erheblichen Investitionen verbunden, da die Leitungen hier im Gegensatz zu anderen Ländern, wo Masten verwendet werden, unterirdisch verlegt werden müssen. Dementsprechend konzentriert sich die Deutsche Telekom zunächst einmal auf die zehn größten Städte bzw. Ballungsgebiete in Deutschland, wobei bis Ende 2006 rund 2,9 Millionen Haushalte abgedeckt sein sollen. Dort sollen die Kunden mit dem Angebot von über 100 Programmen in HDTV Qualität (High Definition TV) und einer Bandbreite von 50 Megabit pro Sekunde gewonnen werden.

Doch auch die anderen Anbieter stehen mit ihrer Investitionsbereitschaft den Aktivitäten der Deutschen Telekom kaum nach. Nach dem ADSL2+/VDSL Ausbau wird sicherlich auch Arcor Triple Play anbieten, allerdings ist noch kein Starttermin bekannt. Bei Telefonica steht der Ausbau mit ADSL2+ für 40% der Haushalte in Deutschland auf dem Programm, so dass insbesondere AOL und O2 wohl mittelfristig mit Triple-Play an den Markt gehen werden. Das erste nicht kabelnetzgebundene Triple-Play-Angebot wird jedoch HanseNet an den Markt bringen, die ihr Angebot für Mai 2006 avisiert haben.

Über die Frage, wer diese Triple-Play-Schlacht für sich entscheidet, lässt sich lange diskutieren. Sicherlich haben die Kabelanbieter einen kleinen Vorteil, weil die Verträge für Kabelfernsehen bei Mehrfamilienhäusern in den Städten grundsätzlich mit den Hauseigner und nicht mit den Mietern abgeschlossen werden. Somit wird es für den Kunden leichter sein, seinen Festnetzanschluss abzumelden und vollständig zum Kabelanbieter zu wechseln als umgekehrt. Ob dieser Vorteil letztendlich trägt, bleibt abzuwarten.

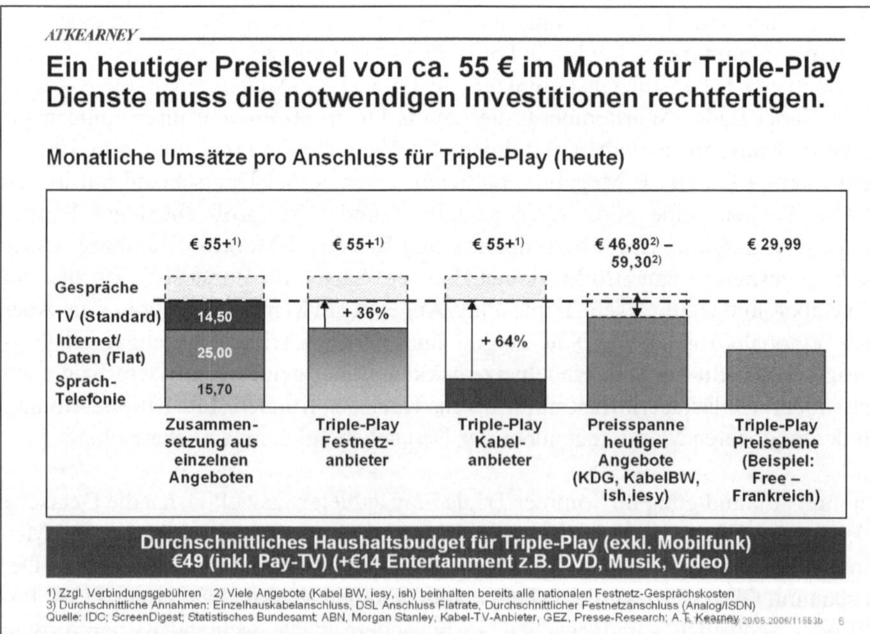

Bild 5

Neben dem Diensteangebot zählt für den Kunden am Ende letztlich immer der Preis. Hier gibt es keinen unbeschränkten Spielraum, denn das Haushaltsbudget der Kunden ist beschränkt. Derzeit liegen die monatlichen Umsätze für die drei Komponenten TV, Internet und Sprachtelefonie bei rund 55 Euro zuzüglich der individuellen Gesprächskosten (Bild 5). Zwar kann dieses Budget durch Erschließung und Umwidmung weiterer Ausgabepositionen leicht erweitert werden, jedoch nicht signifikant. Dieser durchschnittliche Umsatz pro Anschluss muss die notwendigen Investitionen in der Infrastruktur tragen. Während das Budget den Festnetzanbietern ein Potential von 36% pro Anschluss bietet, können Kabelanbieter sogar 64% dieses Budgets zusätzlich für sich erschließen. Heutige Triple-Play-Angebote sind um diese 55 Euro Marke herum positioniert. Es ist jedoch fraglich, ob der Preispunkt von 55 Euro wirklich gehalten werden kann, angesichts deutlich niedriger Preise in anderen Ländern.

ATKEARNEY

Internationale Erfahrungen zeigen, dass der Preislevel trotz steigendem Service Level oft nur gehalten werden kann.

Entwicklung Triple-Play in Frankreich – Beispiel Free.fr

free – La Liberté n'a pas de Prix		2002 Single Play	2003 Dual Play	2004 Triple Play	2005 Triple Play	2006 Triple Play
FT-Telefonhauptanschluss erforderlich?		Ja	Nein	Nein	Nein	Nein
Internet	Max. Bandbreite	512 kbps	2 Mbps	6 Mbps	20 Mbps 1)	24 Mbps 1)
	Tarif	Flat	Flat	Flat	Flat	Flat
Telefonie 2)			Flat Inland	Flat Inland	Flat Inland	Flat inkl. Ausland
TV				• >30 Programme	• >100 Programme • Pay-TV Pakete (Canal+, CanalSAT, TPS) und Video-on-Demand verfügbar	• >200 Programme in HDTV-Qualität (100 Programme Free-TV) • Pay-TV Pakete und Video-on-Demand verf. • 30 Radiokanäle
Paketpreis (in €/Monat, inkl. Mwst.)		29,99 €	29,99 €	29,99 €	29,99 €	29,99 €
Mindestvertragsdauer		Keine	Keine	Keine	Keine	Keine

1) Wenn Unbundeled Local Loop vorhanden und mit Freebox von Free (ADSL 2+)
2) Unbegrenzte Anrufe ins nationale Festnetz und On-Net, aktuell auch ins Festnetz ausgewählter 15 Länder (u.a. Australien, China, Deutschland, UK, USA)
Quellen: Free; A.T. Kearney-Analyse

A.T. Kearney 29/05.2006/11553b 7

Bild 6

In Frankreich stehen den Kunden heute umfangreiche Triple-Play-Pakete für knapp 30 Euro zur Verfügung, ein Preis, der sich seit Jahren hält. So startete z. B. der alternative Anbieter Free 2002 mit einem Breitbandangebot von 512 Kilobit/s zum Preis von 29,99 Euro (Bild 6). Über die Jahre gelang es Free durch Dual Play- und später Triple-Play-Angebote massiv Marktanteil in den Städten wie Paris, Lyon oder Marseille zu gewinnen. Der Preis ist mit 29,99 Euro über die Jahre konstant geblieben, doch das Angebot umfasst inzwischen einen 24 Megabit/s Breitbandanschluss, 200 TV-Programme, HDTV, Pay TV sowie zeitlich unbeschränkte Sprachtelefonie innerhalb Frankreichs und in ausgewählte internationale Länder. In diesem Fall zeigt sich, dass bei dieser Rechnung 3 x 1 (also die Umsätze der drei Komponenten bei Triple Play), als Ergebnis nicht 3 sondern eher 1 herauskommt. Neben dem fehlenden Umsatzwachstum erhöht sich zusätzlich der Druck auf die Margen, da mit der Hinzunahme von Inhalten z. T. variable Kosten anfallen, die im klassischen, investitionsgetriebenen Breitbandgeschäft heute eher gering ausfallen. Der Gewinner ist also nicht der Anbieter, sondern eher der Konsument, der bei konstanten Preisen einen beständigen Zuwachs des Service erhalten hat.

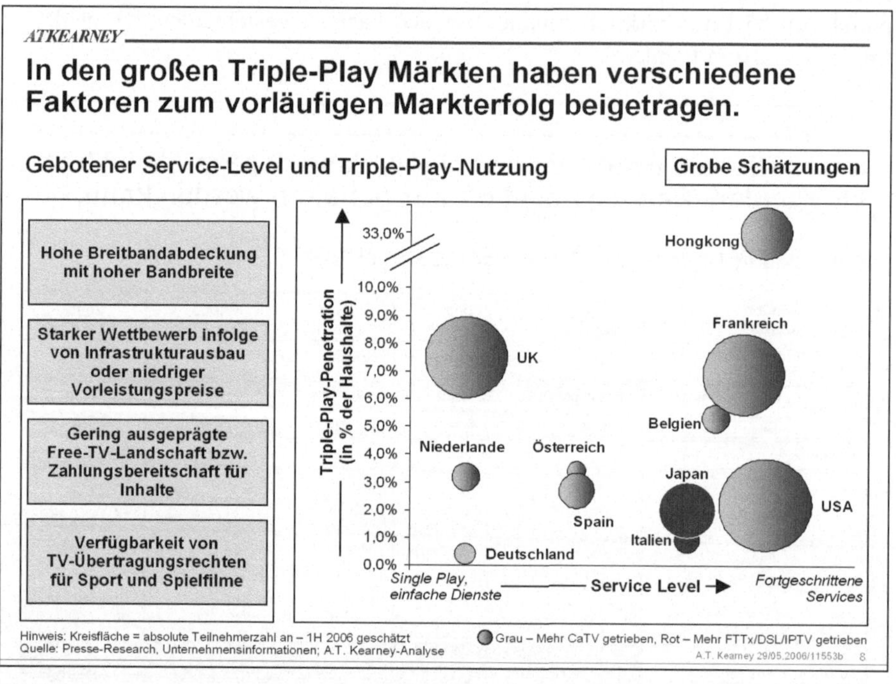

Bild 7

Aufgrund seiner besonderen Voraussetzungen steht der deutsche Markt für Triple Play jedoch noch am Anfang dieser Entwicklung (Bild 7). In anderen Ländern ist Triple-Play hingegen bereits weiter voran geschritten, wobei Frankreich in Europa als der führende Triple-Play Markt angesehen werden kann. Getrieben durch eine aggressive Senkung der Vorleistungspreise für DSL, kam es im französischen Markt zu einem starken Wettbewerb zwischen den DSL-Anbietern, Kabelanbieter spielen eine vergleichsweise untergeordnete Rolle. Ein Grund dafür sind die besonderen soziologischen Eckdaten in Frankreich. Dort leben über 40 Prozent der Bevölkerung auf rund einem Prozent der Landesfläche, im Gegensatz zu Deutschland, wo knapp 40 Prozent der Bevölkerung auf 5 Prozent der Landesfläche verteilt sind. Deshalb fand der Wettbewerb insbesondere in den französischen Ballungsgebieten, also in Paris, Marseille und Lyon statt, der nach der Penetration mit Breitband schnell zu Triple-Play-Angeboten führte, wie das Beispiel Free zeigte.

Weltweit gesehen ist Hongkong führend mit seiner Triple-Play-Penetration. Dort existiert ein sehr gut entwickelter Pay-TV-Markt, so dass die Nutzer gewohnt sind, für TV-Inhalte zu zahlen. Hauptspieler ist die PCCW Limited, die etwa zwei Drittel des Triple-Play Marktes dominiert.

Im Gegensatz zu Frankreich, Japan und Italien treiben in vielen Ländern eher die Kabelnetzanbieter das Triple-Play-Angebot und setzen die etablierten Telekommunikationsanbieter unter Druck, mit entsprechenden Angeboten nachzuziehen. So wird der Triple-Play-Markt bei unseren europäischen Nachbarn in den Niederlanden, Belgien und Österreich, wie auch in Osteuropa primär aus dem Kabelumfeld getrieben. Die etablierten Telekommunikationsanbieter ziehen jetzt jedoch mit eigenen Angeboten nach.

Auffällig ist, dass trotz intensiven Wettbewerbs in keinem Land – mit Ausnahme von Hongkong – die Penetrationsrate über zehn Prozent gestiegen ist. Allerdings sind viele Angebote auch gerade erst in den letzten ein bis zwei Jahren an den Markt gegangen, teilweise sogar erst vor einigen Monaten. Daher sollte man nicht davon ausgehen, dass es sich hier schon um eine Sättigungsgrenze handelt.

Verschiedene Aspekte beeinflußen die Penetration von Triple Play in den einzelnen Märkten. Neben einer gut ausgebauten Infrastruktur, mit hoher Bandbreite im DSL-Umfeld und Rückkanalfähigkeit im Kabel-Umfeld, ist insbesondere der Wettbewerb zwischen den Anbietern ein Treiber der Penetration. Je schärfer der Wettbewerb durch mehrere überlappende Infrastrukturen, beispielsweise DSL und Kabel, oder durch sehr niedrige Vorleistungspreise ist, umso mehr verlagert sich der Wettbewerb mit Triple Play auf die Diensteebene, wie in Frankreich geschehen. Doch auch die bestehende TV-Landschaft in dem jeweiligen Land ist von entscheidender Bedeutung. Bei einem sehr geringen Free-TV-Angebot und einer hohen Pay-TV-Akzeptanz der Nutzer sind die Voraussetzungen für Triple Play besser, als beispielsweise in Deutschland, wo eine sehr ausgeprägte Free-TV-Landschaft besteht. Letztlich treiben die Inhalte den Kunden dazu, seinen Breitbandanschluss auf Triple Play zu erweitern bzw. im Kabelbereich weitere Programme hinzuzubuchen. Stehen den Anbietern von Triple-Play attraktive Rechte zur Verfügung, insbesondere Sportrechte, z.B. Ligarechte im Fußball, so treibt dieses weitere Beschleunigungsfaktoren für Triple Play in dem jeweiligen Markt.

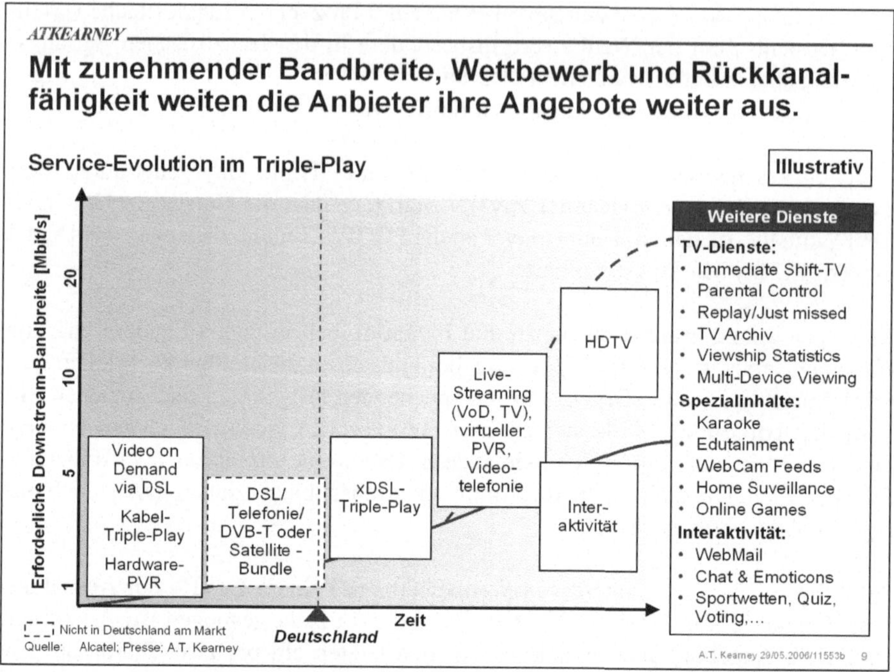

Bild 8

Im Grunde geht die Initiative zu Triple Play häufig von den Kabelanbietern aus (Bild 8). Hingegen wagen sich Telekommunikationsanbieter zunächst mit Video-on-Demand-Angeboten an den Markt und ziehen erst dann mit Triple Play über xDSL nach, wenn die Infrastruktur entsprechend ausgebaut ist. In sehr wettbewerbsintensiven Märkten versuchen die Telekommunikationsanbieter durch die Bündlung von DSL mit DVB-T (Digital Video Broadcast-Terrestrial) oder Satellitenfernsehen bereits an den Markt zu kommen, solange der Ausbau ihrer Breitbandinfrastruktur noch läuft. Während zum Beispiel AT&T und KPN in ihren stark durch Kabelnetzbetreiber dominierten Märkten diese Möglichkeit nutzen, haben die Telekommunikationsanbieter diese Chance, sich mit einer Settop-Box im Wohnzimmer zu positionieren, sträflichst ausgelassen.

Ist Triple Play einmal am Markt, so entwickeln sich schnell verschiedene Dienste, die die hohen Brandbreiten und die Rückkanalfähigkeit der Infrastruktur nutzen und eine neue Fernseherfahrung und Nutzungsverhalten erlauben. Mit Diensten wie Shift-TV (zeitversetztes Fernsehen), netzbasierten PVRs (Private Video Recorder), Replay-TV (Archiv der Sendungen der letzten sieben Tage) und Pay-TV kann der Nutzer seinen Fernsehplan individuell gestaltet und die Sendungen zur gewünschten Zeit sehen. Mit Karaoke, Web-Cam-Feeds, Edutainment-Programmen und User-Generated-Content erhöht sich seine Programmvielfalt. Nicht zuletzt wird die Interaktivität, die folglich ohne Medienbruch funktioniert, dem Zuschauer ganz neue Nutzungsaspekte bieten, wie die Teilnahme an einem Quiz (z.B. Mitspielen bei „Wer wird Millionär?"), dem Abschließen von Wetten (z.B. noch während eines Fußballspiels) oder dem Chat mit Freunden (z.B. während des gemeinsamen Konsums einer Fernsehsendung), wodurch sich mittelfristig die Programminhalte verändern werden. Derzeit ist Belgien einer der Märkte, auf dem diese Dienstevielfalt bereits am stärksten ausgeprägt ist.

Bild 9

Unter den erfolgreichen Triple-Play-Spielern, außerhalb des Kabelbetreiberumfeldes, sind sicherlich Free, PCCW Limited und FastWeb zu nennen (Bild 9).

Für den Markterfolg von Free (über 1.1 Millionen Euro) war ein wichtiger Faktor die Platzierung des Endgerätes, das beim Kunden im Wohnzimmer steht. Das Gerät ermöglicht dem Kunden, alle höherwertigen Dienste von Free zu nutzen und dient zugleich als Media-Hub bzw. Home-Gateway zwischen den verschiedenen Endgeräten. So ermöglicht der Free-Player zum Beispiel auch den gleichzeitigen Konsum mehrerer Programme, eine Möglichkeit, die bei Kabel-TV selbstverständlich ist, im DSL-Umfeld jedoch aufgrund der Bandbreiten häufig zu Schwierigkeiten führt.

Bei PCCW Limited, mit 550.000 Kunden der stärkste Triple-Play-Spieler in Hongkong, ist neben der Breite insbesondere die Interaktivität des Angebots herauszustellen, besonders im Bereich Quiz und Wetten. Auch bietet PCCW ein sehr starkes Pay-TV-Angebot, welches von über 70 Prozent der TV-Kunden angenommen wird, allerdings ist Hongkong insgesamt ein Markt mit einer starken Pay-TV-Affinität.

Im europäischen Umfeld muss noch FastWeb erwähnt werden, die sich mit gezielten Investitionen in Glasfaser und DSL in Großstädten als feste Größe im italienischen Markt etabliert haben. Inzwischen hat FastWeb über 180.000 Triple-Play-Kunden gewonnen, von denen über 66 Prozent auch Pay-TV-Kunden sind. Trotz dieses Erfolges hat sich nur ein Bruchteil der Breitbandkunden von FastWeb für Triple-Play entschieden, was nicht zu letzt daran liegt, dass Italien ein sehr Satelliten-TV dominierter Markt ist, klassische Kabel-TV-Netzbetreiber existieren hingegen nicht. Immerhin ist der Markterfolg von FastWeb Grund genug für die Telecom Italia nachzuziehen und selbst ein Triple-Play-Angebot am Markt zu positionieren.

Angesichts der ganzen Aktivitäten der angehenden Triple-Play-Spieler darf nicht übersehen werden, dass sich natürlich auch noch ganz andere Marktteilnehmer entlang der Wertschöpfungskette positionieren (Bild 10). Letztlich hat ein Triple-Play-Anbieter keine Inhalte- und Dienstesouveränität. Die alternativen Spieler fokussieren meist auf bestimmte Wertschöpfungselemente und versuchen den infrastrukturbasierten Triple-Play-Anbieter auf eine Bitpipe-Rolle zu reduzieren.

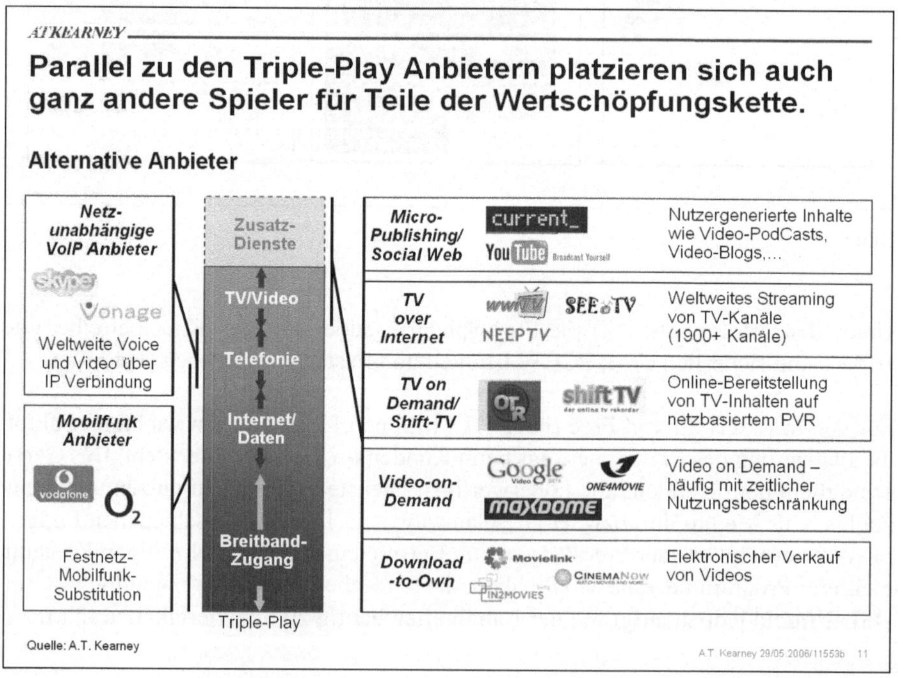

Bild 10

Auf der Kommunikationsseite bedienen zunächst die Mobilfunkanbieter den Sprachtelefoniemarkt und greifen mit Homezone-Angeboten wie Vodafone Zuhause, T-Mobile@Home und O2 Genion die festnetzgebundene Sprachtelefonie an, zum Teil mit großem Erfolg. Über Angebote wie Vodafone Zuhause-Web und O2-Surf@Home versuchen die Mobilfunker sogar, den ganzen Festnetzanschluss zu substituieren. Es bleibt abzuwarten, wie weit die Kunden zu Triple-Play-Angeboten von Kabel- oder Festnetzanbietern wechseln oder einfach nur den Fernsehanschluss beibehalten, womöglich noch über DVB-T, und sich nur noch mobil versorgen lassen. Angesichts der immer weiter steigenden Bandbreitenanforderungen der Kunden und Dienste sowie der Performance-Nachteile von Mobilfunk gegenüber dem Festnetz wird letzteres eher ein kleineres Segment sein. Doch selbst wenn die Mobilfunker nicht den Anschluss substituieren, so greifen sie dennoch die Umsätze aus der Sprachtelefonie an, genauso wie VoIP-Anbieter wie Skype oder Vonage.

Und auch im Inhaltebereich haben die Triple-Play-Anbieter bei weitem nicht die alleinige Hoheit über das Angebot. Hohe Bandbreiten von 20 Mbit/s und mehr ermöglichen einer Vielzahl von Anbietern im Internet ihre Inhalte und Dienste ihren Kunden bereitzustellen, unabhängig und unbeeinflusst durch den Infrastrukturanbieter. So bieten Spieler wie MovieLink, CinemaNow und In2Movies den Download von Spielfilmen an, ähnlich wie iTunes für Musik, und substituieren damit den DVD-Kauf. Andere Spieler wie One4Movies oder Maxdome, eine gemeinsame Initiative von ProSiebenSat1 und United Internet/1&1, bieten Video-on-Demand von Spielfilmen und Fernsehinhalten, wie Serien oder Dokumentationen, an. Anbieter wie Shift TV oder OTR stellen Online Videorekorder bereit, mit denen sich Programme aus vielen Fernsehsendern zum privaten Konsum aufnehmen lassen; ein Konzept, welches bereits zu vielen Diskussionen über Rechtverwertung geführt hat. Dieses gilt auch für die TV-over-Internet-Anbieter, die Programme von bis zu 1.900 verschiedenen Fernsehsendern über das Internet streamen. Und nicht zuletzt bietet das Internet selbst eine Vielzahl von Inhalten. Micropublishing, also die Veröffentlichung von Inhalten durch Privatpersonen, welches bereits über MySpace.com auf Webseitenbasis in den USA zu einem neuen Trend avanciert ist, findet mit YouTube.com und Current-TV sein Äquivalent hinsichtlich Videoinhalten. So erlaubt es YouTube.com jedem seine Videoinhalte zu publizieren – was letztlich dazu führen kann, das Unbekannte über Nacht zum Star werden, wie z.B. die Gruppe Group Tekan, die ihr Video auf einer solchen Webseite der Online-Community bereitgestellt hat. Current-TV geht sogar einen Schritt weiter und stellt aus den User-generated Contents, den Inhalten der Nutzer, ganze Programme zusammen.

Und diese Entwicklung ist heute erst am Anfang. Insgesamt steht dem Kunden zukünftig eine breite Palette an Inhalten zum Konsum zur Verfügung, von der passiven Lean-Back-Medienrezeption des heutigen Fernsehens über selbst konfigurierte audiovisuelle Inhalte bis hin zur bunten, aber nicht qualitätsgesicherten Vielfalt des Micropublishings (Bild 11). Anzunehmen ist, dass diese Inhaltevielfalt, wenn auch adäquat bepreist, zum Rückgang der illegalen Nutzung audiovisueller Medien führt, allerdings wird dieses Problem weiterhin bestehen bleiben.

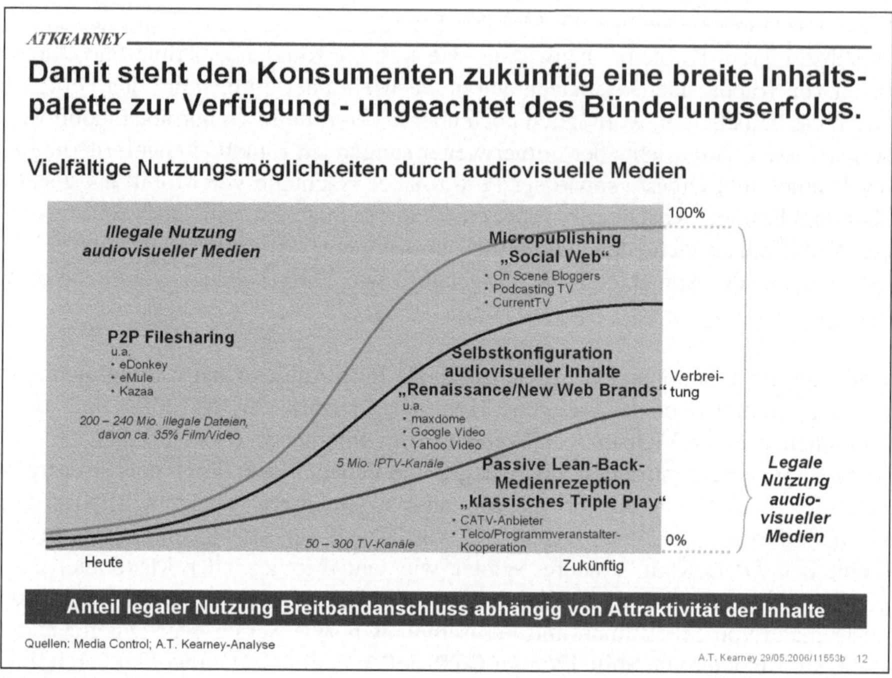

Bild 11

Die Vielfalt der Inhalte und die vielfältig entstehenden Möglichkeiten, seinen Fernsehkonsum an seine Bedürfnisse anzupassen, wirft natürlich zahlreiche Fragen für die Fernsehanstalten auf, die eher das klassische Broadcastgeschäft mit festen Sendezeiten und einem fest gefügten Programm gewohnt sind. Schon heute zeigt der TV-Werbemarkt leicht rückläufige Tendenzen, nicht nur durch die wirtschaftliche Entwicklung bedingt, sondern auch durch die weitere Diversifikation der Sender, durch digitale Videorekorder und durch eine stärkere Nutzung des Internets durch die Zuschauer (Bild 12). Die Effizienz und Reichweite der Fernsehwerbung verliert an Schlagkraft. Hingegen ist auf der anderen Seite des Marktes eine große Nachfrage bei Interactive Media Agenturen, denn zurzeit wird das Internet als Werbekanal sehr stark ausgebaut. Durch diese Tendenzen müssen sich insbesondere die privaten Fernsehsender, deren Werbeerlöse unter Druck geraten, fragen, wie sie ihre Umsatzstruktur langfristig planen werden. Sicherlich wird der Trend zu einem höheren Live-Anteil im TV-Programm, zu einer weiteren Verspartung des Programms zur besseren Erreichung der Zielgruppen sowie zu einer stärkeren thematischen Anbindung der Werbung an das Programm zunehmen. Die umstrittene

„Nutella-Show“, die nicht hinreichend als Werbesendung gekennzeichnet war, ist sicherlich nur eines der aktuellen Beispiele.

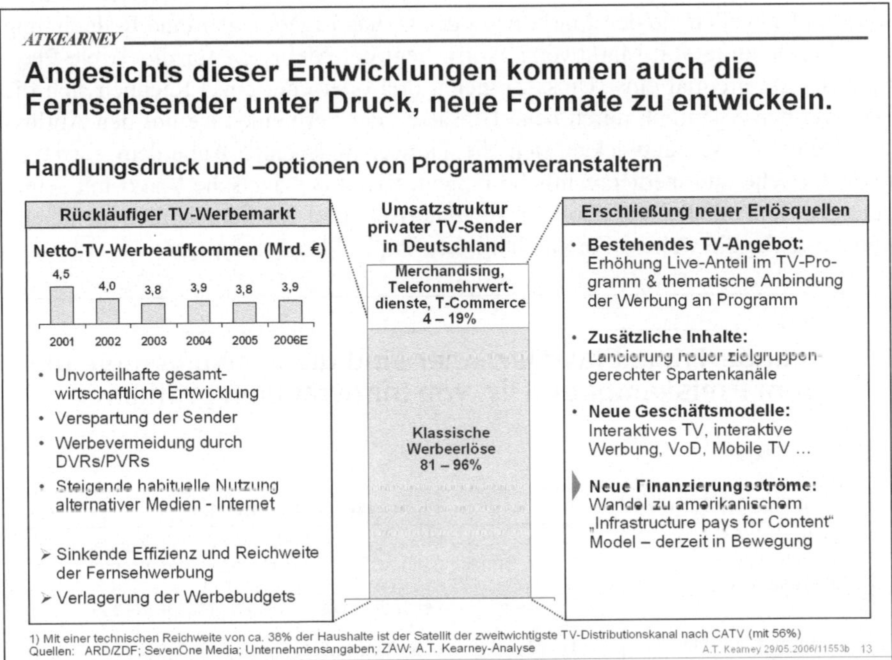

Bild 12

Aber auch neue Geschäftsmodelle wie interaktive Formate, die gerade durch die Rückkanalfähigkeit von Triple-Play ermöglicht werden, und neue Verbreitungsmöglichkeiten wie Video-on-Demand und Mobile TV bieten neue Möglichkeiten.

Zu erwarten ist auch eine Diskussion über das künftige Finanzierungsmodell. Das deutsche System – der Inhalteanbieter zahlt für die Infrastruktur – ist bei einem Infrastruktur-Monopol wohl berechtigt. Die derzeitige Diskussion geht jedoch dahin, das System genau zu spiegeln. Muss nicht bei dieser großen Zahl an verschiedenen Infrastrukturen der Inhalt von der Infrastruktur bezahlt werden? Das heißt, auch für die Fernsehsender werden sich aus dem Triple-Play-Markt ganz neue Perspektiven ergeben.

Wer gewinnt am Ende bei der Einführung von Triple Play im deutschen Markt? Definitiv gewinnt am Ende der Kunde, denn durch den Wettbewerb werden sich mehr Vielfalt in Entertainment und Inhalten, mehr Interaktivität bei gleichzeitig niedrigeren Preisen ergeben – der Traum eines jeden Kunden.

Für die Anbieter stellt sich dagegen die Frage, ob sie von Triple Play wirklich profitieren, oder ob es eigentlich nur eine technische Evolution ist, bei der sie Schritt halten müssen? (Bild 13) Erhöhen sie durch ihre Marktteilnahme nur den Wettbewerb und verteilen sie den Markt neu oder ist das Ergebnis gar eine Reduzierung bzw. Vernichtung von Marktwert? Worin liegt der Mehrwert für die Triple-Play-Spieler – ist dreimal eins (Umsatz) gleich drei oder eher eins? Rechnen sich die Investitionen eigentlich durch neue Umsätze oder vermeiden sie nur den Abfluss von Kunden? Wie entwickelt sich die Fernsehlandschaft? Außerdem entstehen regulatorische und medienrechtliche Fragen. Bietet der deutsche Markt mit seiner heutigen föderalistischen Struktur regulatorisch und medienrechtlich genügend Spielraum für die weitere Entwicklung zum Triple-Play-Marktplatz?

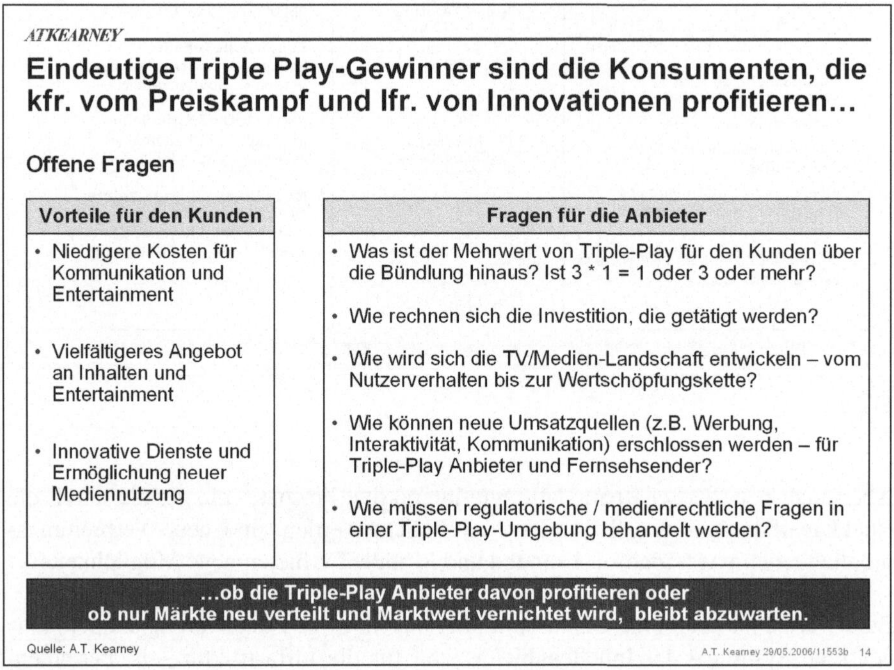

ATKEARNEY

Eindeutige Triple Play-Gewinner sind die Konsumenten, die kfr. vom Preiskampf und lfr. von Innovationen profitieren...

Offene Fragen

Vorteile für den Kunden	Fragen für die Anbieter
• Niedrigere Kosten für Kommunikation und Entertainment • Vielfältigeres Angebot an Inhalten und Entertainment • Innovative Dienste und Ermöglichung neuer Mediennutzung	• Was ist der Mehrwert von Triple-Play für den Kunden über die Bündlung hinaus? Ist 3 * 1 = 1 oder 3 oder mehr? • Wie rechnen sich die Investition, die getätigt werden? • Wie wird sich die TV/Medien-Landschaft entwickeln – vom Nutzerverhalten bis zur Wertschöpfungskette? • Wie können neue Umsatzquellen (z.B. Werbung, Interaktivität, Kommunikation) erschlossen werden – für Triple-Play Anbieter und Fernsehsender? • Wie müssen regulatorische / medienrechtliche Fragen in einer Triple-Play-Umgebung behandelt werden?

...ob die Triple-Play Anbieter davon profitieren oder ob nur Märkte neu verteilt und Marktwert vernichtet wird, bleibt abzuwarten.

Quelle: A.T. Kearney A.T. Kearney 29/05.2006/11553b 14

Bild 13

Auf diese Fragen wird es in Kürze Antworten geben, denn welchen der aufgezeigten Wege Triple Play auch gehen wird, die Anbieter sind am Start und der Wettbewerb lässt sich nicht mehr aufhalten.

2.3 Evolution des Nutzerverhaltens

Prof. Dr. Hans-Bernd Brosius
Universität München

Hannah Früh M.A.
Universität München

Im Gegensatz zu den meisten anderen Beiträgen in diesem Band nimmt dieser eine genuin sozialwissenschaftliche Perspektive ein. Es geht daher nicht in erster Linie um Geld. Folglich haben wir auch die Abwandlung des Titels vom „Kundenverhalten" zum „Nutzerverhalten" vorgenommen, um dem Leser zu verdeutlichen, dass es hier um die Mediennutzer geht, und das sind im Dreieck des Triple Play[1] sicher zunächst einmal die Fernsehzuschauer. Wir möchten neben den allgemeinen Daten zum Fernsehnutzungsverhalten auch einige neue Befunde aus unserer eigenen Forschung vermitteln, die bei der Frage danach ansetzt, wie man im technischen Rahmen eines Triple Play Inhalte konfektionieren muss, um die Nutzer der Zukunft mit dem zu versorgen, was sie eigentlich sehen und empfangen wollen Wir gehen dabei so vor, dass wir Tendenzen aus der Vergangenheit bezüglich des Nutzerverhaltens analysieren, um daraus abschätzen zu können, was konstant bleiben und was sich verändern wird. Die Daten beruhen in der Regel auf repräsentativ angelegten Untersuchungen, die im Auftrag der großen Medienunternehmen regelmäßig durchgeführt werden und somit den Anspruch auf Verallgemeinerbarkeit haben.

Wenn man sich die Entwicklung der Mediennutzung im Zeitverlauf von 1980 bis 2005 ansieht (Bild 1), dann fällt auf, dass es scheinbar keine Grenzen nach oben gibt. Ständig ist in diesem Zeitraum die Anzahl der Minuten am Tag gestiegen, in denen wir uns mit Medien beschäftigen. Im Jahre 2005 sind es mittlerweile 600 Minuten, also knapp zehn Stunden, die wir mit der Rezeption von Medieninhalten aus Buch, Zeitschrift, Zeitung, Radio, Fernsehen, Internet und diversen Audioka-

---

1. Der Begriff des „Triple Play" stammt aus dem Bereich der Telekommunikation, wo er für das gebündelte Anbieten verschiedener Dienste wie Broadcasting, (IP-)Telefonie und Internet steht. Dabei werden gleichzeitig Daten-, Audio- und Video-Dienste verarbeitet (vgl. Heitzer 2002, S. 141). Aus kommunikationswissenschaftlicher Perspektive ergeben sich hieraus zwei interessante Aspekte: (1) die Frequenzknappheit, mit der die Anbieter von Medieninhalten seit jeher zu kämpfen hatten, gehört der Vergangenheit an; (2) zudem steht der Rezipient vor einer Vielzahl neuer Möglichkeiten, seine Bedürfnisse durch die Nutzung von Medien und Diensten zu befriedigen, d.h. der einst mehr oder weniger passive Rezipient wird immer mehr zum individuellen Nutzer. Daher müssen wir uns vermutlich mit einer neuen Definition dessen, was angesichts dieser Angebotsvielfalt „Nutzung" bedeutet, auseinandersetzen. Auf letzterem liegt der Schwerpunkt dieses Beitrags.

nälen (CD, MP3, etc.) verbringen (vgl. Media Perspektiven Basisdaten 2005). Vor 25 Jahren waren es gerade einmal weniger als sechs Stunden, welche die Bundesbürger mit Medien zubrachten. Natürlich verbirgt sich hinter den zehn Stunden ein erklecklicher Anteil an Doppelnutzung; Rezipienten sitzen am Computer und hören dabei Musik aus dem Radio, womöglich sogar Internetradio. Sie lesen ein Buch und sehen parallel dazu fern. Aber dennoch kann man folgern, dass Mediennutzung neben Arbeiten und Schlafen die Tätigkeit ist, der die Bundesbürger die meiste Zeit ihres Lebens widmen.

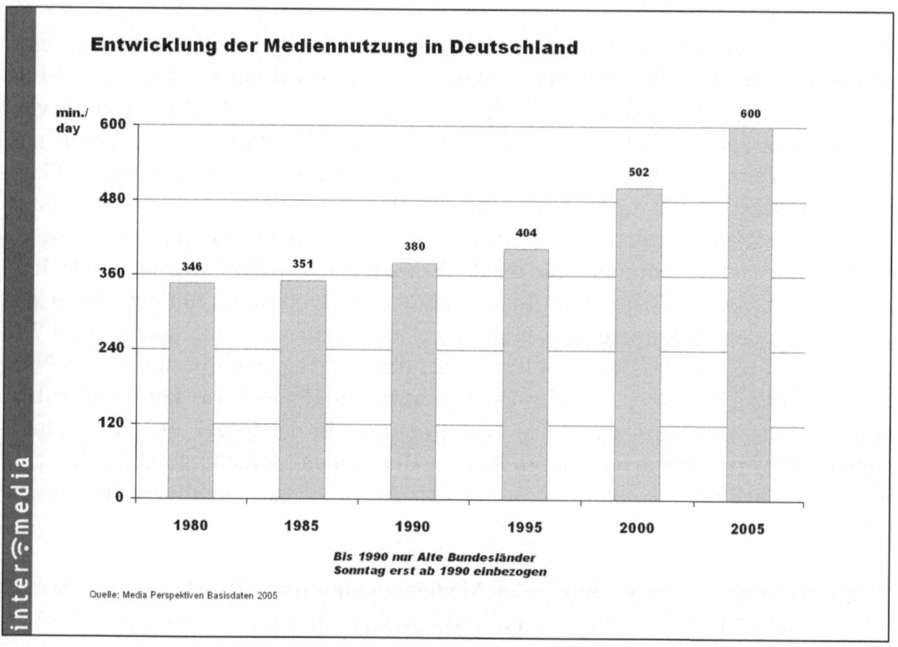

Bild 1

Die stetige Steigerung der Nutzungsdauer betrifft allerdings nicht alle Medien in gleicher Weise, wie man in der nächsten Graphik erkennen kann (Bild 2). Wenn man die Nutzungsdauer für Hörfunk und Fernsehen auf der einen und der übrigen Medien auf der anderen Seite betrachtet, sieht man, dass die audiovisuellen Medien diejenigen sind, die von dieser Entwicklung nahezu ausschließlich profitiert haben (vgl. Media Perspektiven Basisdaten 2005). Die Printmedien sind auf einem leicht rückgängigen Niveau fast konstant geblieben. Die Zeitungsnutzung liegt beispielsweise unverändert bei etwa 30 Minuten pro Tag, wohingegen die Nutzung von Radio und Fernsehen, die schon 1980 den größten Anteil an der Gesamtnutzungsdauer hatte, deutlich gestiegen ist und sich mehr als verdreifacht hat. Schaut man sich die Nutzungsdauer der einzelnen Medien noch detaillierter an (vgl. Bild 2; die Balken wurden absichtlich in ihrer Größe unverändert gelassen) dann tritt das

Übergewicht von Radio und Fernsehen beim Medienkonsum noch augenfälliger hervor. Selbst Entwicklungen wie die CD und auch das Internet verblassen hinter der steigenden Zeit, die Bundesbürger mit Fernsehen und Radio verbringen. Dabei ist – wie bereits erwähnt – nur die rein quantitative Nutzung abgetragen, welche Kontaktqualität sich dahinter verbirgt, bleibt bei dieser Betrachtung außen vor.

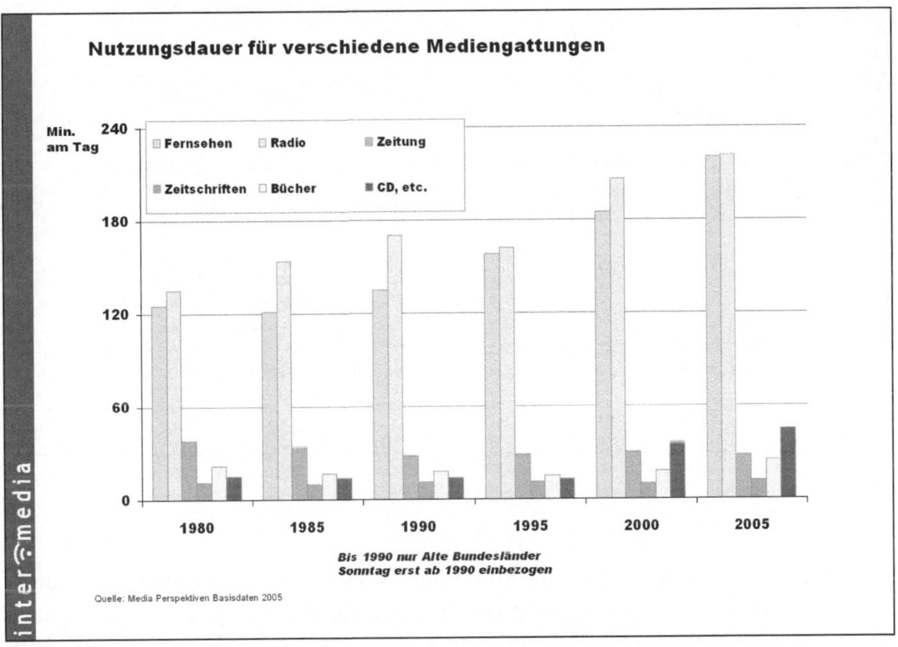

Bild 2

Die Stagnation im Printbereich ist natürlich auch den Verlagen nicht verborgen geblieben. Ein Blick in die Entwicklung dieses Teilsegments zeigt, dass Tageszeitungen und Zeitschriften unterschiedliche Strategien gefahren haben, um die Auflage und den Umsatz zu steigern (vgl. Media Perspektiven Basisdaten 2005). Die Tageszeitungen sind, was die Anzahl der Titel betrifft, im Wesentlichen konstant geblieben (Bild 3). Hier wurde also titelimmanent versucht, die Auflage zu steigern (was nicht gelungen ist) oder zumindest gleich zu halten. Bei Fachzeitschriften und Publikumszeitschriften hat sich die Anzahl der Titel dagegen deutlich erhöht. Vor allem bei den Publikumszeitschriften kam es zu einer Vervierfachung der Titelzahl. Die Verlage haben hier versucht, durch die Einführung zielgruppenspezifischerer Titel ihre Marktposition zu verbessern; ganze Segmente von Zeitschriften sind neu entstanden, z.B. die 14-tägigigen Programmzeitschriften oder in jüngster Zeit Frauenzeitschriften im Pocket-Format.

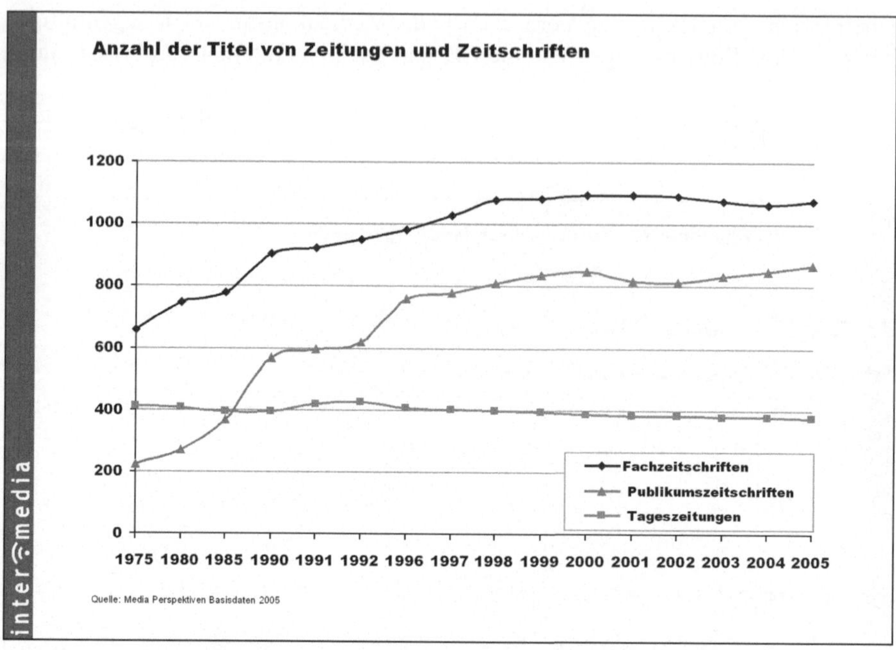

Bild 3

Allerdings hat das nicht zu einer vermehrten Nutzung von Fach- und Publikumszeitschriften geführt. Das kann man an den folgenden Abbildungen 4 und 5 sehen. Hier sind jeweils die indizierten Auflagen und Titelzahlen bei Tages- und Wochenzeitungen bzw. Zeitschriften verglichen (vgl. Media Perspektiven Basisdaten 2005). Basis mit 100 ist das Jahr 1975. Die Wiedervereinigung hat bei stabiler Titelzahl zwar kurzfristig zu einer stärkeren Nutzung der Tageszeitungen geführt, aber dies liegt hauptsächlich an der gestiegenen Bevölkerungszahl. Mittlerweile sind sowohl die Titelzahl als auch die Nutzung leicht rückläufig, was vor allem auf die geringere Zeitungsnutzung in den jüngeren Zielgruppen zurückzuführen ist. Bei den Zeitschriften zeigt sich ein anderes Bild. Hier bleibt die Anzahl der verkauften Exemplare nahezu konstant, wohingegen sich die Anzahl der Titel drastisch erhöht hat, woraus man schlussfolgern kann, dass die Auflage jedes einzelnen Titels permanent zurückgeht. Die Verlage schaffen es offenbar nicht, neue Kunden zu gewinnen, sondern es kommt lediglich zu einer Umverteilung. Die gleiche Leserschaft verteilt sich auf mehr Titel, was unternehmerisch natürlich letztlich kein Erfolg ist.

Anzahl der Titel und Auflage bei Tages- und Wochenzeitungen
(indiziert, 1975 = 100)
%
200
150
100
50
0
Anzahl der Titel
Gesamtauflage
1975
1980
1985
1990
1991
1993
1994
1995
1996
1997
1998
1999
2000
2001
2002
2003
2004
2005
seit 1991 incl. der Neuen Bundesländer
Quelle: Media Perspektiven Basisdaten 2004
inter media

Bild 4

Anzahl der Titel und Auflagenhöhe bei Publikumszeitschriften
(indiziert; 1975 = 100)
%
400
300
200
100
0
Anzahl der Titel
Auflage
1975
1980
1985
1990
1991
1993
1994
1995
1996
1997
1998
1999
2000
2001
2002
2003
2004
2005
seit 1991 einschl. Neue Bundesländer
Quelle: Media Perspektiven Basisdaten 2004
inter media

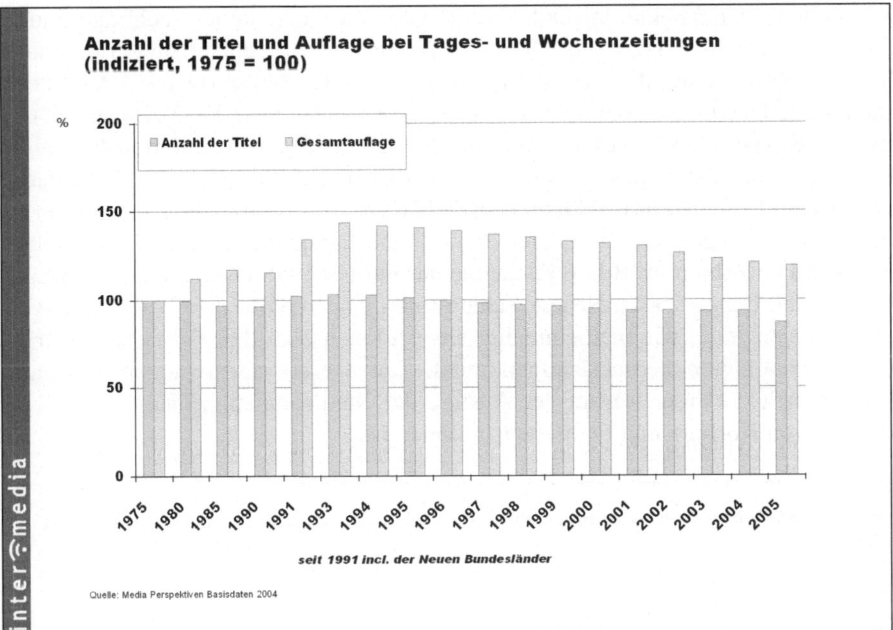

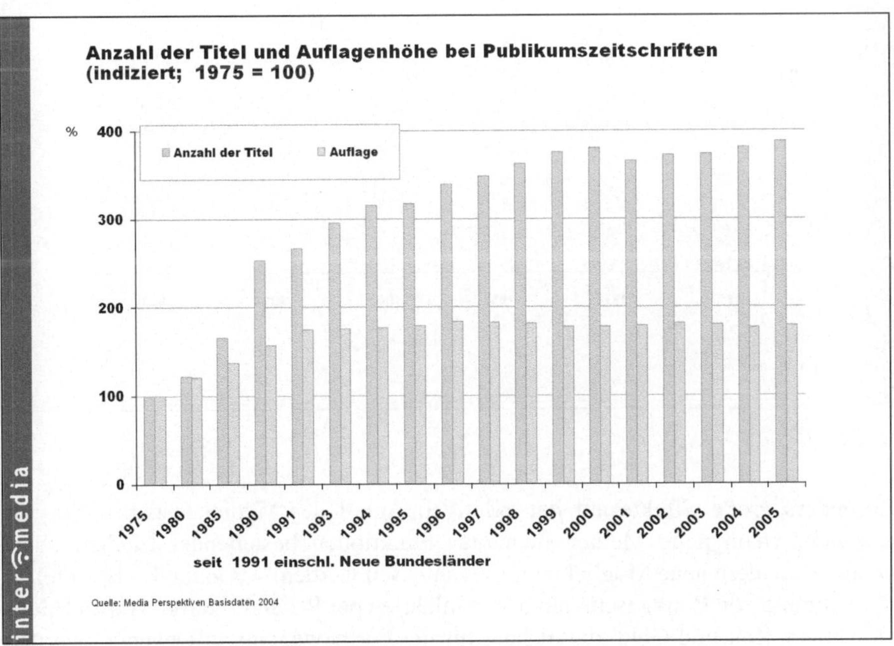

Bild 5

Woran liegt es, dass eine steigende Anzahl von Angeboten keine Nachfrage findet, zumal die einzelnen Titel in der Regel zielgruppengenau geplant sind? Eine mögliche Erklärung wäre, dass die Medienbudgets der Haushaltsausgaben relativ konstant sind. Das Gesetz der relativen Konstanz (McCombs, 1972; Hagen, 2002; Brosius & Haas, 2006) besagt, dass die Bundesbürger einen (inflationsbereinigt) konstanten Teil ihres Einkommens (in Deutschland 2,4 Prozent) für Medien ausgeben. Dies bedeutet, dass schlicht kein Geld da ist, um zusätzliche Zeitschriften zu beziehen, so lange sich an anderer Stelle keine Einsparungen im Medienbudget ergeben. Die Zahlen im Bild 6 reichen leider nur bis 1998 und stammen von Lutz Hagen (vgl. Hagen 2002). Neuere Zahlen sind nicht so einfach zu berechnen, weil zu überlegen wäre, wie man einmalige Investitionen zum Beispiel in neue Geräte oder Technologien berücksichtigen muss. Das Gesetz der relativen Konstanz könnte auch erklären, warum der Anstieg der Mediennutzung hauptsächlich im Bereich von Hörfunk und Fernsehen zu finden ist.

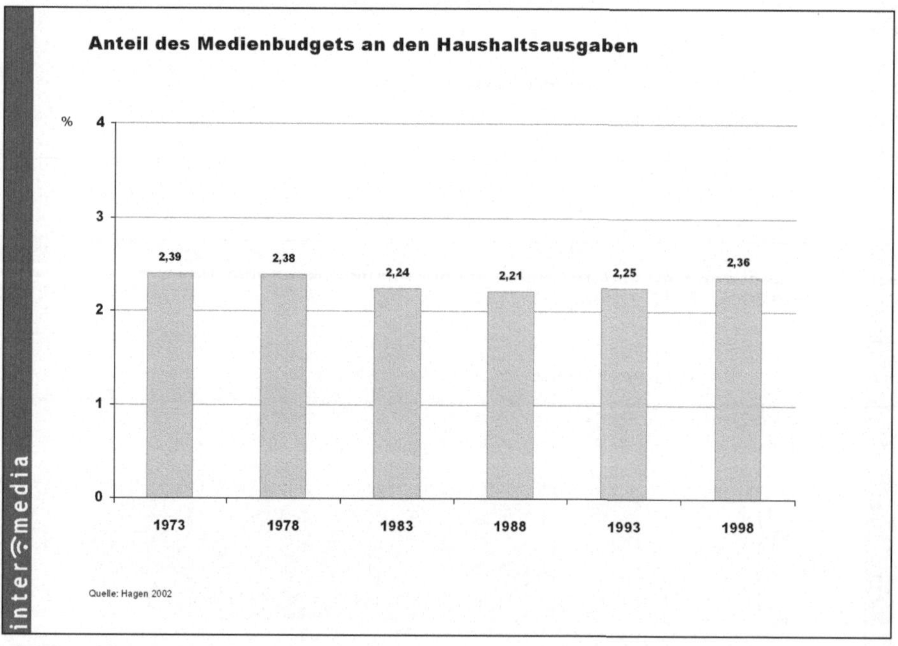

Bild 6

Besonders große Effekte auf den relativen Anteil der Medienausgaben sind zu erwarten, wenn neue Medien nicht nur Funktionen bestehender Medien übernehmen, sondern neue Möglichkeiten erschlossen werden. Als aktuelles Beispiel ist die Tätigung von Bankgeschäften oder Einkäufen per PC und Internet von zu Hause zu nennen. Zeit und Geld, die bislang für die Fortbewegung aufgewendet werden mussten, können somit eingespart werden und dürften teilweise – zumindest in Form von Aufwendungen für die Bereitstellung und Nutzung des Internetzugangs – in

Mediennutzung investiert werden. Diese Überlegung setzt allerdings voraus, dass Interrnetbanking und ähnliche Aktivitäten als eine Form der Mediennutzung betrachtet werden, woraus sich interessante theoretische und methodische Fragen ergeben, die jedoch im Kontext dieser Darstellung nur angerissen werden können.

Zusammenfassend gesagt, breitet sich Mediennutzung in den Bereichen aus, in denen eine „Flatrate" für die Nutzung existiert. Die Rundfunkgebühren kann man praktisch wie eine solche Flatrate begreifen; es kostet die Zuschauer nicht mehr, wenn Sie eine Stunde mehr Radio hören oder fernsehen. Zusätzliche Zeitschriften- und Zeitungsnutzung verursacht hingegen zusätzliche Kosten. Darum profitieren die audiovisuellen Medien, und vor allen Dingen Radio und Fernsehen in diesem ungewöhnlichen Maße von der gesteigerten Zeit für Mediennutzung.

Ein weiterer Trend, den wir in der Qualität der Nutzung sehen, besteht darin, dass Medienrezeption zunehmend zur Nebentätigkeit wird (vgl. Media Perspektiven Basisdaten 2005). Beim Radio ist es fast ausschließlich so (Bild 7). Es gibt kaum Menschen, die ausschließlich Radio hören, was die Hörspielredaktionen der öffentlich-rechtlichen Sender natürlich sehr bedauern. Entsprechend bestehen Radioinhalte fast ausschließlich aus Musik, und die Sender unterscheiden sich vorwiegend in ihrer Musikfarbe. Neben dem Musikhören, das kennen die meisten Menschen, wird so ziemlich alles gemacht, was während der Arbeit und der Freizeit an Tätigkeiten in Betracht kommt.

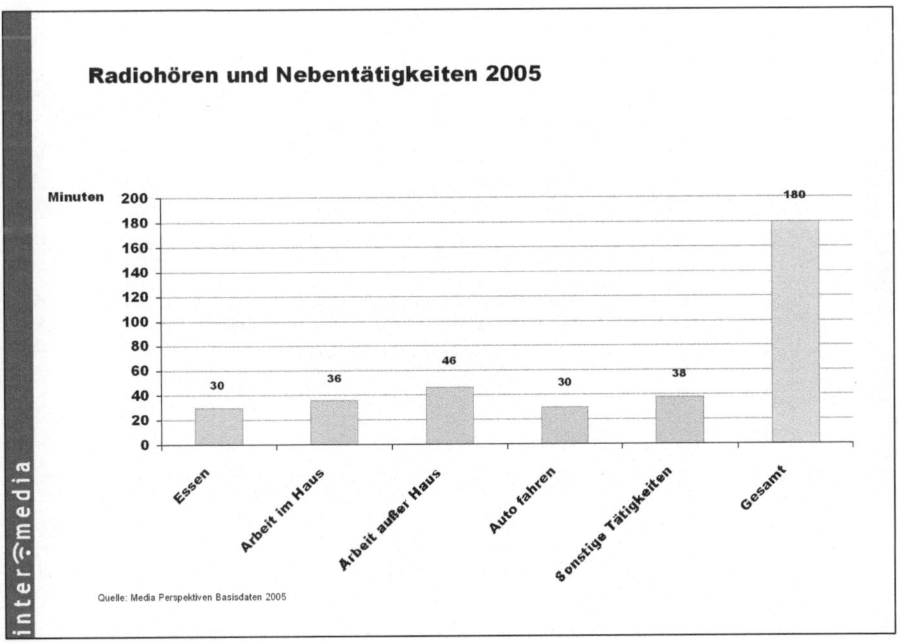

Bild 7

Dass sich Dinge langfristig sehr wohl ändern können, verdeutlicht ein Blick auf die Zeitungsnutzung (vgl. Media Perspektiven Basisdaten 1995 / 2005). Hier sehen wir, dass die älteren Kohorten ein relativ stabiles Nutzungsmuster auf hohem Niveau haben. Etwa 86 Prozent der Älteren nutzt eine Tageszeitung (Bild 8). Einen Einschnitt finden wir in der Gruppe derjenigen, die 2005 unter 50 waren. Hier liegt die Nutzung nur noch bei 72 Prozent. Dies finden wir nicht bei denjenigen, die 1995 unter 50 waren. Die Abnahme der Nutzung schreibt sich in den jüngeren Alterskohorten fort. Der gleich bleibende Abstand zwischen den Jahren 1995 und 2005 deutet darauf hin, dass jüngere Menschen, wenn sie älter werden, nicht häufiger zur Zeitung greifen.

Wegen der Debatte um die Übernahme der Pro Sieben-Sat1-Gruppe durch den Springer-Verlag, möchten wir an dieser Stelle auch noch kurz die Auflagen von ausgewählten Zeitungen darstellen, um zu verdeutlichen, welche herausragende Rolle die Bildzeitung im Printbereich spielt (vgl. IVW). Wenn man bedenkt, dass jedes Exemplar der Bildzeitung von mehr als drei Menschen gelesen wird, verstärkt sich dieser Eindruck noch (Bild 9).

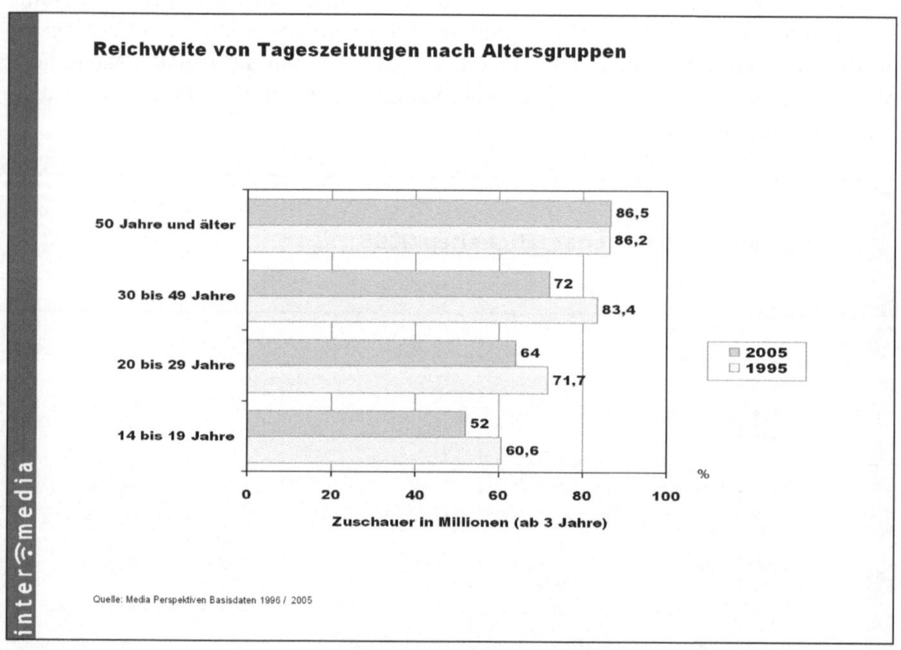

Bilder 8

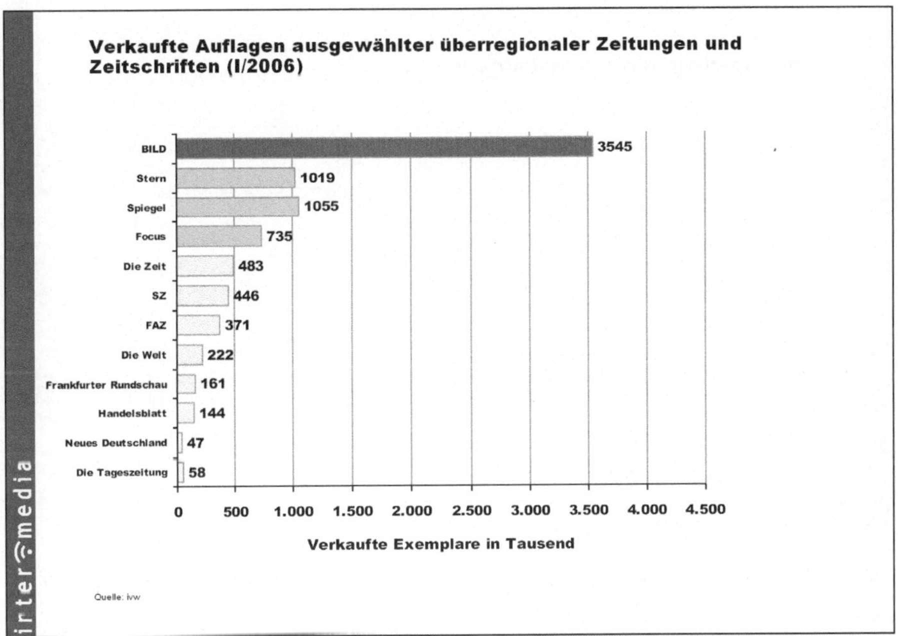

Bild 9

Auch im Internet haben wir in den letzten Jahren eine dramatische Entwicklung erfahren. Die Anzahl der Nutzer scheint kontinuierlich zu steigen (vgl. Media Perspektiven Basisdaten 2005). Wenn man sich die Zahlen jedoch genauer anschaut, erkennt man in den letzten vier Jahren eine Stagnation (Bild 10). Wenn man die Zahlen von 2002 bis 2005 linear fortschreibt, so kann man annehmen, dass es noch eine ganze Zeit dauern wird, bis wir die 70-Prozent-Marke bei der Internetnutzung erreichen.. Die Vollversorgung in diesem Bereich scheint also noch in weiter Ferne zu liegen.

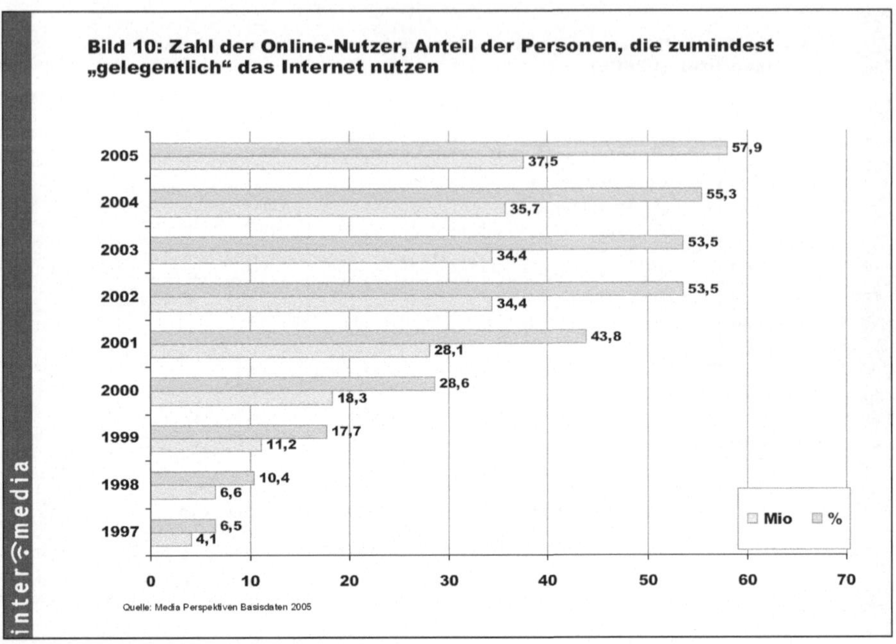

Bild 10

Im zweiten Teil des Beitrags befassen wir uns vor allem mit dem Fernsehen und hier besonders mit der Qualität des Kontakts zwischen Zuschauer und Programm. Nachdem im Jahre 1984 das duale Rundfunksystem eingeführt wurde, kann man beobachten, dass sich öffentlich-rechtliche und private Fernsehsender in ihren Zuschauerzahlen bzw. Markanteilen angenähert haben (vgl. gfk-Zuschauerforschung). Am Anfang der Entwicklung hatten die beiden öffentlich-rechtlichen Sender ARD und ZDF Marktanteile von 40 bis 45 Prozent, den Rest teilten sich die regionalen Dritten Programme. Davon kann heute jeder Sender nur träumen. Mittlerweile scheint es eine Art Konvergenz zu geben: die Marktanteile der reichweitenstärksten Sender liegen seit Jahren konstant bei etwa 13 bis 14 Prozent. Die Graphik in Bild 11 verdeutlicht diesen Konvergenzprozess. Dahinter verbirgt sich aber dennoch eine Ausweitung des gesamten Fernsehkonsums; der Marktanteil ist ja nur eine prozentuale Größe. Dies bedeutet, dass beispielsweise RTL bei gleichem Marktanteil mehr Zuschauer bzw. Sehzeit auf sich vereinigen kann.

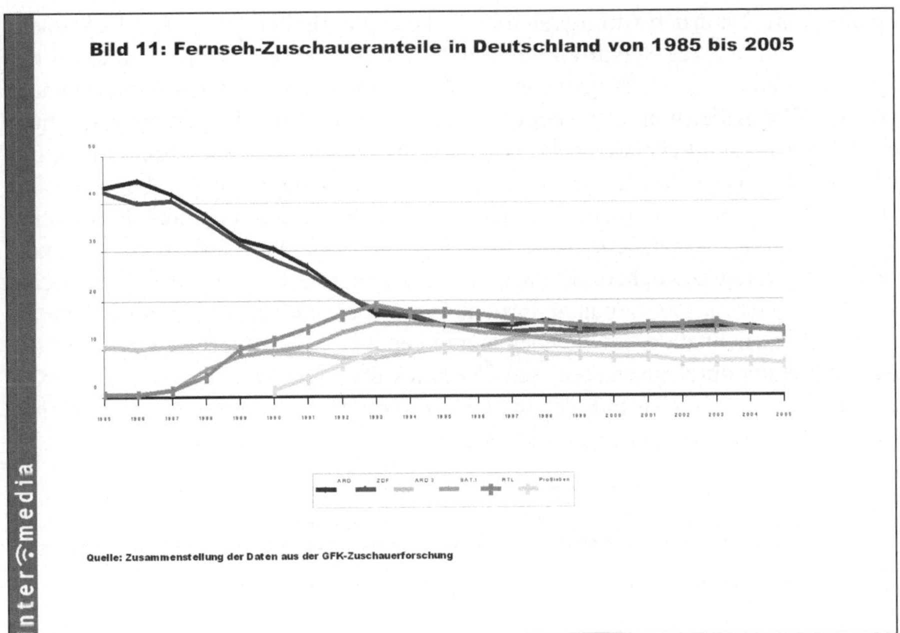

Bild 11

Wenn der Fernsehkonsum sich ausweitet, könnte man vermuten, dass Zuschauer, die viele Kanäle zur Verfügung haben, auch mehr Kanäle nutzen als solche Menschen, die nur wenige Kanäle haben. Analog terrestrisch können die Bundesbürger etwa 8 bis 10 Sender empfangen, im Kabel sind es über 30, und über die Satellitenantenne können über 100 Programme empfangen werden. Wir haben die deutschen Fernseh-Haushalte danach aufgeteilt, wie viele Kanäle sie empfangen können (Bild 12). Da gibt es die klassischen Haushalte im Bereich Kabel, die ca. 21 bis 30 Kanäle empfangen können. Dann gibt es Haushalte, die mehr als 150 Kanäle empfangen können. Wenn man schaut, wie viele verschiedene Sender in diesen verschiedenen Haushalttypen genutzt werden, stellt man fest, dass mehr verfügbare nicht mehr genutzte Sender bedeuten (vgl. AGF/GfK Fernsehforschung; TV-Control; Seven One Media). Haushalte mit 21 bis 30 empfangbaren Sendern nutzen knapp 14 dieser Sender.[2] Bei mehr als 30 Sendern werden knapp 16 Sender genutzt, aber selbst Haushalte mit mehr als 150 empfangbaren Sendern nutzen deswegen nicht mehr als diese 16 Sender.. Wir können uns also von dem Gedanken verabschieden, dass ein Mehr an Sendern zu einem Mehr an Nutzung verschiedener

2. Als Kriterium wurde dabei eine Nutzung von mindestens zehn Minuten im Monat verwendet. Ansonsten hat man das Problem, dass allein schon durch das Zappen Sender zwar kurz auf dem Bildschirm eines Haushaltes landen, aber man nicht wirklich von Nutzung sprechen kann.

Sender führt. Natürlich verbirgt sich in Vielkanalhaushalten hinter den 16 Sendern vielleicht ein anderes Spektrum von Sendern als in den Haushalten, in denen nur 20 bis 30 Sender zu empfangen sind, aber es werden nicht prinzipiell mehr Sender genutzt. Woran dies nun genau liegt, ist unklar. Bei einer zunehmenden Verspartung der Sender ist möglicherweise die begrenzte Anzahl der Interessen ein Grund, nur interessenkonforme Spartensender zu nutzen. Möglicherweise ist aber auch das „relevant set" von Sendern, die den Zuschauern präsent sind, begrenzt. Da es keine größeren Kosten verursacht, wäre es vermutlich sehr ineffektiv, nach der „perfekten" Sendung zu suchen, da man auch nicht viel verliert, wenn man sich eine halbwegs interessante Sendung ansieht (vgl. auch Jäckel 1992, Fernsehen als „Niedrigkostensituation"). Und eben hierzu genügt es, die ersten 16 Sender auf der Fernbedienung durchzuschalten, den Überblick über 160 Sender zu behalten, wäre ein deutlicher Mehraufwand, der in keinem Verhältnis zu dem hieraus gezogenen Nutzen steht oder diesem sogar widerspricht.

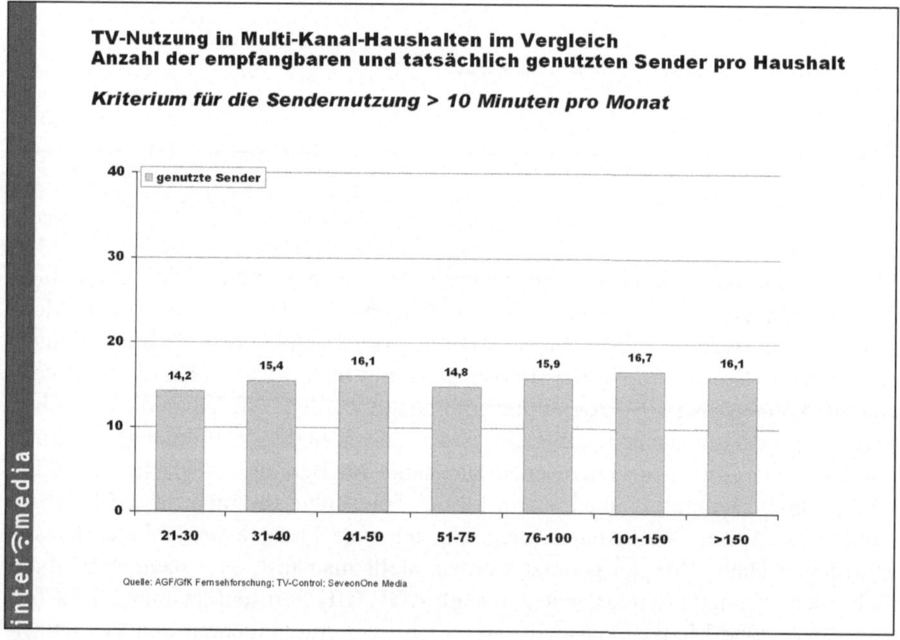

Bild 12

Unsere nächste Beobachtung ist: Fernsehen wird immer stärker zu einer zersplitterten Tätigkeit. Es gibt den Zuschauer, so wie es uns von den Einschaltquoten suggeriert wird, nicht. Wenn eine Sendung laut Fernsehforschung 10 Millionen Zuschauer hatte, dann verbergen sich dahinter deutlich mehr Menschen, die aber häufig nur Bruchteile der Sendung gesehen haben. 10 Millionen Zuschauer heißt die Sendung insgesamt mit einer Dauer von 10 Millionen mal der Länge der

Sendung gesehen wurde. Vollständig gesehen haben eine Sendung oft eine viel kleinere Zahl von Zuschauern. Wenn Sie sich die Länge der Nutzungsepisoden im Fernsehen anschauen, also bis der nächste Umschalt- oder Ausschaltvorgang erfolgt, dann sehen Sie im Bild 13 die Zahlen von 2005 und 1995 (vgl. Reiter 2006, S. 57 ff.). Im Jahr 2005 sind 60 Prozent aller Nutzungsepisoden ein bis fünf Sekunden lang. Ein Großteil der Nutzung ist also Nutzung, zumindest was die Episoden betrifft, die man kaum noch als Fernsehen bezeichnen kann. In einer bis fünf Sekunden können Sie gerade erkennen, auf welchem Sender Sie sind und vielleicht noch das Genre identifizieren. Nutzungsepisoden, die 15 Minuten oder länger an einem Stück stattfinden, sind selten und liegen bei knapp 5 Prozent aller Nutzungsepisoden. Fernsehen ist also häufig ein zersplitterter Vorgang, die Rezeption einer Sendung als ganzes ist eher die Ausnahme. Nun macht sich das beim prozentualen Anteil dieser Nutzungsepisoden natürlich genau umgekehrt bemerkbar (Bild 14); die langen Episoden nehmen immer noch einen Großteil dieses Fernsehnutzungsverhaltens ein, aber man kann aus der Graphik sehen, dass das rückläufig ist. Innerhalb von zehn Jahren sind die langen Episoden weniger geworden und zwar im Bereich ab einer Minute, die kurzen Episoden haben dagegen deutlich zugenommen.

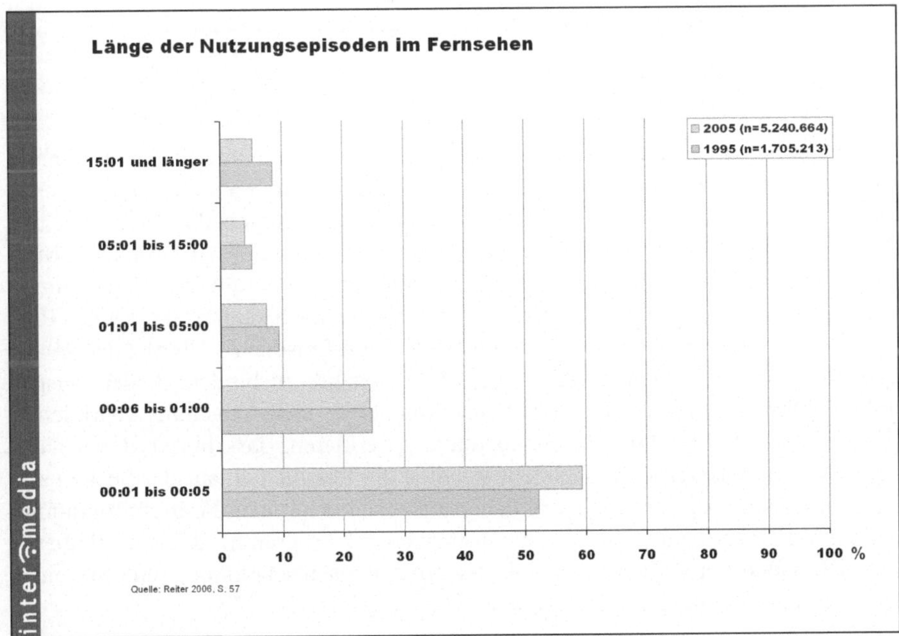

Bild 13

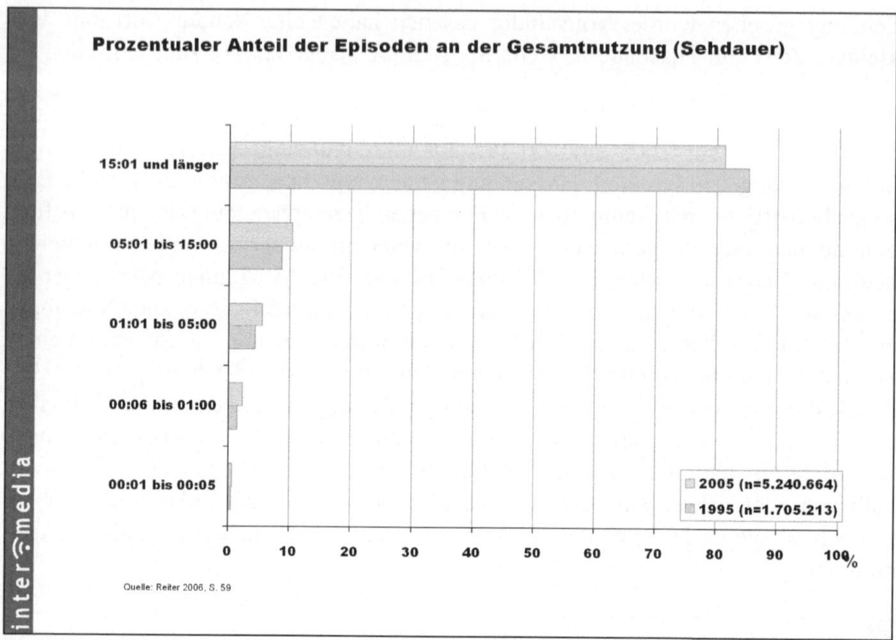

Bild 14

Man kann die Anteile der Episoden, bei denen nur eine einzige Sekunde gesehen wurde, bevor weitergeschaltet wurde, auch noch nach Sendern differenzieren (Bild 15). So ergibt sich beispielsweise, dass etwas weniger als 20 Prozent der Zuschauer, die bei n-tv einschalten, nach einer Sekunde wieder wegschalten. Man kann hier unterstellen, dass dieses Verhalten auf Zapping beruht, also dem Herauf- und Herunterschalten von Kanälen auf der Suche nach einem attraktiven Programm. Bei allen Sendern finden sich diese „Check-Episoden". Hier ist das jeweilige Programm also nicht in der Lage, die Zuschauer zu binden. Anders ausgedrückt führt eine Vielzahl von Senderkontakten nicht zu einer wirklichen Fernsehnutzung. Inhaltlich ist dies dadurch zu erklären, dass in der Regel nicht „gezielt" ferngesehen wird. Vielmehr schalten die Rezipienten auf der Suche nach dem passenden Programm so lange die ersten zehn bis zwanzig Fernsehprogramme auf ihrer Fernbedienung durch, bis sie bei einem Programm „hängen bleiben". Folglich haben wir es mehr mit einer Nichtnutzungsentscheidung, denn mit einer Nutzungsentscheidung zu tun (vgl. auch Fahr & Böcking 2005).

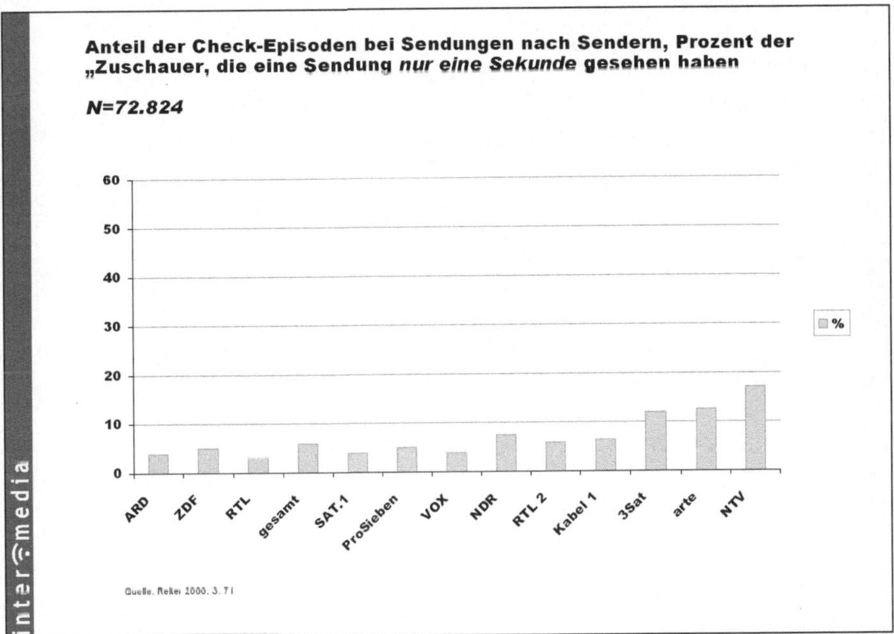

Bild 15

Spiegelbildlich verhält es sich, wenn man den Anteil der *vollständig* gesehenen Sendungen nach Sendern getrennt untersucht, also den Prozentsatz der Zuschauer, die eine Sendung wirklich vollständig gesehen haben (Bild 16). Insgesamt liegt dieser Anteil bei unter 10 Prozent (vgl. Reiter 2006, S. 71). Dies bedeutet, dass von 100 Zuschauern, die im Laufe ihrer Ausstrahlung mit einer Sendung in Kontakt kommen, nur knapp acht Zuschauer die Sendung auch ganz sehen. Bei der ARD sind es immerhin noch knapp 14 Prozent Zuschauer, die eine Sendung vollständig gesehen haben. Die anderen 86 Prozent haben im Laufe der Sendung mindestens einmal weg- bzw. ausgeschaltet. Vor allem bei den kleinen Sendern wie n-tv, Arte und anderen gibt es kaum Zuschauer, die eine Sendung wirklich an einem Stück sehen. Der Anteil scheint sehr stark mit der allgemeinen Einschaltquote der Sender zusammenzuhängen, wie man an der durchgezogenen Linie sehen kann, welche den durchschnittlichen Marktanteil der Sender beschreibt. Sender mit einer hohen Einschaltquote haben auch das Vergnügen, dass bei ihnen hin und wieder noch Zuschauer auftauchen, die eine Sendung vollständig sehen. Auch dies also ein Hinweis darauf, dass Fernsehen eine Tätigkeit ist, bei der es nicht so stark auf den konkreten Inhalt einer Sendung ankommt, sondern mehr auf die Tätigkeit an sich: Es ist normal, auf dem einen Sender eine Sendung anzufangen, beispielsweise bei Werbung umzuschalten und dann eine andere Sendung auf einem anderen Sender fertigzusehen.

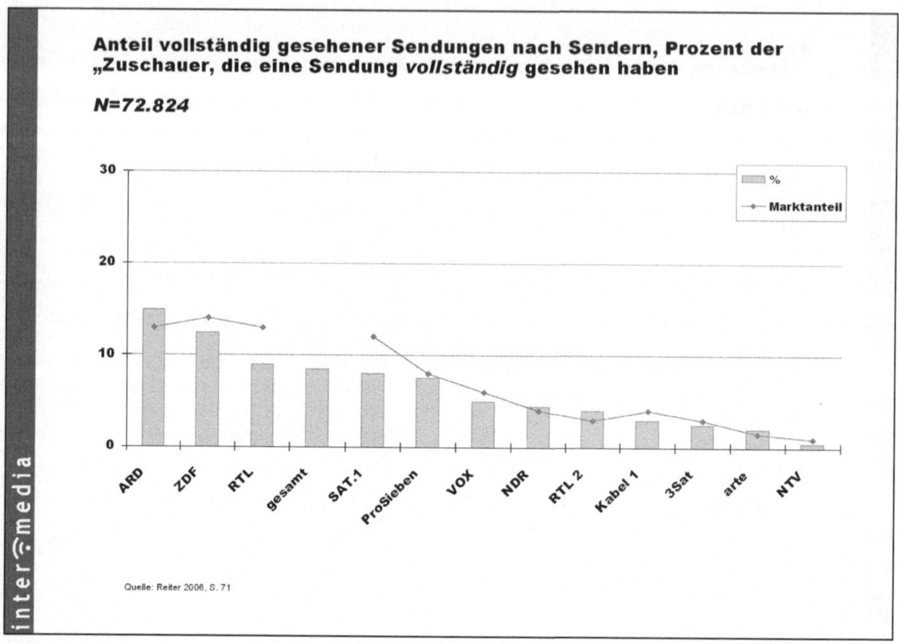

Bild 16

Auch bei den Genres finden sich Unterschiede in der „Treue" der Zuschauer (vgl. Reiter 2006, S. 77). Nachrichten und Serien sind Sendungen, bei denen die Zuschauer relativ lange verweilen. Im Durchschnitt sieht ein Zuschauer, wenn er in eine Nachrichtensendung reinschaltet, 39 Prozent dieser Sendung, also knapp ein Drittel (Bild 17). Bei Serien ist der Anteil ähnlich hoch. Bei Spielfilmen sind es dagegen nur durchschnittlich 17 Prozent der Sendezeit, die gesehen wird. Hinter diesen Durchschnitten verbergen sich natürlich sowohl die Zuschauer, die nur eine Sekunde gesehen haben, als auch solche, die die ganze Sendung verfolgt haben.

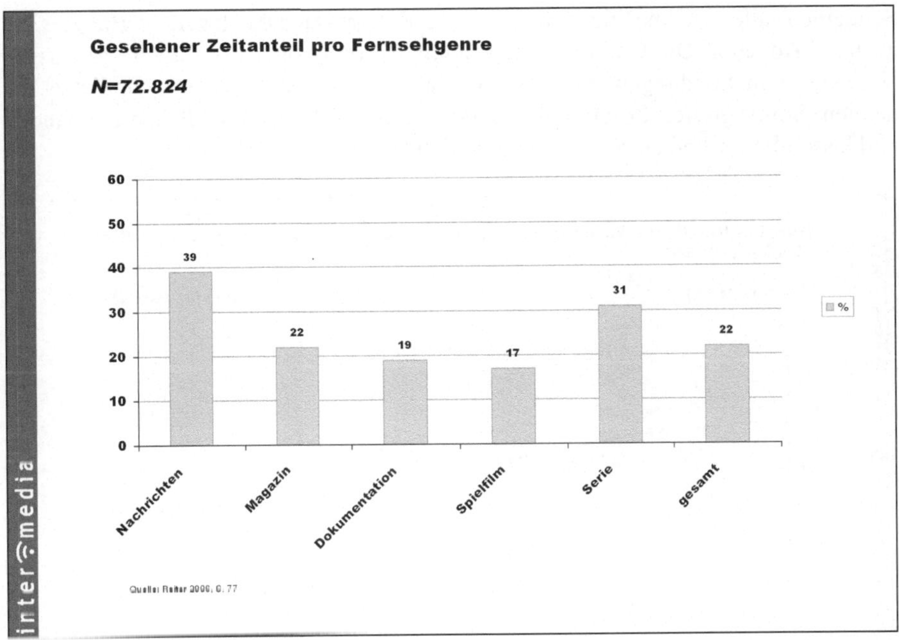

Bild 17

All diese Zahlen verdeutlichen auf die eine oder andere Weise immer wieder, dass der „Zuschauer" einer Sendung immer stärker eine Fiktion wird, welche sich aus der Erhebungsmethode der telemetrischen Fernsehforschung ergibt. Man müsste das, was gemessen wird, besser als ein Zuschaueräquivalent bezeichnen. Wenn eine Sendung zehn Minuten dauert, dann entspricht eine gemessene Nutzungsdauer von zehn Minuten einem Zuschaueräquivalent, egal auf wie viele Menschen sich diese zehn Minuten letztlich verteilen. Das folgende Bild 18 stellt noch einmal etwas pointiert dar, wie lange im Durchschnitt ferngesehen wird. Hier haben wir die durchschnittliche Kanalintervalldauer berücksichtigt, also die Zeit, die ein Zuschauer im Durchschnitt bei einem Sender verweilt (vgl. Ettenhuber 2005, S. 80). Dabei blieben alle kurzen Phasen unter einer Minute unberücksichtigt. Selbst wenn man nur diese längeren Rezeptionsphasen berechnet, sieht man, das Fernsehen als zusammenhängende Tätigkeit abnimmt. Im Jahr 1995 haben Zuschauer im Durchschnitt noch 24 Minuten an einem Stück geschaut, bevor sie aus- oder umgeschaltet haben. Das hat sich im Jahr 2005 auf einen Wert von unter 20 Minuten verringert. Eine besondere Rolle spielen hier die Alleinseher, dargestellt in der unteren Linie. Hier sind die Kanalintervalle noch kürzer als im Durchschnitt der Fernsehzuschauer. Alleinseher sind noch flüchtigere Zuschauer als Gemeinschaftsseher. Aber die Verkürzung der Kanalintervalle betrifft alle Zuschauergruppen gleichermaßen. Zu berücksichtigen ist dabei natürlich auch, dass die Fernsehsender ihre Programmstruktur den veränderten Sehgewohnheiten anpassen. Die Länge der

Sendeintervalle, welche die durchgehende Rezeption nahe legen, verkürzt sich auch im Angebot. Die Unterbrechung durch Werbung oder der stärkere Magazincharakter von Sendungen mit einer Verkürzung der Beitragslänge sind hier zu nennen. Somit greifen Programmveränderungen und Sehgewohnheiten ineinander und lassen Fernsehen zu einem zerstückelten Erlebnis werden.

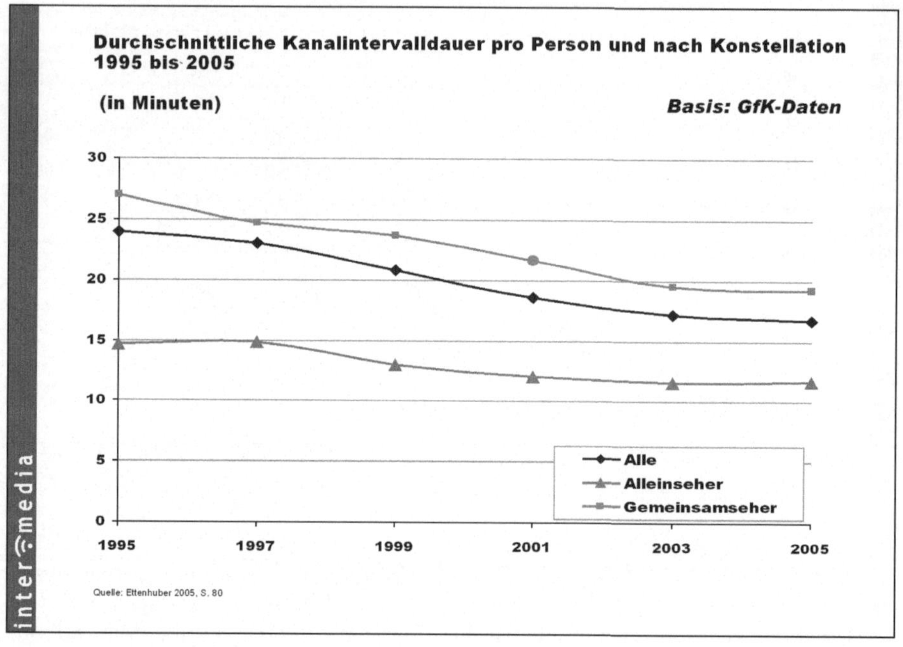

Bild 18

Die Alleinseher unterscheiden sich aber auch noch in anderen Merkmalen: Die Intervalldauer bei Männern ist deutlich kürzer als bei Frauen (9 versus 14 Minuten), bei beiden geht aber die Entwicklung über die Jahre zu kürzeren Intervallen. Man könnte jetzt meinen, dass das an den privaten Sendern liegt, weil diese eben auch ein Programm liefern, das man nicht länger am Stück sehen kann. Sie sehen aber, dass sich die unterschiedlichen Kanalintervalldauern bei öffentlich-rechtlichen und bei privaten Sehern im Laufe der Zeit angenähert haben. Es gibt also keinen Unterschied mehr, ob die Zuschauer bei der ARD oder RTL zuschauen; in beiden Fällen schalten die Alleinseher nach etwa zehn Minuten spätestens um. Wenn man das noch einmal nach verschiedenen Genres unterscheidet, so findet man erwartbare Unterschiede. Bei Musiksendern ist die durchschnittliche Kanalintervalldauer weniger als zwei Minuten, d.h. höchstens ein Musikvideoclip wird im Durchschnitt zu Ende gesehen, dann sind die (jüngeren) Zuschauer wieder weg. Bei den anderen Genres ist die Verweildauer entsprechend höher, aber in allen Fällen ist die Rückläufigkeit der Dauer zu beobachten.

Dies kann mehrere Ursachen haben: Zum einen mag sich das Programm öffentlich-rechtlicher und privater Sendungen im Laufe der Zeit angenähert haben, d.h. hier ist eine Art Konvergenz zu beobachten (vgl. auch Merten, 1996). Zum anderen könnte es sich aber auch um ein allgemeines Phänomen handeln, d.h. Rezipienten schalten beim Fernsehen immer mehr um, sei es, weil sie sich langweilen oder aber auch nur, weil sie nebenher vieles erledigen und sie so dem Fernsehen insgesamt weniger Aufmerksamkeit widmen.

Die Verkürzung der Intervalldauern hat allerdings auf den Werbemarkt, zumindest was die Zuschauerseite betrifft, bisher noch keinen Einfluss. In Bild 19 haben wir die kumulierten Nettowerbeblockreichweiten abgetragen, also wie viel Prozent der Zuschauer an einem Tag von Werbeblöcken im Fernsehen erreicht werden (vgl. AGF/GfK Fernsehforschung; TV-Control; SeveonOne Media). Der Befund überrascht, wenn man die Struktur des Zuschauerverhaltens berücksichtigt. Kürzere Intervalldauern könnten ja auch bedeuten, dass Zuschauer die Werbung häufiger und effektiver vermeiden. Dies scheint jedoch nicht der Fall zu sein. Etwa zwei Drittel der Zuschauer haben an einem durchschnittlichen Tag Kontakt zu einem Werbeblock im Fernsehen. Es ist also keineswegs so, dass Zuschauer systematisch von der Fernsehwerbung weggehen.

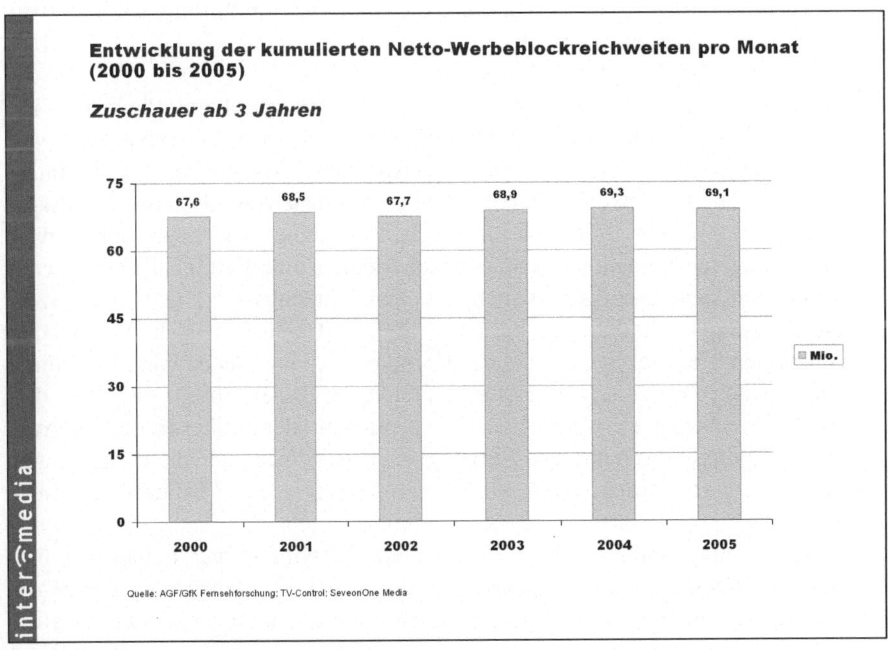

Bild 19

Wenn man die Befunde der Medien- und Fernsehforschung noch einmal zusammenfassen und ein kurzes Fazit ziehen möchte, kann man feststellen:

1. Mediennutzung nimmt seit Jahren kontinuierlich zu, allerdings nicht für alle Medien in gleicher Weise. Vor allem die audiovisuellen Medien Radio und Fernsehen (free TV) können im Kampf um die Nutzer zulegen, der Printbereich stagniert trotz der Versuche der Verlage, durch Produktdiversifikation und Line-extensions Leser zu gewinnen.
2. Die Gründe für die fast ausschließliche Zunahme in den Segmenten Radio und Fernsehen liegen vermutlich in der Flatrate-Struktur der Bezahlung. Die Rundfunkgebühr wird unabhängig von der Nutzungsdauer für alle Hörer und Zuschauer fällig. Einmal bezahlt kann der Nutzer seine Nutzungszeit beliebig ausdehnen, dies deutet sich für den Onlinebereich durch DSL- oder Kabel-Flatrates ebenfalls an. Im Printbereich ist dies aber nicht der Fall. Die Zeitschrift ist irgendwann ausgelesen und man muss sich eine neue Zeitschrift kaufen. Zunehmende Nutzung bedeutet also zunehmende Nutzungskosten.
3. Die Budgets für die Mediennutzung sind aber langfristig relativ konstant (Brosius & Haas, 2006). Kurzfristige Erhöhungen aufgrund von Investitions- oder Umstellungskosten schleifen sich schnell wieder ab, wie man gut am Beispiel von CD und Kino zeigen kann. Kurzfristig stiegen beispielsweise die Ausgaben für Tonträger und Kinobesuche aufgrund der Einführung von CD bzw. Multiplexkinos an, nach kurzer Zeit zeigte sich aber schon, dass diese Verschiebungen nicht unbedingt von Dauer sind.
4. Die generelle Frage, die sich dann auch im Kontext mit Triple Play stellt, ist: Welcher Inhalt erfüllt welche Funktion (besser), also welcher Inhalt wird von Konsumenten für welche Funktion, Entspannung, Ausgleich, soziale Interaktionsmöglichkeiten, etc. genutzt. Ohne eine genauere Analyse dieser Zusammenhänge zwischen Funktion, Inhalt und Nutzung wird man nur schwer prognostizieren können, wie man in neuen Medienstrukturen Inhalte erfolgreich vermarkten kann. Dazu gehört auch, dass man Nutzungssituation, Nutzungszeiten, Nutzungskonstellationen berücksichtigt, und natürlich auch die sozialen Funktionen. Beispielsweise kann das Herunterladen und Sehen von Spielfilmen – unabhängig, ob es schließlich über DSL oder Kabel erfolgt, nur dann den DVD-Verleih ersetzen, wenn es letztlich bequemer oder billiger ist und die Auswahl vielfältiger erscheint. Die Nutzung von Spielfilmen kann damit dann letztlich gesteigert werden, aber nur in den Grenzen der Medienbudgets der Haushalte.
5. Mediennutzung und vor allem Fernsehnutzung wird immer beiläufiger und immer flüchtiger. Die Bereitschaft der Zuschauer, Sendungen als ganzes zu sehen, sinkt immer mehr ab, kurze Evaluationsepisoden, in denen man lediglich feststellt, dass man ein Programm *nicht* weiter verfolgen will, nehmen zu. Dies ist bei der Frage, wie man Fernsehinhalte unter Triple-Play-Bedingungen oder beispielsweise auch mobil vermarkten will, von entscheidender Bedeutung. Dies gilt um so mehr, als das Kanalrepertoire der Zuschauer, also wie viel

Kanäle jeweils relevant sind, offenbar auch konstant ist. Fernsehen ist also viel weniger aktives Auswählen und Gestalten der Freizeit, sondern vielmehr ein passives Sich-zurück-Lehnen und Entspannen (vgl. Schönbach, 1997).

Vor allem, wenn es um das so genannte „interaktive Fernsehen" geht, ist zunächst noch grundsätzlich zu untersuchen, was mit Interaktivität genau gemeint ist und welche Inhalte dabei relevant werden (vgl. Quiring & Schweiger 2006). So heißt es zwar oft, interaktives Fernsehen wird zunehmen, und als Beispiel werden dann Sendeformen wie „Wer wird Millionär?", „Deutschland sucht den Superstar" oder „Let's dance" genannt. Da wird aber Interaktivität mit dem Intra-Audience-Effekt verwechselt. Dass Leute in Sendungen anrufen und Ihren Lieblingssänger oder ihr Libelingstanzpaar durchgeben, hat mit Interaktivität erst einmal wenig zu tun. Entscheidender ist die soziale Situation, aus dem das Bewusstsein erwächst, dass man gerade mit allen anderen Mitgliedern des nicht sichtbaren Publikums in dem Moment ein gemeinsames Ziel bzw. ein gemeinsames Erlebnis hat. Ähnlich verhält es sich mit Zuschauerfernsehen à la „Neun Live". Die Zuschauer beobachten dort die Interaktivität Anderer, sind aber nicht selber interaktiv. Ob das wirklich interaktives Fernsehen ist, wie wir uns das vorstellen oder wie es dann technisch möglich ist? Das zeigt aber auch, dass das Massenpublikum auch auf Publikumsseite eine wichtige Funktion hat. Es geht für Rezipienten nicht nur darum, ein individuell zusammen gestricktes Fernsehprogramm zu haben, das niemand sonst auf dieser Welt genau so gesehen hat, sondern es geht eben auch darum zu wissen, dass man Mitglied eines größeren Publikums ist, auch damit wir uns hier überhaupt über Dinge wie „Let's dance" oder „Deutschland sucht den Superstar" unterhalten können.

Literatur

Brosius, Hans-Bernd & Haas, Alexander (2006). Das Prinzip der relativen Konstanz: Unter welchen Bedingungen steigt das Medienbudget deutscher Haushalte? In Thomas Hess & Stefan Doeblin (Hrsg.), *Turbulenzen in der Telekommunikations- und Medienindustrie.* Berlin: Springer, S. 125-140.

Ettenhuber, Andreas (2005). *Die Beschleunigung des Fernsehverhaltens. Eine Sekundäranalyse von Daten aus dem GfK-Fernsehpanel 1995 bis 2005.* München, Institut für Kommunikationswissenschaft und Medienforschung, unveröffentlichte Magisterarbeit.

Fahr, Andreas/ Böcking, Tabea (2005). *Nichts wie weg? Ursachen der Programmflucht.* Medien & Kommunikationswissenschaft, 53, 5-25.

Gesellschaft für Konsumforschung (GfK).

Hagen, Lutz M. (2002). *Kosten. Eine übersehene Determinante der Mediennutzung und ihr Beitrag zur Entwicklung des deutschen Mediensystems.* Nürnberg, Lehrstuhl für Politik- und Kommunikationswissenschaft, unveröffentlichtes Manuskript.

Heitzer, Eric (2002). *Vision Breitbandkabel.* In Media Perspektiven 3, S. 140-143.

Interessensgemeinschaft zur Feststellung der Verarbeitung von Werbeträgern e.V. (IVW).

Jäckel, Michael (1992). *Mediennutzung als Niedrigkostensituation.* In: Medienpsychologie (4), S. 246 – 266.

Media Perspektiven Basisdaten – Daten zur Mediensituation in Deutschland 1995 / 2005 (erscheint jährlich).

McCombs, Maxwell E. (1972). *Mass Media in the Marketplace.* Journalism Monographs, No. 24.

Merten, Klaus (1996). *Konvergenz der Fernsehprogramme im dualen Rundfunk.* In: Hömberg, Walter; Pürer, Heinz (Hrsg.): Medien-Transformation. Zehn Jahre dualer Rundfunk in Deutschland. Konstanz, S. 152-171.

Quiring, Oliver & Wolfgang Schweiger (2006): Interaktivität – ten years after. Bestandsaufnahme und Analyserahmen. In: Medien & Kommunikationswissenschaft 54(1). S. 1-20.

Reiter, Susanne (2006). *Nutzen und nicht sehen. Zur Präzisierung des Nutzungsbegriffs in der Zuschauerforschung.* München, Institut für Kommunikationswissenschaft und Medienforschung, unveröffentlichte Magisterarbeit.

Schönbach, Klaus (1997): Das hyperaktive Publikum – Essay über eine Illusion. In: Publizistik. 42. Jg., H. 3, S. 279-286.

2.4 Erfahrungen mit Triple Play in den USA

Eckart Pech
Detecon Inc., Reston, VA

In vollem Umfang und über die in der einschlägigen Fachpresse geführte Diskussion hinaus ist mir die Realität von Triple Play in den USA erst bewusst geworden nachdem im vergangenen Jahr in meiner Nachbarschaft mit schwerem Gerät Tiefbauarbeiten durch Verizon durchgeführt worden sind. Persönlich betroffen war ich dann ab dem Zeitpunkt an dem ich versucht habe den Video- und Datenservice zu abonnieren, um wie die zwanzig Meter entfernt von mir lebenden Nachbarn Triple Play über Glasfaser zu erleben. Angesichts zunehmender Hitze vor einigen Wochen habe ich versucht die Bewässerungsanlage im Garten meines Hauses in diesem Jahr erstmals wieder in Betrieb zu nehmen. Für Ersteres scheitere ich nach wie vor am Kundenservice von Verizon, versuche es nach wie vor – mittlerweile aber mit vermindertem Ehrgeiz – wozu gibt es schließlich gute Nachbarn. Letzteres Problem gehört mittlerweile wieder der Vergangenheit an nachdem die mühsam gegrabenen Löcher zum zweiten Mal wieder geöffnet wurden – diesmal allerdings nicht zum Kabelverlegen sondern mit dem Ziel der Reparatur meiner Bewässerungsanlage, die übrigens wieder einwandfrei funktioniert.

Aber nun zum eigentlichen Kern meines Vortrages:

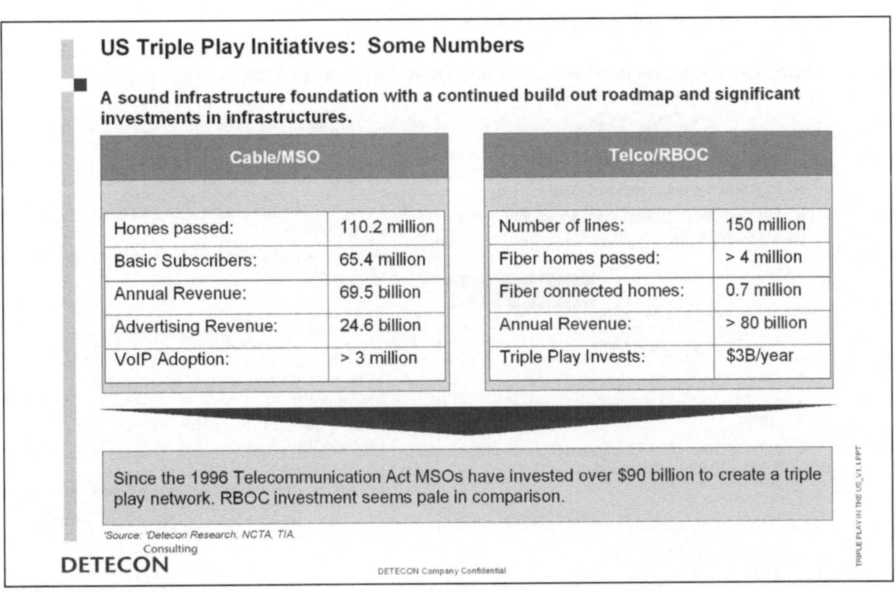

Bild 1

Bevor wir tiefer einsteigen ein paar Daten zur Abgrenzung des US-Marktes (Bild 1): Die wesentlichen Spieler können unterschieden werden in die Kabelnetzbetreiber oder Multiple Service Operators (MSO) wie Time Warner Cable, Comcast und Cox und die Telekommunikationsanbieter – hier insbesondere die sog. Regional Bell Operating Companies, wie AT&T, Verizon und Bellsouth.

Die Kabelnetzbetreiber haben nicht nur eine sehr weit reichende Penetration und erzielen sehr hohe – zumindest im Vergleich mit Deutschland – ARPUs (Average Revenue per User) sondern haben auch im Breitband gegenüber DSL die Nase vorn beim breitbandigen Internetzugang. Auch die erst im vergangenen Jahr gelaunchten Voice over IP Angebote, die Kabelnetzbetreiber ja zu Anbietern von Triple Play machen, sind recht erfolgreich nicht nur hinsichtlich der Adoption sondern auch hinsichtlich der Auswirkungen auf den Churn. Seit dem Telecommunications Act von 1996 haben die MSOs mehr als 90 Mrd. USD in die Kabelinfrastruktur investiert.

Vornehmlich aufgrund einer rapiden Erosion von Sprachumsätzen sehen die RBOCs (Regional Bell Operating Companies) Triple Play als den Heilsweg zum Stopp des Kundenverlustes und der Revitalisierung ihres ARPUs. Die großen RBOCs haben sich zu Triple Play bekannt, so dass schon heute mehr als 4 Millionen Haushalte angeschlossen sind. Die Investitionen sind bisher insbesondere im Vergleich zu denen der MSOs seit 1996 noch bescheiden, jedoch stellt dies erst den Anfang dar.

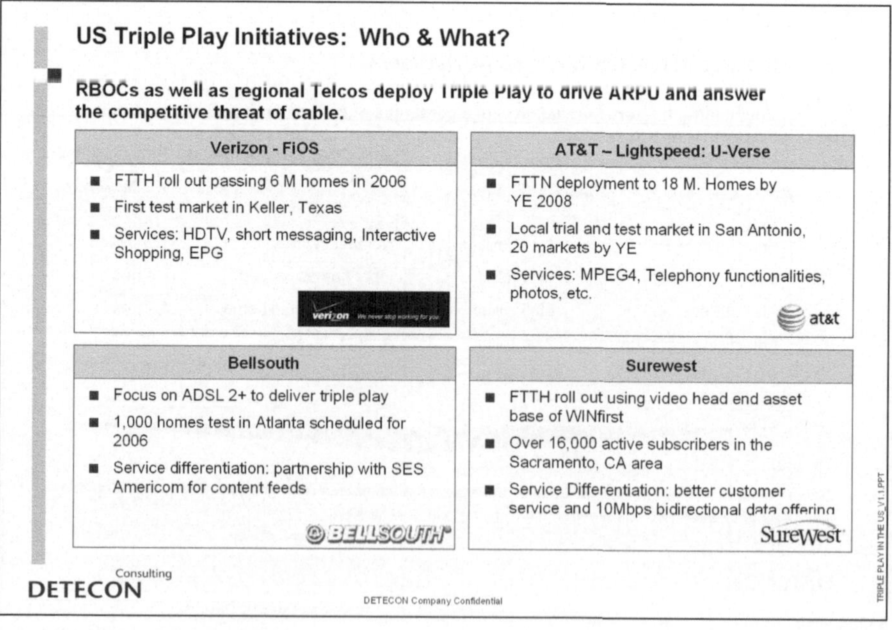

Bild 2

Wer sind nun die wesentlichen Spieler? (Bild 2) Lassen sie mich beispielhaft kurz auf die großen RBOCs und einen kleinen innovativen Anbieter aus Sacramento eingehen. Verizon hat mit dem Projekt FiOS eine umfassende Triple Play Initiative gestartet, bei der auch die letzte Meile komplett auf Glasfaser umgestellt wird. Noch in diesem Jahr plant Verizon die Zahl 6 Millionen angeschlossener Haushalte zu übertreffen. Insgesamt wird geschätzt, dass Verizon für den FiOS Roll Out bis 2010 bis zu 11 Mrd. US Dollar investieren wird, um mehr als 15 Mio. Haushalte anzuschließen. Der erste Testmarkt für Verizon war Keller – ein 34.000 Einwohner-Ort in der Nähe von Fort Worth in Texas, wo eine Adoptionsrate von etwa 24 % nach sieben Monaten erreicht wurde. Der Zielwert für Verizon ist eine Penetration von 30 % nach 5 Jahren. Etwa 80 % der Nutzer entscheiden sich für ein Triple Play Angebot. Mittlerweile kann man den Dienst in anderen Staaten wie beispielsweise Virginia und Florida, bereits beziehen. Wesentliche Differenzierungs-Merkmale des Angebotes von Verizon sind eine höhere Zahl von HDTV Kanälen, sehr komfortable Interfaces in form von EPGs sowie unterschiedliche Optionen für eine interaktive Nutzung.

AT&T, hier vornehmlich SBC, hat mit U-Verse ein ähnlich ambitioniertes Projekt initiiert. Allerdings verzichtet AT&T auf den kostspieligen Ausbau der letzten Meile. Bisher gibt es einen sehr eng abgeschirmten und kontrollierten Testmarkt in San Antonio, Texas. Bis Jahresende soll der Service in 20 Märkten verfügbar sein. Das Portfolio umfasst insbesondere Telefoniefunktionalitäten und auch Multimedia.

Dritter Anbieter ist Bellsouth, der mit großer Wahrscheinlichkeit dem Pfad von AT&T folgen wird. Bisher ist lediglich ein Test geplant, der noch im Laufe dieses Jahres in Atlanta beginnen soll.

Neben Verizon ist Surewest ein weiterer Spieler, der bereits in der Vermarktung ist und auf Basis einer glücklichen Akquisition teurer Assets von WinFirst sehr ökonomisch eine Triple Play Infrastruktur realisiert hat. Surewest hat seinen Sitz in Sacramento und eine Middleware-Lösung im Einsatz, die nicht auf Microsoft TV basiert. Von insgesamt 67.000 angeschlossenen Haushalten und hat Surewest bereits mehr als 16.000 Kunden gewinnen können.

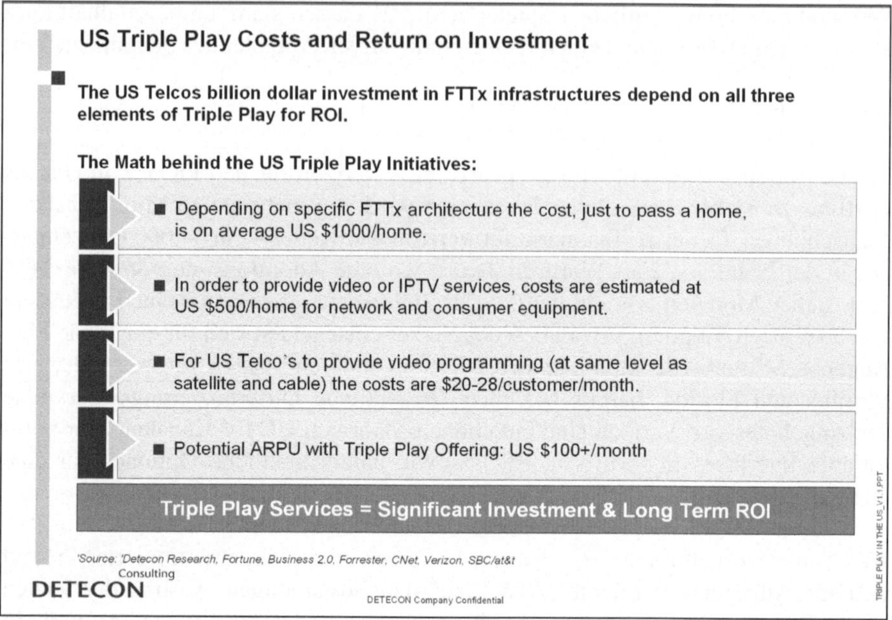

Bild 3

Nun zu einer brennenden Frage für die RBOCs – woher soll der Payback für den kostspieligen Roll Out kommen? (Bild 3) Die Grundlage für die RBOCs bilden insbesondere die ARPUs die die MSOs in der Lage sind mit Ihren Videoangeboten zu realisieren. Je nachdem welche spezifische Architektur gewählt wird und auch ob die letzte Meile mit ausgebaut wird oder nicht ist der Annahmewert für den Anschluss eines Haushaltes 1.000 USD. Dazu kommen etwa 500 USD an Equipment wie beispielsweise Set Top Box etc., die notwendig sind, um den Anschluss letztlich im Haus zu realisieren. Die Einspeisungskosten – als Durchschnittswert belaufen sich auf 20 bis etwa 28 Dollar je Monat und Kunde.

Den Payback des Ganzen bildet schließlich ein monatlicher Ziel-ARPU für die Kombination aus Fast Internet, Video und Voice von mehr als 100 USD/Monat. Das ist ein durchaus realistischer Wert: eine Flatrate für den schnellen Internetzugang kostet je nach gewählter Geschwindigkeit zwischen 35 und 50 USD/Monat. Für ein Fernsehpaket sind monatliche Packagepreise, inklusive der Miete für eine Set Top Box, von 45 bis 85 US Dollar realistisch. Telefonie schließlich schlägt je nach Umfang mit 20 bis 30 US Dollar zu Buche ist jedoch durch Wettbewerbsangebote, VoIP und Fixed Mobile Substitution zunehmend bedroht.

Neben dem höheren ARPU erwarten die RBOCs als weiteren Effekt einen verminderten Churn. In der Summe ergibt sich also ein sehr langer Payback – hier geht man von einem monatlichen Return von etwa 10 Dollar je Subscriber aus, die dann gegen die etwa 2.000 USD Upfront Investment gerechnet werden können – für die erforderlichen recht umfassenden Investitionen. Aber wie sieht nun die Realität aus? Konkret werde ich hier kurz auf Aspekte im Kontext der Servicebereitstellung, die Wettbewerbsdynamik, Fragen im Kontext der Microsoft Middleware sowie die Regulierung eingehen.

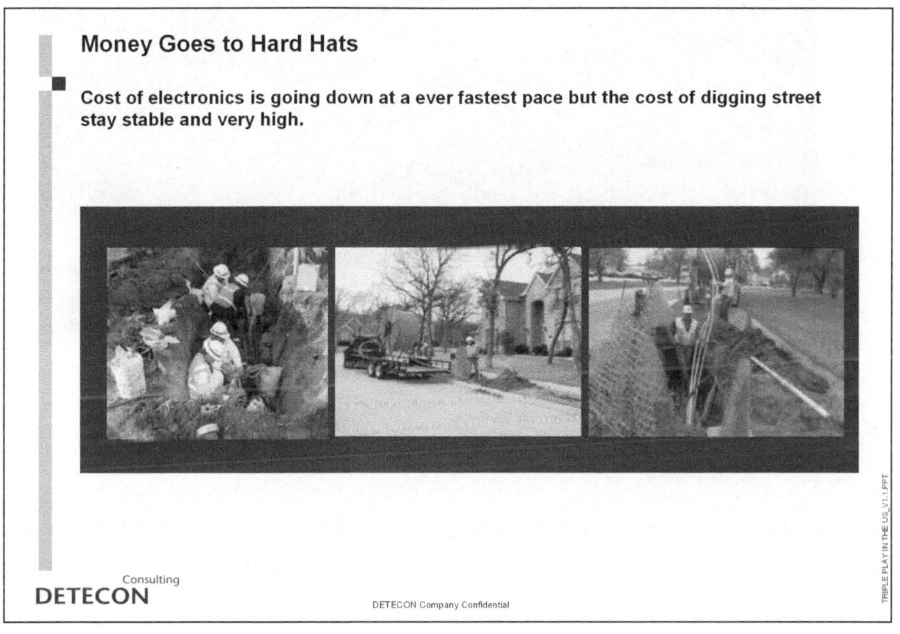

Bild 4

Gerade Verizon's FiOS Initiative hat im Rahmen der ersten Installationen sehr hohe Roll Out Kosten generiert. Trotz dem Einsatz von Robotern für den Tiefbau und die Erstellung von Kabelschächten ist dies der teuerste denkbare Weg (Bild 4). Der Materialaufwand ist ebenfalls nicht unerheblich – so benötigt Verizon je angeschlossenem Haushalt deutlich mehr Kabel als ursprünglich antizipiert.

Einsprüche von Anwohnern bilden eine weitere Quelle von Geldabflüssen für Verizon – in meiner eigenen Nachbarschaft musste Verizon Teams bereitstellen, um die zum Teil entstandenen Verwüstungen professionell beseitigen zu lassen.

Bild 5

Auch Einfahrten mussten vielfach komplett neu geteert werden (Bild 5). In der Summe entstehen so zusätzliche sogenannte Landscaping Kosten von geschätzten 100 – 200 USD je Haushalt.

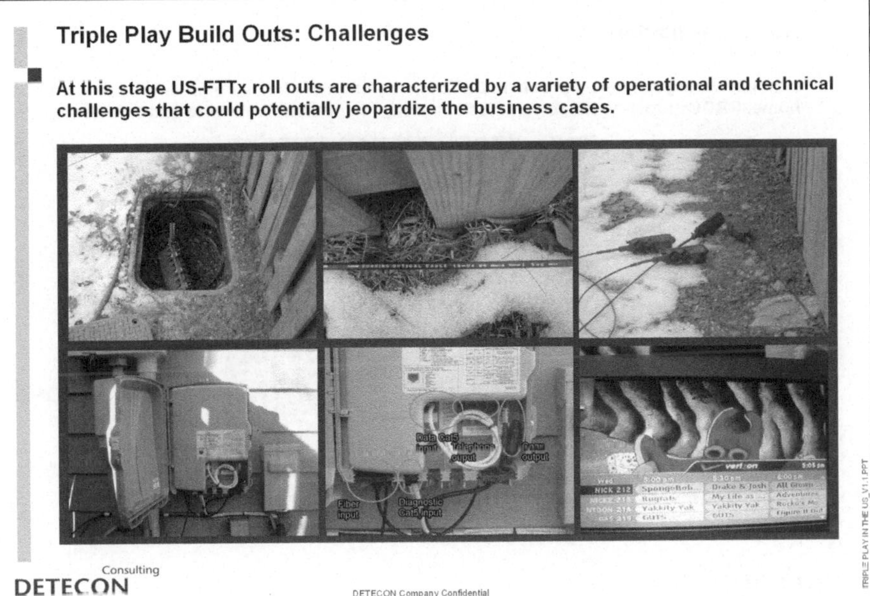

Bild 6

Der Anschluss eines Teilnehmers lässt sich bis heute nicht mit dem von Verizon antizipierten Zeitansatz realisieren. Für die einzelnen Schritte wurde durch Verizon initial ein Zeitansatz von 2 bis drei Stunden je Haushalt veranschlagt. Es beginnt am Untergrund Fibre Hub über die Kabel, die anschließend über einen Anschlusspunkt mit dem Haus verbunden werden (Bild 6). Nach erfolgreicher Installation sollte am Ende schließlich der EPG verfügbar sein. In der Realität beträgt dieser Wert – je nach Umfang und Komplexität der realisierten Installation mehr als acht Stunden für mindestens zwei Personen. Nebst dem einzusetzenden Gerät entstehen so erhebliche Personalaufwendungen von bis zu zwei Manntagen je Installation, die zumindest heute noch inklusive ist.

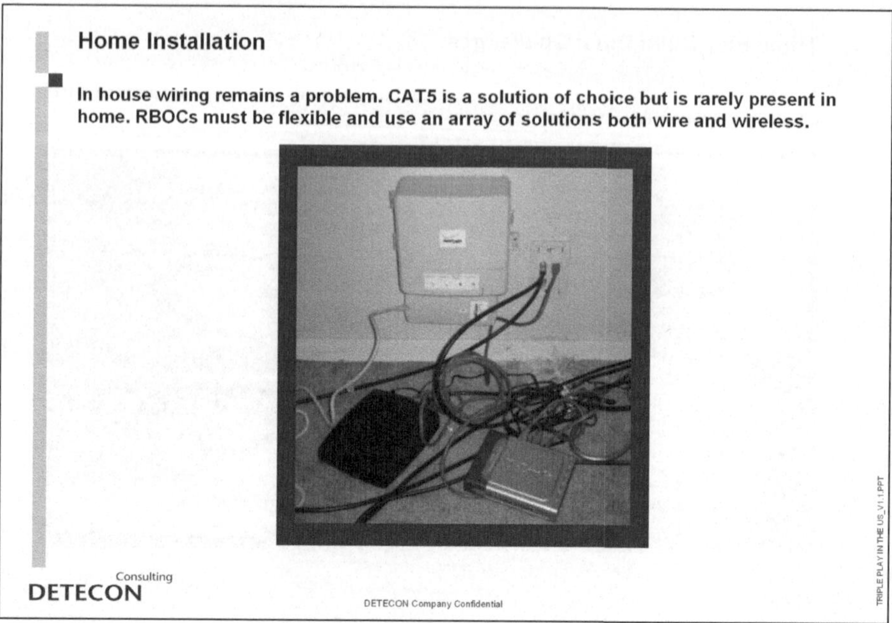

Bild 7

Die Verkabelung im Haus stellt eine weitere Herausforderung dar, weil für die breitbandigen Anwendungen auch entsprechend leistungsfähige Kabel verfügbar sein müssen (Bild 7). Bei der amerikanischen Holzbauweise ist dies jedoch weniger problematisch als bei der Installation beispielsweise in Deutschland.

Nun aber genug über Probleme in der Bereitstellung und hin zu Wettbewerbseffekten, wie sie beispielsweise in Märkten wie Keller in Texas beobachtet werden konnten.

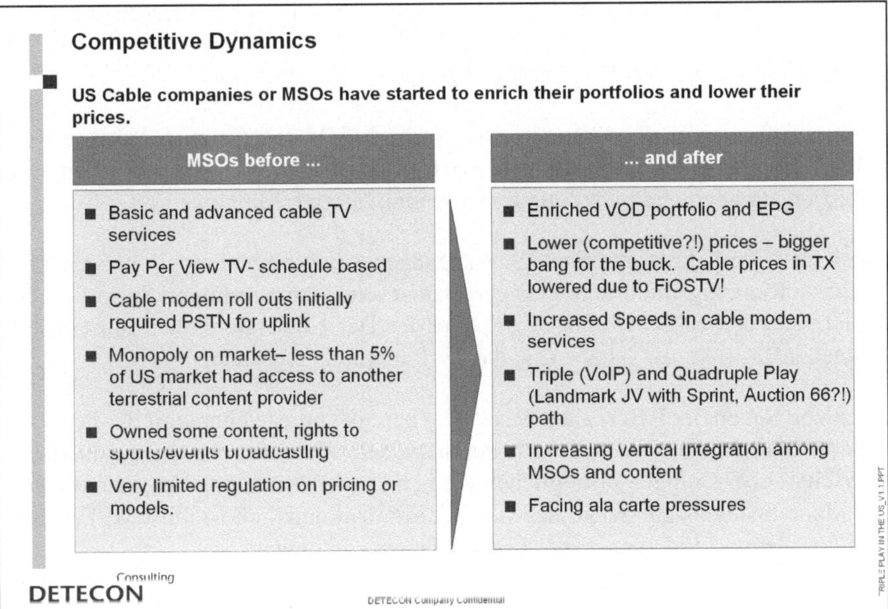

Bild 8

Bis zum Eintritt von den RBOCs waren die MSOs nur in begrenztem Masse gezwungen, ihre Angebote umzustellen, so dass sowohl die angebotenen Inhalte als auch die Anwendungen wie VoD nur bedingt nutzerfreundlich waren (Bild 8). In Kombination mit dem Eigentum an Content waren die MSOs daher in einer relativ komfortablen Position mit echtem Wettbewerb in nur etwa 5% des von Ihnen betreuten Marktes.

Beim Eintritt in Texas und Virginia hat Verizon, einerseits für Daten Bandbreiten von bis zu 15 MBit/s angeboten und zugleich ein echtes interaktives Fernseh- und Videoangebot mit HDTV auf Basis einer sehr benutzerfreundlichen und multimedialen Oberfläche kreiert und dies in einem attraktiven Paket kombiniert. Der Wettbewerber in Keller, Charter Communications hat im Vorfeld des Launches von Verizon die Preise um bis zu 50% gesenkt. Verizon ist eingestiegen mit einem Preis von 43.95 USD für insgesamt 180 Video– und Audiokanäle. Charter hat darauf ein Bündel für 240 Kanäle und Fast Internet Zugang für 50 USD angeboten – zuvor hat nur das TV Package 68,99 USD pro Monat gekostet.

Nach einer Studie des American Consumer Institutes mit mehr als 880 Anwendern in Texas (Keller, Plano, Lewisville) hat der Einstieg von Wettbewerbern insbesondere zu niedrigeren Preisen geführt. Diejenigen Teilnehmer, die gewechselt haben konnten ihre monatliche Rechnung durchschnittlich um 22,30 USD absenken. Interessanterweise konnten diejenigen, die bei Ihrem Anbieter geblieben sind, durchschnittlich fast 27 USD pro Monat sparen. Zugleich ist jedoch bemerkenswert, dass die absolute Marktgrösse durch den Einstieg von Wettbewerbern zunimmt und sich eine größere Anzahl von Kunden für Videoangebote entscheidet.

Auch auf überregionaler Ebene versuchen die MSOs den Herausforderungen der RBOCs zu begegnen. Comcast, einer der großen MSOs hat seinen Fast Internet Dienst upgegraded und bietet nun im Downlink bis zu 6 Mbit an.

Einen weiteren Schritt sind die MSOs gegangen, um für einen möglichen nächsten Schritt in Richtung Quadruple Play gerüstet zu sein. Gemeinsam mit Sprint – neben T-Mobile in den USA der einzige Anbieter der Tier 1 Operators ohne substanzielle Festnetzinfrastrukturen – haben sie das JV Landmark gegründet.

Auch von Seiten der RBOCs ist dieser Weg bereits vorgezeichnet mit der bevorstehenden Übernahme von Bellsouth durch AT&T, die einerseits eine einheitliche Herrschaft über Cingular ermöglichen wird und andererseits eine Vereinheitlichung des Markennamens zur Folge haben wird, um dann letztlich Mobilfunk, Festnetz, Fast Internet und Video aus einer Hand anbieten zu können.

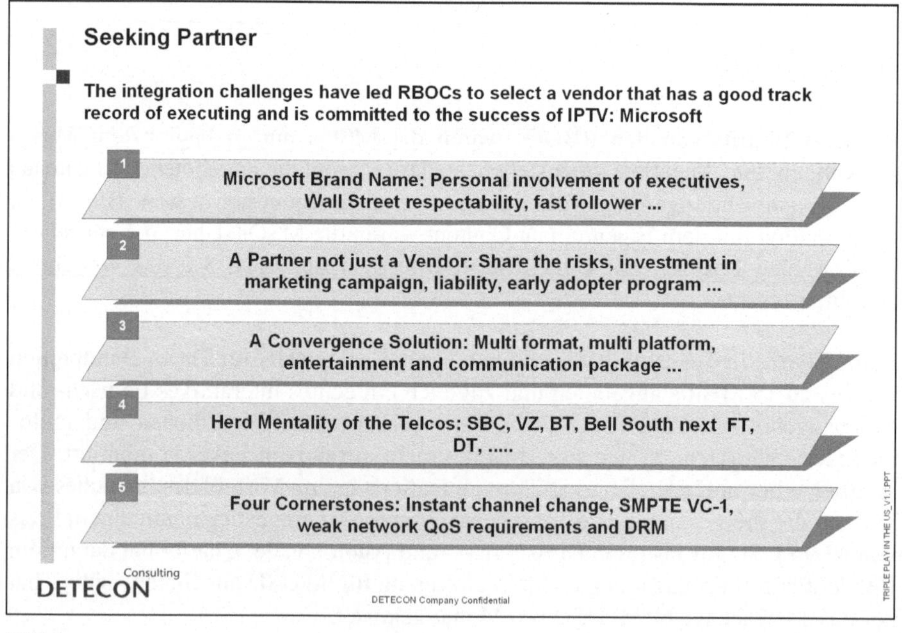

Bild 9

Ein weiteres großes Thema im Kontext der Realisierung von Videodiensten als Teil von Triple Play ist die Frage, um den Einsatz der Middleware. Obgleich kleinere Telcos wie Surewest mit Partnern wie Minerva und Kasenna alternative Middlewarewege gehen ist bei den US RBOCs sowie auch bei den Incumbents in Europa Microsoft TV die Lösung der Wahl (Bild 9).

Dies hängt insbesondere mit der wahrgenommenen höheren Leistungsfähigkeit der Microsoftlösung zusammen, konkret mit dem Vertrauen in Microsoft als Partner, der in der Lage ist erhebliche Ressourcen beizusteuern, zu skalieren und somit eine erfolgreiche Realisierung sicherzustellen. Zugleich gibt es jedoch keinen der großen Telco der nicht fürchtet, dass MS anstrebt wesentliche Elemente der Wertschöpfung auf der Applikationsebene zu kontrollieren. Dies Element versuchen die RBOCs entsprechend in ihren Architekturen umzusetzen.

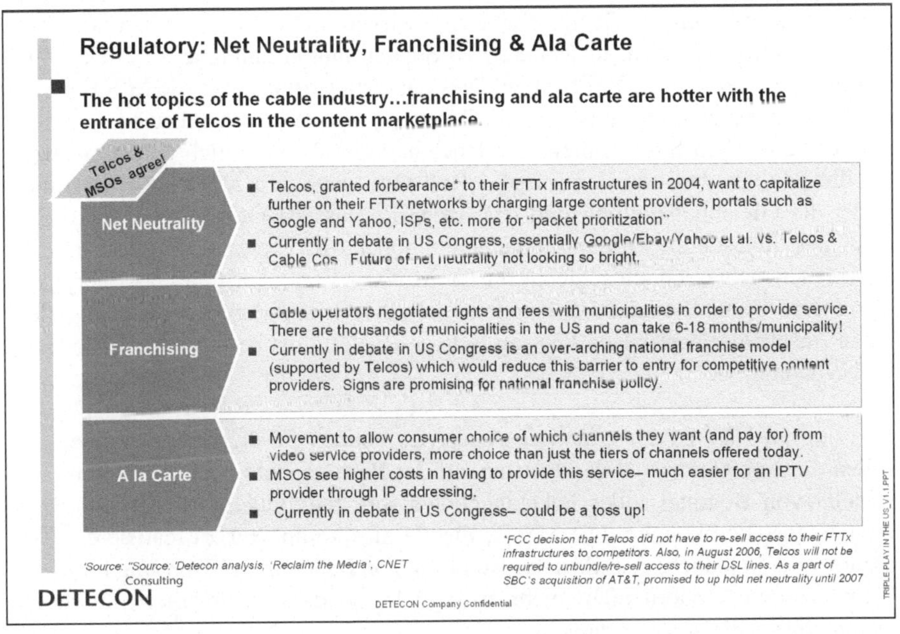

Bild 10

Neben den drei genannten Feldern Bereitstellung, Wettbewerb und Middleware bildet die Regulierung ein weiteres Spielfeld, das sich seit der Diskussion um Videoangebote durch RBOCs entwickelt hat (Bild 10).

Im Kontext des Net Neutrality Aspektes ist die Diskussion darum entstanden, dass für Telekommunikationsnetze ein diskriminierungsfreier Zugang für Inhalte sichergestellt werden muss, um auf diesem Wege Innovationen zu fördern. Vor dem Hintergrund der Investionen in FTTH und FTTP haben die RBOCs kein Interesse dies sicherzustellen und wollen vermeiden, dass sich Giganten wie Yahoo, Google und Ebay auf Basis der von Ihnen geschaffenen Infrastrukturen entwickeln können, ohne sich an den Kosten für den generierten Verkehr zu beteiligen. Die ISPs versuchen beim US Congress hierfür eine Anpassung des Telecommunications Acts von 1996 zu erwirken.

Den zweiten Aspekt, der eine intensive Diskussion ausgelöst hat, bildet das sogenannte Franchising. Bisher war es erforderlich, Rechte zur Bereitstellung von Videodiensten jeweils lokal bis auf Städte- und Gemeindeebene auf Basis individueller Franchisevereinbarungen zu verhandeln. Dieser Prozess ist naturgemäss sehr aufwendig und kostspielig – Verizon verhandelt beispielsweise für den FiOS Roll Out mit mehr als 300 dieser Franchises. Mit 100 dieser Partner dauern die Verhandlungen bereits über ein Jahr. Vor diesem Hintergrund wirken die RBOCs auf die Gesetzgeber im Kongress und den Bundesstaaten ein, um eine Umstellung auf ein Franchisessystem auf Staatenebene zu erwirken. In Indiana, Virginia und Texas ist dies bereits gelungen, in weiteren 10 Staaten laufen ähnliche Verfahren – u.a Florida, New Jersey und Kalifornien. Dies hat dazu geführt, dass die MSOs heftige Gegenwehr leisten und versuchen, die Gesetzesgeber dahingehend zu beeinflussen, dass es beim alten System bleibt, welches naturgemäß erheblich zeitaufwendiger für die RBOCs war und damit deren Roll Out verzögern würde. Kernargument bildet die Gleichbehandlung und das Szenario, dass RBOCs nur in „wertvollen Gebieten“ investieren würden, in denen ein hoher ARPU erzielt werden kann. Die Vorzeichen stehen jedoch schlecht für die MSOs – Ende April hat das Energy and Commerce Committee des US-Kongress sich bereits mehrheitlich für einen nationalen Ansatz ausgesprochen. Die sog. Barton-Rush bill ist bereits zur Abstimmung im US-Kongress.

Last but not least ist der a la carte Aspket zu nennen. In diesem Zusammenhang sollen die Anbieter von Videodiensten auf der Basis einzelner Programmangebote anstelle von Bouquet- oder Paketangeboten ihre individuellen Programmpakete zusammenstellen können. Die MSOs, für die dies komplexer zu realisieren wäre, argumentieren jedoch, dass dies das Bundling von Inhalten und Werbung bzw. werbefinanzierten Sendern nicht mehr ermöglicht, so dass sie letztlich gezwungen wären höhere Preise zu verlangen.

In der Summe hat der Roll Out von Triple Play und Videodiensten durch die RBOCs in den USA intensive und millionenschwere Lobbyingaktivitäten ausgelöst. Für das vergangene Jahr sind hierbei mehr als 60 Millionen US Dollar eingesetzt worden. Auf dem Capitol Hill wird dieser Wert nur noch von den Lobbyingaktivitäten im Bereich Health Care übertroffen.

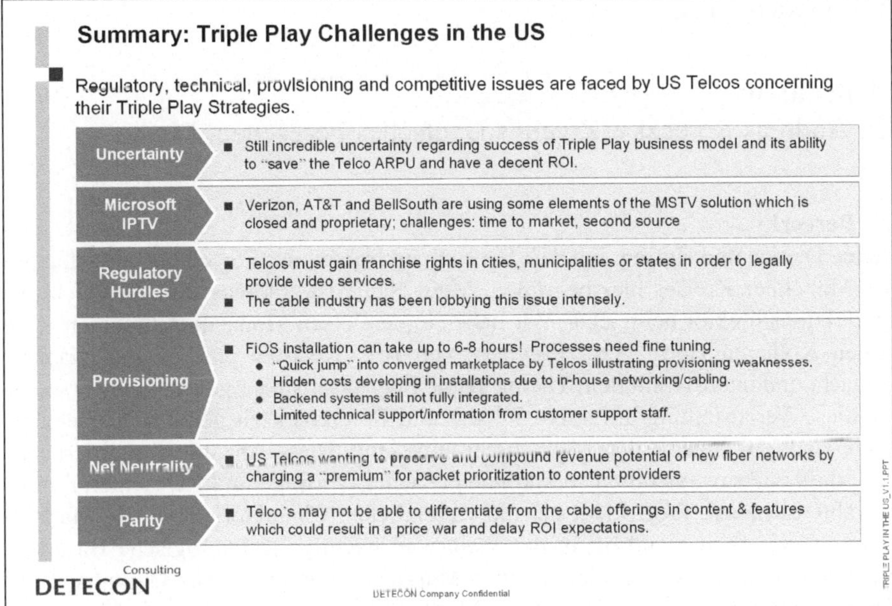

Bild 11

Lassen Sie mich kurz zusammenfassen (Bild 11): Trotz des angelaufenen Roll Outs bleiben insbesondere hinsichtlich des Return on Investment für die RBOCs noch Fragen offen.

Microsoft TV ist der Partner of choice für RBOCs. Bisher hat sich noch keine echte Second Source für Middleware mit vergleichbarer Schlagkraft wie MS gefunden.

Im regulatorischen Umfeld haben sich verschiedene Kriegsschauplätze herauskristallisiert, über die MSOs ihre bisher dominante Position zu verteidigen versuchen und die RBOCs versuchen anzugreifen, um ihren Roll Out zu beschleunigen und sich die Pfründe in Form höherer ARPUs abzusichern.Das Provisioning stellt noch immer eine wesentliche Herausforderung dar und ist ein wesentlicher Kostentreiber für die RBOCs.

Die Fragestellung in einer weiteren Betrachtung zu einem fortgeschritteneren Zeitpunkt wird sein in wie weit es den RBOCs gelungen ist, ihre Marktanteilsprognosen zu realisieren, sich nachhaltig von den Kabelnetzbetreibern abzusetzen und schließlich über Videoangebote hinaus innovative wettbewerbsdifferenzierende Services zu launchen, die die sehr langen Amortisationszeiten verkürzen können.

2.5 Diskussion

Moderation:
Dr. Andreas Bereczky, Zweites Deutsches Fernsehen, Mainz

Dr. Bereczky:
Meine Damen und Herren. Ich darf Sie auch im Namen des Forschungsausschusses des Münchner Kreises hier begrüßen. Mein Name ist Andreas Bereczky. Ich bin Produktionsdirektor beim ZDF. Wir haben in den letzen Monaten mit meinem verehrten Kollegen Herrn Axel Freyberg von A.T. Kearney uns lange Gedanken gemacht und intensiv mit dem Thema Triple Play auseinander gesetzt und versucht, für diese Veranstaltung attraktive Inhalte und Referenten zu gewinnen. Hier und heute sind 350 angemeldete Teilnehmer anwesend. Diese Anzahl zeigt eindrucksvoll, dass wir zuversichtlich sein können, Thema, Vorträge und Referenten richtig gewählt zu haben. Prof. Picot hat die wesentlichen Charakteristiken des Marktes erwähnt, wie immer und oft in der Welt zwei wichtige technologische Basisentwicklungen das Entstehen dieses neuen Marktes ermöglichen. Die Digitalisierung des Fernsehsignals und damit auch die Möglichkeit der Übertragung auf IP basierte Netze. ARD und ZDF betreiben und treiben diese Technologieentwicklung seit vielen Jahren. Wir haben unsere Produktions- und Ausstrahlungsumgebungen auf digitale Technik bereits auf allen Plattformen umgestellt. Urbane Signalübertragung über das klassische Kupferkabel ist die zweite technologisch treibende Kraft, d.h. auf der klassischen Telefonleitung können wir Fernsehsignale übertragen.

Die Deutsche Telekom investiert in den nächsten Jahren etwa 3 Milliarden Euro in den Ausbau breitbandiger Netze. Jeder Haushalt wird eines Tages mit einem Anschluss für 50 Megabit-Leitungen ausgerüstet sein. Um das ZDF-Signal mit guter Qualität zu übertragen, genügt heute eine Bandbreite von vier bis sechs Megabit. Sie sehen, dass man dann neben Voice, also Sprache und Internet auch mehrere Fernsehsignale übertragen kann. ARD und ZDF unterstützen alle Pilotprojekte in diesem Marktsegment. Wir haben mit Telefónica, HanseNet und anderen Anbietern, T-Online nicht zu vergessen, Vereinbarungen geschlossen, hier Pilotprojekte zu unterstützen und unser Signal und unsere technische Unterstützung zu leisten.

Hier in München läuft auch ein Feldversuch mit Telefónica. Der Regelbetrieb für diesen Feldversuch wird in den nächsten Monaten in den Betrieb gehen. T-Online hat angekündigt, im Sommer 100 Fernsehkanäle über eine eigenen Infrastruktur anzubieten. In den Auslandsmärkten Frankreich und Spanien soll ein entsprechendes komplettes Angebot in Kürze auf den Markt kommen.

Aber viele Fragen bleiben offen, und darüber wollen wir heute hier mit Ihnen reden. Welche rechtlichen Grundlagen finden hier Anwendung? Mediengesetz oder Telekommunikationsgesetz? Welche Standards werden sich auf den Setop-Boxen etablieren? Ein Thema, was uns besonders beschäftigt. Wird Microsoft hier auch offene Standards verhindern? Welche Geschäftsmodelle sind zukunftsfähig? Wie werden die On Demand Services mit klassischem Broadcasting von den Zuschauern angenommen? Wer und wieviel werden wir für die Sport- und Filmrechte ausgeben? Werden wir auf jeder Plattform, jedem Verbreitungsweg für Inhalte extra zahlen müssen? Werden die klassischen Fernsehsender überleben oder werden sie Teil eines größeren Systems? Was passiert mit den Kundendaten über IP-Netze? Über IP-Netze lässt sich exakt das Konsumentenverhalten der Zuschauer erfassen. Wem gehören diese Daten?

Wir haben versucht, für dies Themen erstklassige Referenten zu bekommen. Wir werden mit dem Vortrag meines Kollegen Herrn Axel Freyberg beginnen. Herr Freyberg, Sie haben das Wort.

Axel Freyberg:
(Der Vortrag ist unter Ziffer 2.2 abgedruckt.)

Dr. Bereczky:
Herzlichen Dank, Herr Freyberg. Meine Damen und Herren, vielleicht zwei, drei Fragen an Herrn Freyberg. Wir haben gesehen, dass wir im internationalen Vergleich nicht an der Spitze sind, was die Entwicklung dieses Marktes betrifft. Meine erste Frage wäre: Was müsste Ihrer Ansicht nach unbedingt, dringend und schnell passieren, damit wir hier etwas aufholen können und dieser Markt schneller entsteht? Welche Chancen sehen Sie; damit Veränderungen auch schnell stattfinden können?

Herr Freyberg:
Ich glaube, es muss nicht viel geändert werden. Der Weg ist eigentlich bereitet und wir sind kurz davor, dass der Markt sich entwickelt. Natürlich gibt es ein paar Voraussetzungen in Deutschland – wie die ausgeprägte Free TV Landschaft oder der späte Start des Infrastrukturwettbewerbes –, die das Aufkommen von Triple-Play Angeboten und deren Penetration erschweren. Jedoch haben wir auch gerade vor kurzem regulative Eingriffe bei den Vorleistungspreisen gesehen, die den Wettbewerb anheizen und Triple-Play durch günstige Angebote am Markt voranbringen werden. Trotz der im Vergleich zu anderen Ländern schwierigen Voraussetzungen ist die Grundlage bereitet, damit sich der Markt entwickeln kann. Jetzt müssen wir abwarten, ob die Kunden, die Angebote annehmen.

Dr. Bereczky:
Eine kritische Frage von meiner Seite. Sie beraten ja auch Kunden, die solche Geschäftsmodelle aufbauen. Ich habe auf Ihren Folien gesehen, dass alle eine Riesenchance haben in diesem Markt. Was glauben Sie, wie viel ist ein durchschnittlicher Haushalt in Deutschland bereit, für Medien und Telekommu8nikationskonsum insgesamt auszugeben? Wir könnte sich das aufteilen?

Herr Freyberg:
Der durchschnittliche Haushalt gibt heute circa 49 € für die Nutzung der Dienste aus, die in einem Triple-Play-Angebot normalerweise gebündelt werden, plus knapp 14 € für Kino, Video/DVDs, Musik und Spiele. Das ist das Budget, welches adressiert werden kann. Zusätzlich gibt der durchschnittliche Haushalt knapp 38 € für Mobilfunk aus – ein Budget, welches jedoch nicht durch Triple-Play-Angebote angegriffen wird. Eher ist es so, dass Teile des Kommunikationsbudgets von 49 € durch Substitution zum Mobilfunk abwandern. Das heißt, ein Gesamtvolumen von zwischen 50 und 70 € steht pro Haushalt für Triple-Play zur Verfügung. Der intensive Wettbewerb wird das notwendige Budget, welches ein Kunde für den Bezug eines Triple-Play-Angebotes zurückstellen muss und wird, jedoch weiter nach unten treiben, wie das bereits in Frankreich zu beobachten war.

Dr. Bereczky:
Also, 60 bis 80 € pro Haushalt gibt es aufzuteilen?

Herr Freyberg:
Ja, knapp. Zwischen 50 und 70 € gibt es aufzuteilen, wenn das heutige Share of Wallet eines klassischen deutschen Haushaltes für die Dienste, die in einem Triple-Play-Angebot normalerweise gebündelt werden, zu Grunde gelegt wird.

Dr. Bereczky:
Danke schön, Herr Freyberg. Ich möchte zum nächsten Vortrag kommen und darf Herrn Erwin Huber, Bayerischer Staatsminister für Wirtschaft, Infrastruktur, Verkehr und Technologie begrüßen. Herr Huber, Sie sind seit 1994 Staatsminister, Sie waren für Finanzen verantwortlich, Sie waren Leiter der Bayerischen Staatskanzlei, Sie waren für Bundesangelegenheiten verantwortlich und jetzt für Wirtschaft, Infrastruktur, Verkehr und Technologie. Mindest drei diese Bereiche betreffen uns heute, Wirtschaft, Infrastruktur und Technologie. Sie haben das Wort.

Erwin Huber:
(Der Vortrag ist unter Ziffer 2.1 abgedruckt.)

Dr. Bereczky:
Herzlichen Dank, Herr Huber. Wir werden uns jetzt mit einem etwas weniger technischen Thema beschäftigen. Hierzu haben wir Herrn Prof. Brosius gebeten, einen Vortrag zu halten. Herr Brosius ist Mediziner und Psychologe, hat Medizin und Psychologie in Münster studiert, 1983 in Mainz promoviert über Nachrichtenrezeption. 1998-2002 war er Vorsitzender der Deutschen Gesellschaft für Publizistik und Kommunikation. Seit 2001 ist der Dekan der sozialwissenschaftlichen Fakultät hier an der Universität München. Er wird uns etwas über die Evolution des Kundenverhaltens vortragen. Danke schön.

Prof. Brosius:
(Der Vortrag ist unter Ziffer 2.3 abgedruckt.)

Dr. Bereczky:
Herr Prof. Brosius, herzlichen Dank. Vielleicht noch eine Frage abschließend.

Prof. Picot:
Vielen Dank, Herr Brosius. Mich würde interessieren, ob Sie vor dem Hintergrund Ihrer interessanten Befunde der Meinung sind, dass, wenn jetzt IP-TV kommt, also über das Internet die diversen Videomöglichkeiten erschlossen werden, ob das dann diesen Tendenzen zum zerstückelten und kleinteiligen Fernsehen oder Videokonsum entgegenkommt? Würde man erwarten, dass man sich dort abwendet von dem traditionellen Programmfernsehen zugunsten von mehr kleinteiligen Angeboten, die dann wiederum den Zuschauer vielleicht eher ansprechen, weil er nur kurze Zeit widmen muss, und vielleicht sogar seine Verhaltensweisen dann noch kleinteiliger machen als sie ohnehin dann schon wären? Wie sehen Sie da mögliche Perspektiven?

Prof. Brosius:
Ich denke, da müsste man erst darüber nachdenken, was denn Fernsehen ist. Wenn die Konsumierung eines filmischen Inhaltes in jeder Form auch Fernsehen ist, egal über welchen Kanal es kommt, dann wird Fernsehen sicher zu einem größeren Teil aus interaktiven filmischen Angeboten bestehen, die nicht in der Programmzeitschrift zu finden sind. Wenn man Fernsehen allerdings definiert als eine öffentliche Sache, bei der am Samstag Abend um viertel nach acht „Wetten dass?“ kommt, alle das wissen und alle danach darüber reden können und das auch sehen, um darüber zu reden, dann denke ich, dass das Fernsehen in dieser Form weiterhin eine wichtige Rolle spielen wird. Ich würde jetzt keine Prognose wagen, wie viel Prozent unseres audiovisuellen Filmkonsums vom Programmfernsehen versus sämtlichen anderen, audiovisuell vermittelten Inhalten ausmacht. Das wird sicher auch davon abhängen, inwieweit es gelingt, Konkurrenzangebote zu machen, aber man wird sicher die Funktion des Fernsehens und auch der Zeitschriften, so wie sie jetzt da ist, in dieser Form nicht aus aushebeln können, indem man immer mehr und immer differenziertere Angebotsstrukturen schafft, die dann aber keinen Netzeffekt mehr haben.

Dr. Bereczky:
Vielleicht eine Frage von meiner Seite; Voice over Demand ausgeblendete Werbung – diese Technologie wird von neuen Geräten unterstützt. Wie wird sich im Wesentlichen das Verhalten ändern in fünf Jahren?

Prof. Brosius:
Also, Sie meinen, dass man die Werbung überspringen kann? Ich glaube, dass deutet genau wie Replay, was ich heute Morgen zum ersten Mal gehört habe, dass

man sich Fernsehen dann noch einmal angucken kann, auf eine Funktion des Fernsehens hin, dass Fernsehen natürlich auch vom Zeitstrom ein direktes oder besser paralleles Medium ist. Ich glaube nicht, dass jetzt jemand, nur weil es geht, „Wetten dass?“ samstags erst um 22 Uhr anschaut. Möglicherweise wird es das vereinzelt geben. Aber die große Masse wird nach wie vor um 20.15 Uhr einschalten. Das sehen Sie an der strukturierenden Funktion der Tagesschau für das Familienleben der Deutschen um 20 Uhr. Die Tagesschau könnte man sich sonst auch irgendwo anders, im Internet oder sonst wo anschauen. Aber wie viele habe ich einen Videorekorder zuhause, eine große Sammlung von Videos. Mir geht es immer so, wenn ich in der Fernsehzeitschrift einen Film angekündigt sehe, den ich auf Video habe, dass ich ihn dann wieder einmal anschaue.

Dr. Bereczky:
Wir erleben einen sprunghaften Anstieg unserer Streamingangebote bei Sportveranstaltungen. Die Leute gucken das später an, ob zum ersten oder zweiten Mal, wissen wir nicht. Aber da erleben wir einen sprunghaften Abbruch. Danke schön.

Wir kommen jetzt zu einem international erfahrenen Berater. Herr Eckart Pech ist President und Chief Executive Officer von Detecon in den Vereinigten Staaten. Er ist letzte Woche angereist. Er war vor seiner Tätigkeit dort CEO Managing Partner hier bei Detecon in Deutschland. Davor war er bei Diebold im Onlinegeschäft. Er ist seit Frühjahr 2000 im Onlinegeschäft tätig. Davor war er in Asien tätig; also ein international erfahrener Berater. Er wird uns darüber berichten, was in den internationalen Märkten los ist.

Eckart Pech:
(Der Vortrag ist unter Ziffer 2.4 abgedruckt.)

3 Geschäftsmodelle im Triple Play

3.1 Erfolgsfaktoren für Triple Play

Wolfgang Kasper
RTL interactive GmbH, Köln

Es freut mich, im Namen von RTL interactive zum Thema Triple Play aus Sicht der Programmanbieter sprechen zu können. Wir haben heute Morgen von Minister Huber schon gehört, dass wir nichts verteilen, sondern um den Kunden werben. Dass sehen wir genauso so. Und vielleicht erhöht sich das Gesamtbudget, das ein Kunde für die Medien-, Kommunikations- und TV-Nutzung aufbringt, ja auch noch einmal, wenn wir alle gemeinsam gut genug sind.

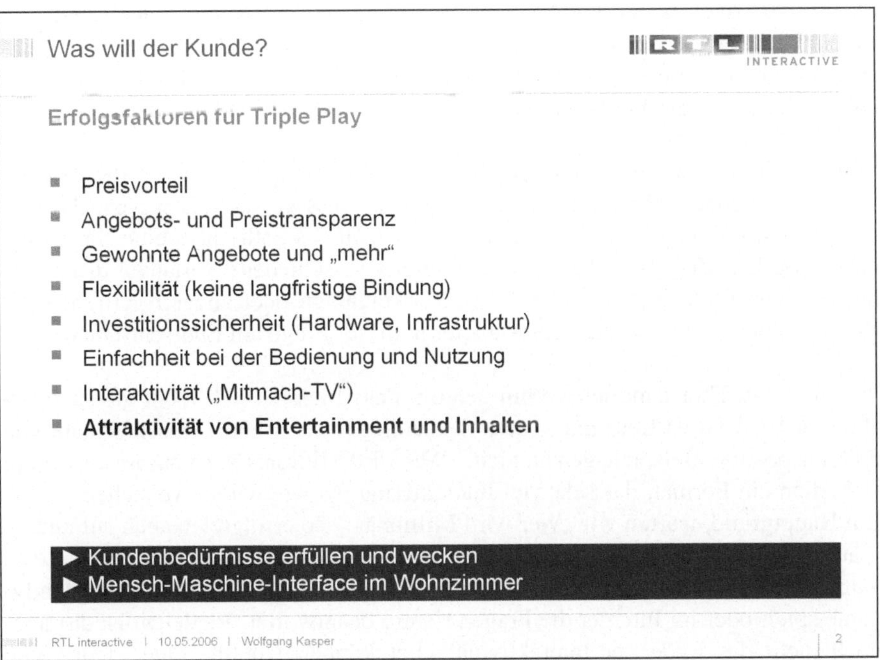

Bild 1

Im Mittelpunkt der Triple Play-Diskussionen des letzten halben bis dreiviertel Jahres stand in erster Linie das Thema Preisvorteil (Bild 1). Es wurden Rechnungen aufgemacht, was der Kunde für Telekommunikation, für DSL und für seine TV-

Nutzung ausgibt. Das könnte man als Triple Play Anbieter billiger machen. Es gab auch ein paar regulatorische Erfolge. Ich denke, der Preisvorteil kann nur ein Erfolgsfaktor von Triple Play sein, sicher aber nicht der einzige. Ein weiterer wichtiger Faktor ist die Preistransparenz. Denn wenn der Kunde nicht versteht, für welche Leistungen er was zahlen soll, wird er kaum wechseln.

Angebotsvielfalt: Wenn wir im Zusammenhang mit Triple Play über „gewohnte" Angebote sprechen, geht es im Wesentlichen darum, dass die bekannten Fernseh-Programme, egal ob öffentlich-rechtlich oder privat, empfangen werden können. Wenn der Markt reif ist, sprich eine signifikante Kundenzahl Triple Play-Angebote nutzt, können durchaus auch weitere Fernsehkanäle entstehen. Wir haben vorhin gehört, dass die Kunden theoretisch 1900 TV-Kanäle empfangen können. Dazu fallen mir diverse Studien zur Internetnutzung ein. Darin heißt es, dass ein neuer Online-User anfangs auf hunderten oder gar tausenden von Websites hin und her surft, bis er nach rund einem Jahr drei bis fünf Seiten gefunden hat, die er regelmäßig nutzt. Wahrscheinlich ist es bei Triple Play-Angeboten ähnlich.

Flexibilität: Auch wenn das Angebot sehr umfangreich ist, muss der Kunde die Möglichkeit haben, flexibel zu agieren. Sicherlich brauchen die Anbieter ein Mindestmaß an Investitionssicherheit. Ob es jedoch hilfreich ist, Kunden in Zwei-, Drei-, Vier-, oder gar Fünf-Jahresverträgen zu binden, weiß ich nicht.

Einfachheit bei der Bedienung und Nutzung. Unabhängig davon, ob die Kunden 20, 30, 100 oder 1000 Kanäle nutzen können, muss gewährleistet sein, dass sie schnell und unkompliziert finden, was sie suchen. Es sollte also eine Sortierung geben. In dem Zusammenhang werden bereits verschiedene Varianten diskutiert: Sortiert man nach dem Alphabet, nach Marktanteilen oder anderen Kriterien. Es bleibt spannend, für was sich die Anbieter in dieser Frage am Ende entscheiden.

Interaktivität: Hier habe ich vorhin gelernt, dass Interaktivität nicht gleich Interaktivität ist. Und es freut mich, dass der Kollege drei große Fernsehformate von RTL als positive Beispiele genannt hat. „Wer wird Millionär?" ist aus unserer Sicht sicherlich ein Format, das sehr viel Interaktivität, so wie wir sie verstehen, bietet. Ein Hauptgrund, warum wir „Wer wird Millionär?" so erfolgreich auch auf andere Plattformen transferieren können ist das Spielprinzip. Es ist an sich interaktiv – ganz gleich, ob man via SMS bei der TV-Show mitmacht, unser WWM Handygame spielt oder im Internet die Fragen richtig beantwortet. Vielleicht ist das aber noch nicht das Ende der Interaktivität. Hier können wir alle eine Menge von unserem Kunden lernen bzw. unsere Kunden fragen, was sie eigentlich von uns erwarten. Denn alle oder fast alle, die wir hier sitzen, werden am Ende des Tages vom Kunden bezahlt.

Attraktivität und Entertainment. Fernsehen ist Entertainment. Und dabei spielt es überhaupt keine Rolle, ob der Sendeablauf von TV-Profis kreiert wird, oder ob

80 Millionen Zuschauer zu Programm-Direktoren werden, die sich ihr ganz persönliches TV-Programm aus Hunderttausenden oder mehr Spielfilmen, Serien, Magazinen, Shows usw. selbst zusammenstellen. Am Ende des Tages will der Kunde unterhalten und informiert werden. Sprich – die Inhalte und deren Qualität sind entscheidend.

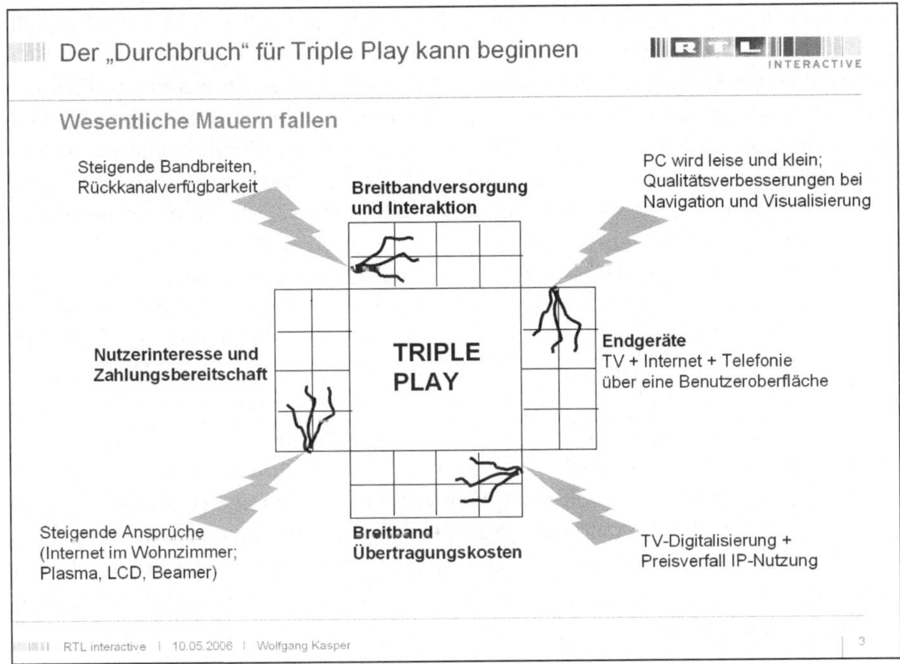

Bild 2

Warum also ist Triple Play in Deutschland noch nicht so weit verbreitet ist, wie in anderen Ländern? Was ist für den Durchbruch noch nötig? Welche Rolle spielt Regulierung?

Zwei entscheidende Punkte sind Bandbreiten und der Rückkanalverfügbarkeit (Bild 2). Da sind wir in Deutschland inzwischen auf einem guten Weg. Das nächste Thema ist die Digitalisierung und der damit zusammenhängende Preisverfall bei IP-Nutzung. Hier gibt es hinsichtlich der Businessmodelle, die die Inhaber der Kabelnetze den Programmanbietern aber auch anderen Marktteilnehmern anbieten, noch eine Reihe von Widersprüchen. So wird von den Programmanbietern erwartet, dass sie mittels interessanter Inhalte immer mehr Endkunden dazu bringen, immer größere Gigabyte-Datenmengen herunter zu laden. Die entsprechenden Bandbreiten müssen aber nach wie vor vom Programmanbieter weitgehend pro Nutzung gezahlt werden. Das passt nicht zusammen. Gleiches gilt für die

Endkunden selbst, denen erst nach und nach attraktive Flat-Fee Angebote unterbreitet wurden. Ich bin aber optimistisch, dass sich hier gemeinsam mit der Industrie vernünftige Wege finden lassen werden.

IP TV im Wohnzimmer. Ich kann mir nur schwer vorstellen, mit meiner Frau vor dem Laptop kuschelnd einen gemütlichen Fernsehabend zu verbringen. Ich will Fernsehen im Wohnzimmer auf einen großen Bildschirm erleben. Sprich, was ich über meinen Breitbandanschluss empfangen kann, will ich auf einem, den Inhalten entsprechenden Endgerät konsumieren können – und zwar im passenden Format. Hier sei daran erinnert, wie ein normaler Haushalt in Deutschland aussieht: Der Telefonanschluss befindet sich meist an der unmöglichsten Stelle – nämlich in der Diele. Im Zweifel gibt es dort nicht mal eine Steckdose. Sie können sich also schon mal Gedanken machen, wie und wo sie Kabel verlegen bzw. Ihre Geräte installieren. Wir haben vorhin die Bilder aus den USA gesehen. Die Amerikaner können mit solchen praktischen Hemmnissen offensichtlich besser umgehen, weil sie entweder flexibler oder einfach weniger anspruchsvoll sind. Hierzulande können wir nur an die Architekten und Bauherren appellieren, Wohnungen und Häuser Technik-freundlicher zu gestalten. Und gefragt sind natürlich auch die Handwerker, die dem Verbraucher helfen, die neuen Kabel möglichst günstig und optisch ansprechend durch unsere Wohnräume zu verlegen. Ich persönlich – und damit stehe ich höchstwahrscheinlich nicht allein – möchte im Wohnzimmer auch kein Gerät installieren, das mich akustisch stört. Wer von Ihnen einen etwas älteren PC oder Laptop hat, kennt dieses penetrante Rauschen der Lüftung nur zu gut. Aber auch hier machen wir Fortschritte. Zukünftig werden Mulimedia PCs ebenso geräuschlos arbeiten, wie ein HIFI Gerät – und diese Art von Komfort erwarte ich im Wohnzimmer auch.

Gleiches gilt für die Themen Navigation und Darstellung. In Punkto Fernsehkomfort sind wir verwöhnt – sprich die Fernbedienung ist ein Muss und eine einfache Bedienung auch. Grundsätzlich ist also noch eine Menge zu tun, um Triple Play – gerade mit Blick auf die Fernsehfunktion – massentauglich zu machen. Aber das sollte uns nicht aufhalten. Und ich bin hier genau wie Herr Huber der Meinung, dass wir weniger über die Risiken diskutieren sollten als über die Chancen. Nur die Realitäten und vor allem die praktische Bedürfnisse der Endkunden dürfen bei aller Freude über neue technische Möglichkeiten nicht außer Acht gelassen werden. Denn auch das ist ein wichtiger Erfolgsfaktor für Triple Play.

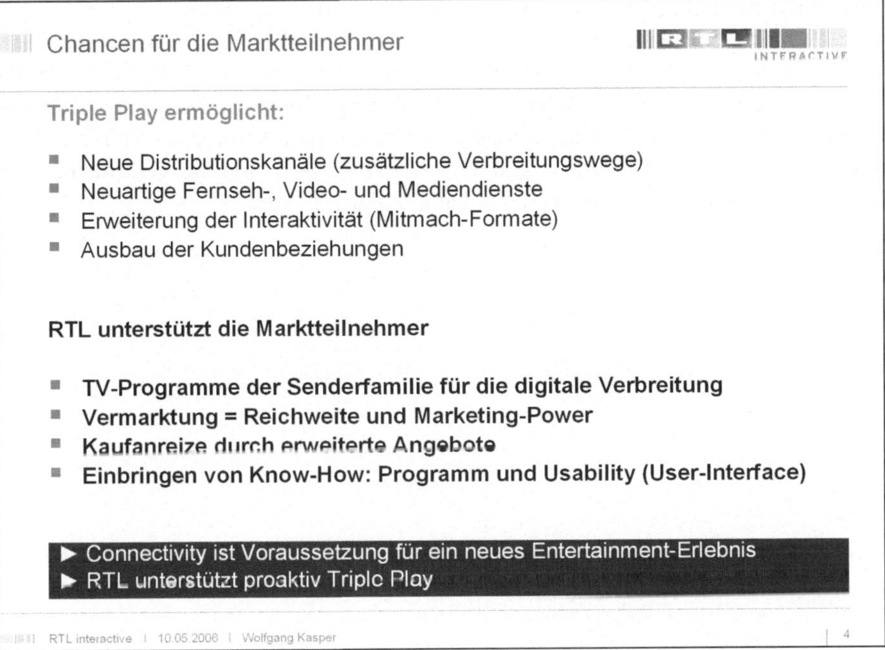

Bild 3

Welche Chancen haben die Marktteilnehmer (Bild 3)? Triple Play bringt uns neue Distributionskanäle – womit sich gerade für die TV-Sender neue Spielfelder auftun. Wahrscheinlich ist die Preisstruktur der Verbreitung eine andere, als über Kabel, Satellit oder DVB-T. Folglich wird es neue Fernsehkanäle geben und die Programmanbieter werden noch intensiver über Spartenkanäle nachdenken. Zusätzlich wird es Video on Demand-Dienste geben. Ich kenne zwar auf der Welt noch keinen, der schwarze Zahlen schreibt, aber viele arbeiten daran. Es werden neue Mediendienste entstehen, die die Themen Service und Dienstleistung verstärkt ins Fernsehen transferieren. Hier sind wir auf einem guten Weg, uns zu entwickeln. Interaktivität ist ein weiterer, wichtiger Pluspunkt – und das in den verschiedensten Ausprägungen. Angefangen bei heute bereits üblichen Voting-Möglichkeiten bis hin zu ganz neuen Mitmach-Formaten, die den Zuschauer in die Fernsehwelt integrieren. Wir werden sehen, was die Zukunft hier bringt.

Der Ausbau der Kundenbeziehung liegt im Augenblick mehr bei den Telekommunikations-Unternehmen, da sie – im Unterschied zu den TV-Sendern – diejenigen sind, die die Kundenbeziehungen unterhalten. Wie und womit können die Programmanbieter – allen voran die TV-Sender – die Marktteilnehmer also unterstützen? In erster Linie damit, dass wir unsere allseits bekannten und beliebten Programme auch digital verbreiten. Wann wir damit unsere Reichweite signifikant erhöhen, ist zwar noch fraglich, aber wir hoffen natürlich alle darauf. Zudem können wir mit unserer Marketing-Kraft sicherlich eine Menge zum Erfolg von Triple Play beitragen. Hinzu kommt unser enormer Erfahrungsschatz hinsichtlich massenattraktiver Inhalte und deren zeitlicher Programmierung. Somit sind die Fernsehsender zweifelsohne der beste Partner, um gemeinsam mit den Anbietern von Triple Play auch gänzlich neue Programme an den Markt zu bringen und die Verbraucher von dem Mehrwert, den Triple Play bieten kann, zu überzeugen.

3.2 Geschäftsmodell der Telefonica Deutschland

Dr. Mahler
Telefonica Deutschland, München

Gerne stelle ich in den nächsten Minuten unser Geschäftsmodell in diesem spannenden – und für unsere Positionierung zentralen – Umfeld von Triple Play dar. Hierzu dienen die zwei folgenden Folien, die zum einen den Markt und die Konvergenz, wie sich diese aus unserer Sicht darstellen, und zum anderen unsere Positionierung in diesem Kontext, widerspiegeln.

Das Jahr 2005 ist durch den Durchbruch in Deutschland von Voice over IP bzw. der Realisierung von Sprachtelefonie Services über einen Breitband(Internet) Anschluss gekennzeichnet, was insbesondere mit der erhöhten und dafür die Basis darstellenden Breitbandpenetration im Zusammenhang steht. Entsprechend hohe breitbandige Anschlüsse (ab 6 Mbit/s aufwärts) erlauben nicht nur die Übertragung von Echtzeit-Sprachtelefonie Signalen, sondern auch die Realisierung von Video und TV-Signalen, sprich „Triple Play. Die verschiedenen Ankündigungen in Verbindung mit der Reife der dafür notwendigen technologischen Komponenten lassen erwarten, dass „Triple Play“ ein zentraler Bestandteil der Marktdiskussion in 2006 sein wird und ggf. im Laufe des Jahres hierfür der Durchbruch auch in Deutschland erreicht wird.

Die Vermutung, dass die Zeit und der Markt reif sind für Triple Play basiert insbesondere auf der eigentlich banal klingenden Feststellung, dass in Form der aktuellen Breitbandanschlüsse jetzt die Basis geschaffen ist, auf der die Konvergenz und damit der Triple Play Markt sich entwickeln wird. Diese Feststellung hat weitreichende Konsequenzen, die ich Ihnen in den nächsten Minuten aufzeigen möchte.

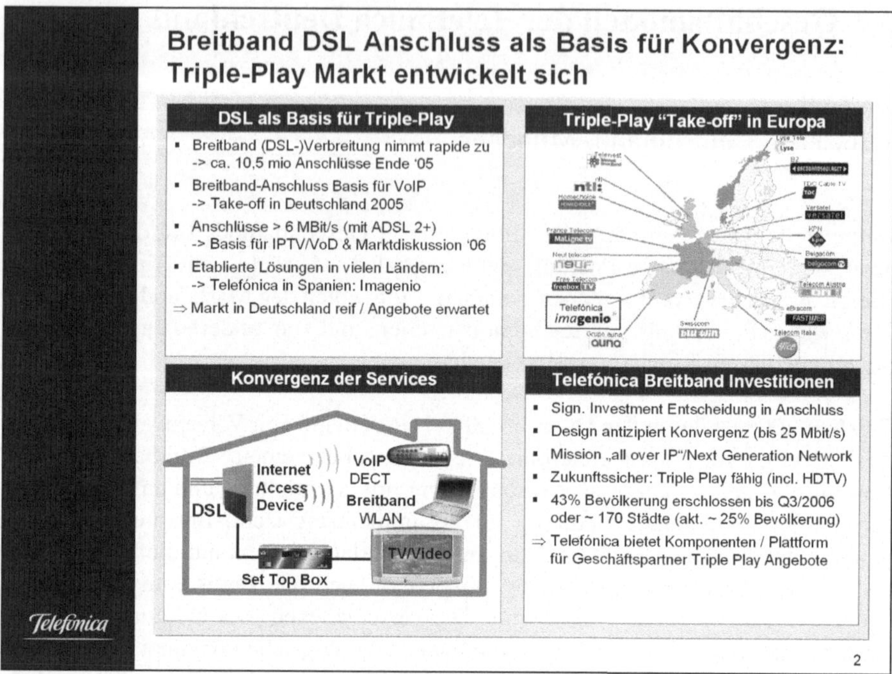

Bild 1

Die Breitbandverbreitung hat in Deutschland erfreulicherweise in den letzten Monaten rapide zugenommen (Bild 1). Ende 2005 waren es bereits mehr als 10,5 Millionen Anschlüsse. Dies ist zugleich die Basis Sprache über einen Breitbandinternetanschluss zu realisiersen. Wir bezeichnen dies nicht als „Voice over IP", sondern vielmehr als IP basierte Sprachdienste. Dies resultiert mitunter aus unserer Philosophie, dass es aus Sicht des Nutzers egal sein soll, welche Technologie er nutzt,. Letztendlich ist für ihn entscheidend zu telefonieren. Auch innerhalb der Diskussion des Münchner Kreises im vergangenen Jahr hat sich gezeigt, dass im Bereich der IP basierten Sprachtelefonie der Durchbruch in Deutschland geschafft wurde., Dies wird durch die 1,7 Millionen Nutzer in Deutschland unterstrichen. Meines Wissens betreibt dabei Telefónica die größte Voice over IP Plattform in Deutschland. Mit „Voice over IP" über Breitband, also der Realisierung von Sprache über den Breitbandanschluss, ist „Double Play" bereits Realität. Höhere breitbandige Anschlüsse, sprich mehr als 6 MBit pro Sekunde, was zum Beispiel mit ADSL 2+ möglich ist, erlauben dann auch die Übertragung von IP TV Signalen oder auch Video Streams für Video on Demand, und damit „Triple Play" Services. Entsprechend stellen diese Anschlüsse und die damit geschaffene Basis für Triple Play, die in diesen Tagen damit vermehrt entsteht, auch einen zentralen Bestandteil der Marktdiskussion in 2006 dar.

In einigen Ländern hat sich Triple Play bereits etabliert und der Durchbruch wurde mit entsprechenden Lösungen hierfür erzielt. Aufmerksam machen möchte ich Sie vor allem auf eines der zahlreichen Beispiele, die auf der rechten Seite der Folie skizziert sind: „Imagino" das Produkt unserer Muttergesellschaft Telefónica. Der als „Imagino" bezeichnet Service verzeichnet mittlerweile bereits mehr als 250.000 Nutzer. Alle aufgeführten Beispiele und Erfahrungen in den anderen europäischen Ländern zeigen – und auch von Übersee hatten wir von Herrn Pech die eindrucksvollen Beispiele gehört –, dass die technischen Komponenten und Lösungen für Triple Play vorhanden sind. Von daher denken wir, dass auch der Markt in Deutschland reif ist und wir interessante Angebote in den nächsten Monaten erwarten können.

Im Schaubild unten links, ist die angesprochene Konvergenz der Services, basierend auf einem Breitbandanschluss, dargestellt. Auf Basis eines entsprechend ausgestatteten DSL Anschlusses können über diesen Zugang letztendlich die drei skizzierten Services realisiert werden. Diese Konvergenz der Services – also über einen Anschluss alle drei Dienstleistungen zu beziehen – antizipierend und um unsere Strategie hier in Deutschland als Plattformanbieter konsequent fortzusetzen, haben wir im Jahre 2004/05 eine signifikante Investitionsentscheidungen getroffen, nach der wir in den Anschlussbereich gehen. Die beschriebene Konvergenz verschiedener Services, wie Sprachtelefonie oder Video- und Streaming-Dienste, auf der Basis von Breitbandanschlüssen war ein zentraler Faktor bei der Planung und Entscheidung zum DSL Zugangsnetz-Ausbau.

Die Konvergenz der Services im Blick und die Entwicklung und Zukunftsfähigkeit der Partner, bspw. der ISP Großkunden, zu sichern, erfolgte dabei ein Netzdesign, welches in idealer Weise auch für die Übertragung von Triple Play Services geeignet ist. Die Anschlüsse, die über unsere Partner aktuell auch schon vermarktet werden, erlauben in Verbindung mit der dabei eingesetzten Technologie (ADSL 2+) bis zu 25 Mbit/s Zugangsbandbreiten. Durch das Netzdesign (bspw. mit Anbindungen der Zugangsbereiche, die bereits für die Übertragung von IPTV und Videosignalen ausgelegt sind) und diese Bandbreiten sind die Anschlüsse auch Idealerweise geeignet für die High Quality Übertragungen von Videostreams und TV Signalen. Dabei kommt uns auch zugute, dass wir seit Beginn an – bereits mehr als 10 Jahre –, schon immer „All over IP" betrieben haben. In diesem Sinne haben wir grundsätzlich von Anfang an die Idee eines Next Generation Networkes, nämlich dass IP Protokolle und die IP Netzwerke die Basis sein werden für die Dienstleistungen, verfolgt. Diese Philosophie ist und war Bestandteil unseres (Netz-)betriebes, was sich hinsichtlich der dabei gewonnen Erfahrung nun auszahlt. Dank dieser, zuletzt getätigten Investitionen in diese breitbandige (Anschluss-) Infrastruktur haben wir eine zukunftssichere Plattform, die auch in der Lage ist über das herkömmliche TV hinausgehende Formate, wie HDTV – über das wir heute auch bereits gesprochen hatten –, was zum Beispiel acht Megabit pro Sekunde an Übertragungskapazität benötigt, zu realisieren. Vor diesem Hintergrund verstehen wir uns auch als einen der Treiber der Triple Play Entwicklung.

Noch ein paar Worte zum aktuellen Status des Anschluss-Netz Ausbaus. Wir werden bis Q3 in diesem Jahr 43% der Bevölkerung mit dieser Infrastruktur erschossen haben. Das entspricht ungefähr 170 Städten. Aktuell erreichen die Anschlüsse ca. 25% der Bevölkerung bzw. werden an dieses Potenzial vermarktet und entsprechende Services in den erschlossenen Gebieten betrieben. In diesem Kontext bietet Telefónica seine Komponenten und die Plattform für eine erfolgreiche Positionierung seiner Geschäftspartner. Unsere Partner sollen hierdurch mit differenzierten Breitband Angeboten ihre Position im Markt weiter ausbauen können. Zudem sind auf dieser Basis bereits die Weichen gestellt für multimediale Anwendungen, wie zum Beispiel Triple Play-Services. Wie unser Geschäftsmodell dabei aussieht, soll anhand der nächsten Folie etwas näher beleuchtet werden.

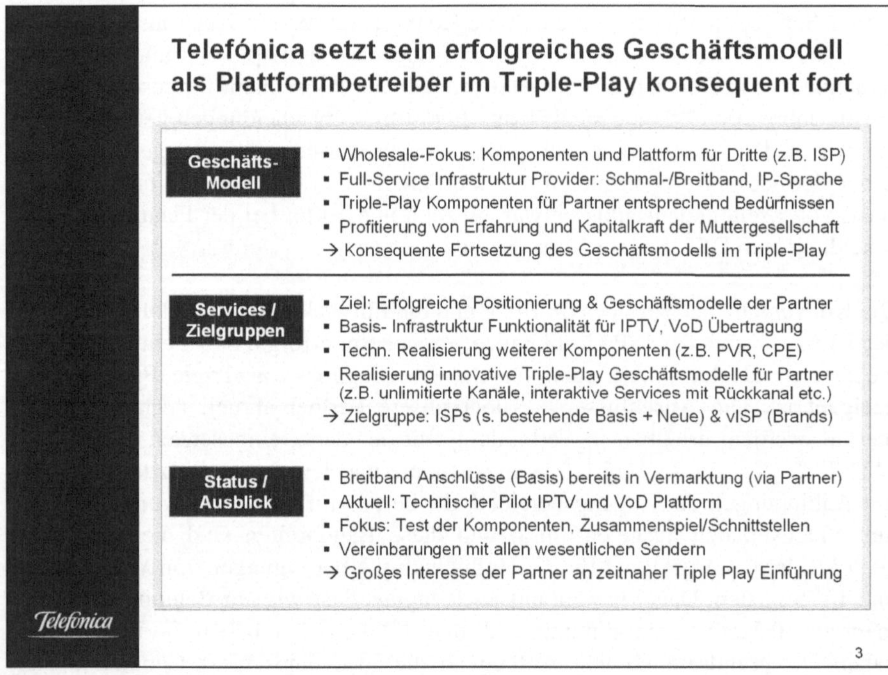

Bild 2

Mit der seit Anbeginn verfolgten „All over IP"-Strategie und den konsequenten Investitionen in seine Plattformen – angefangen von Schmalband-Einwahl über die Sprachtelefonie (VOIP) bis hin zur Triple Play Plattform – ist Telefónica zwischenzeitlich (Geschäfts-) Partner aller großen ISPs (bis auf den zum ehemaligen Monopolisten gehörenden ISP). In diesem Kontext strebt Telefónica neben dem Betrieb der führenden IP-Sprachtelefonie Plattform in Deutschland und auch im Triple Play Kontext eine führende Rolle mit der aktuell geschaffenen technologischen Basis an (Bild 2).

Entsprechend treiben wir unseren Wholesale Focus auch im Kontext von Triple Play konsequent fort. Das heißt, wir liefern Komponenten und Plattformen für Dritte, wie zum Beispiel große Internetserviceprovider und verstehen uns dabei als Full Service Infrastruktur Anbieter, entsprechend auch unserer Tradition, beginnend im Schmalband- über die Breitbandplattformen, fortgesetzt im Kontext der IP basierten Sprachtelefonie Plattformen bis hin zu einer „fully fledged“ Triple Play Plattform. Dabei ist für uns die Ausrichtung auf die Anforderungen, Bedürfnisse und verschiedenen Ansätze unserer Partner von zentraler Bedeutung, d.h. die Komponenten stellen wir Idealerweise entsprechend den Bedürfnissen unserer Partner zur Verfügung. Dabei profitiert Telefónica neben der Investitionskraft der spanischen Muttergesellschaft auch von deren Know How im Aufbau und laufenden Betrieb einer Triple Play Plattform, wie sie mit Imaginio in Spanien erfolgreich betrieben wird.

Ziel ist es daher für uns, eine erfolgreiche Positionierung und Geschäftsmodelle unserer Partner zu ermöglichen. Dabei sollen mit der Triple Play Plattform neben den Basis Funktionalitäten der technischen Ermöglichung der Übertragung von IPTV und Video Streaming (in Form der Bereitstellung entsprechender Anschlüsse und Übertragungs-Dienstleistungen), auch weitere Komponenten einbezogen und deren technische Realisierung sichergestellt werden. So zum Beispiel die Einrichtung eines netzbasierten Videorekorders oder entsprechender Set-Top Boxen bzw. weiteren Endkundengeräten. Diese gilt es zu testen, die Schnittstellen sicherzustellen und auch letztendlich dann mit unserem Partner dafür zu sorgen, dass er auf Basis dieser Plattform innovative Triple Play Geschäftsmodelle realisieren kann. In diesem Kontext ist es heute kein Problem, über eine IP Multicasting Infrastruktur, wie wir sie aufgebaut haben, eine unlimitierte Anzahl von Kanälen zu transportieren. Dabei ist es egal, ob es sich bspw. um die „Community“ des Tennisclubs aus der Nachbarschaft handelt, die dort ihre Inhalte einstellen oder ob es entsprechende Spartenkanäle sind, die sich an spezifischen Zielgruppen orientieren. Wir denken, dass sich durch diese unlimitierte Anzahl der Kanäle, die transportiert werden können, ganz neue, auch von der Segmentorientierung her gesehen, Geschäftsmodelle entwickeln können. Innovative Geschäftsmodelle ergeben sich auch aus dem permanenten Rückkanal, der einen integrativen Bestandteil der Plattform darstellt. Bisherige Anwendungen sind im Gegensatz dazu dadurch gekennzeichnet, dass für die Interaktivität i.d.R. immer ein anderes Medium genutzt wird (bspw. um über SMS oder per Telefon seine Stimme abzugeben). Mit den integrativen Angeboten im Rahmen von Triple Play entstehen neue und innovative Geschäftsmodelle in der direkten Beziehung zum Endkunden. Da stehen wir heute aber erst am Anfang. Beispiele hierfür gibt es etwa in England mit der sogenannten „Red Button“ Funktionalität. Dabei drücken sie einfach, wenn Sie im Fernsehen etwas sehen, auf den roten Knopf, und es erscheinen Kontextinformationen. Dabei kann mehr Kontext in Erfahrung gebracht werden oder aber einfach etwas bestellt werden.

Mit derartigen Triple Play Plattformen erhalten die Partner einen direkten, auf innovativer Technologie beruhenden (hochbandbreitigen) Zugang zu allen Haushalten mit Telefonanschluss in den erschlossenen Gebieten in Verbindung mit der technischen Möglichkeit eines nahezu unbegrenzten Angebotes an Kanälen und VoD Services sowie eines permanenten Rückkanals. Unsere Zielgruppe ist hierbei einerseits die bestehende Basis unserer ISPs. Dabei ist es in den letzten Jahren mit der konsequenten Fortsetzung unserer Strategie und Investitionen gelungen, mit allen großen ISPs (außerhalb des Telekomkonzerns) in irgendeiner Form Kooperationen zu vereinbaren. . Neue Geschäftspartner sehen wir neben den traditionellen Zielgruppen der ISPs und Carrier insbesondere im Kontext von VISP-Modellen, wonach sich bestimmte Marken mit entsprechenden Kanälen auf Basis unserer Plattformen in den Markt eintreten und Richtung Kommunikationsanbieter entwickeln bzw. ihr Portfolio ergänzen.

Zum Ausblick: Die Triple Play fähigen Breitbandanschlüsse befinden sich bereits in Vermarktung und damit wird aktuell die Basis für diesen neuen Service geschaffen. Unsere Partner vertreiben heute Anschlüsse bis zu 16 Mbit/s und werden damit in der Lage seindirekt darauf aufbauend, Triple Play anzubieten. Telefónica testet aktuell die technische Realisierung entsprechender Triple Play Plattform-Services mit den dahinter liegenden Prozessen und Partnerschnittstellen. So ist etwa auch die Übertragung der IPTV Signale Bestandteil dieses Tests. Hierfür haben wir mit allen großen deutschen Sendeanstalten Verträge abgeschlossen. Gestestet werden auch entsprechende Video on Demand Services. Insgesamt liegt der Fokus dabei auf dem Test der Komponenten, deren Zusammenspiel und Schnittstellen.

Parallel sehen wir am Markt und in den Gesprächen mit unseren Partnern großes Interesse hinsichtlich einer zeitnahen kommerziellen Einführung eines Triple Play Angebotes auf dieser Basis. Einzelne Komponenten von uns im Umfeld von Triple Play befinden sich bereits bei unseren Partnern im Einsatz. Und so denken wir, und da komme ich auf den Anfang Ihrer Frage Herr Prof. Skiera zurück, dass 2006 wirklich ein sehr spannendes Jahr im Triple Play sein wird, wofür die Konferenz hier richtig platziert ist und wo gegebenenfalls in Deutschland auch der Durchbruch geschafft wird. Wir sind auf jeden Fall gerüstet dafür bzw. bereiten uns aktuell darauf vor.

3.3 Geschäftsmodelle im Bereich des Rundfunks

Herbert Tillmann
Bayerischen Rundfunk, München

Die elektronischen Massenmedien sind ein fester Bestandteil unseres Lebensalltags. Sie unterliegen damit allen Einflüssen, die eine sich verändernde Bevölkerungsstruktur, neue wirtschaftliche Rahmenbedingungen oder Wandlungen bei Zielen und Werten der Menschen mit sich bringen.

Herausforderung „Distribution“

Digitale Verbreitungsplattformen						
Dienste	Verbreitungswege					
	Terrestrik		Leitungsgebunden		Satellit	
Fernsehen	DVB-T	TV-Gerät/PC	DVB-C	TV-Gerät	DVB-S	TV-Gerät
	DVB-H	Handheld	DSL	PC TV-Gerät	DVB-S 2	
	DMB / DXB				HDTV	PC
	UMTS					
Radio	DAB	Radio/PC/Hhld	DVB-C	Radio / PC	DVB-S	TV-Gerät
	DVB-H	Handheld	DSL			
	DRM	Radio/PC				
Datendienste Internet	DVB-H *)	Handheld	DVB-C	PC	DVB-S	PC
	W-LAN	PC	DSL	PC TV-Gerät		
	UMTS	Handy	PLC	PC		

Bild 1

Seit mehr als zehn Jahren vollzieht sich eine Entwicklung (Bild 1): Die Digitalisierung der Rundfunkvertriebswege. Auch diese wirkt sich unmittelbar auf das Verhalten der Konsumenten aus. Ein immer stärkeres Zusammenwachsen der Medien in universellen Endgeräten, neue Verbreitungswege und die damit verbundene, unüberschaubare Vielfalt konkurrierender Programmangebote und Mediendienste stellen den Nutzer vor Möglichkeiten, die er sich so vielleicht nicht immer gewünscht hat.

Empfangsgeräte und Nutzungsformen

- Wiedergabegeräte werden unabhängig vom spezifischen Dienst nutzbar (z.B. Rundfunk)
- Rundfunk verliert den direkten Zugang zum Kunden
- Neue individuelle Nutzungsformen

Bild 2

Nutzerverhalten, technologische Möglichkeiten und gesellschaftlicher Wandel als Ganzes stehen also in einer Wechselbeziehung, ohne dass die „verursachende“ Größe eindeutig bestimmt werden kann (Bild 2). Fest steht jedoch: Die Medienlandschaft befindet sich mitten in einem Wandlungsprozess, was die Inhalte und die Verbreitungswege betrifft. Triple Play reiht sich hier ein, in eine Vielzahl von Entwicklungen. Aus Sicht des Programmveranstalters ist Triple Play ein weiterer Weg zwischen den Zusehern/innen und dem Sender.

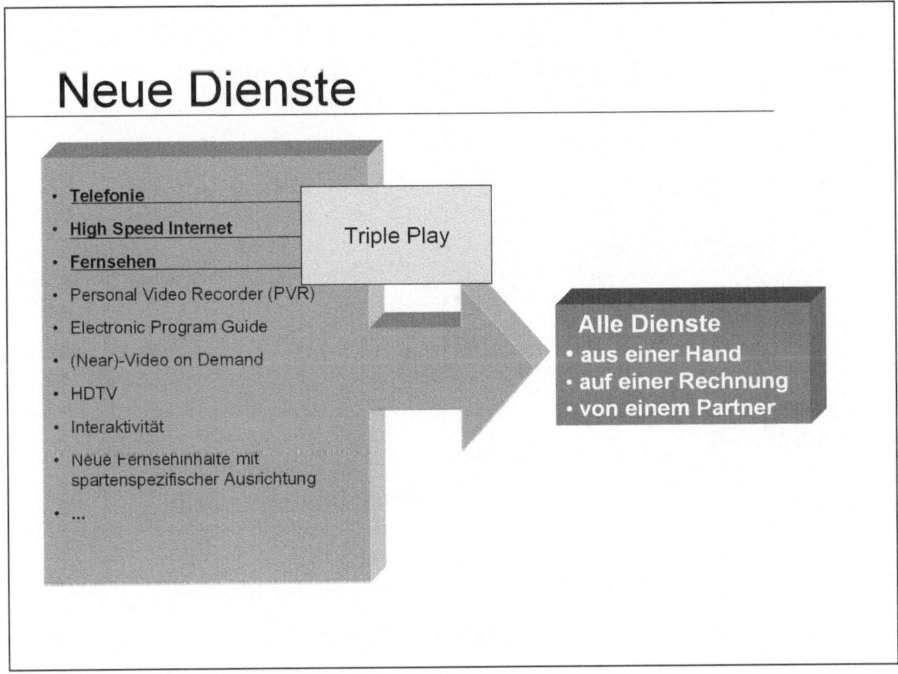

Bild 3

Technische und inhaltliche Vernetzung digitaler Datenströme bietet Anbietern von Broadcast-Diensten vielfältigste neue Möglichkeiten der Angebotspräsentation (Bild 3). Rückkanaltechnologien machen die klassischen Broadcastmedien interaktiv. Die traditionell dem Fernsehen und dem Radio vorbehaltenen Vertriebswege werden als direkter Endkundenzugang auch für branchenfremde Unternehmen zunehmend attraktiver.

Für einen öffentlich-rechtlichen Programmveranstalter stellen sich hier zwei wesentliche Fragen: Wie kann auch in Zukunft ein freier Zugang zu allen Medienplattformen für Konsumenten und Programmveranstalter gewährleistet werden? Wie muss sich der öffentlich-rechtliche Rundfunk auch in Zukunft optimal in der Gesellschaft positionieren.

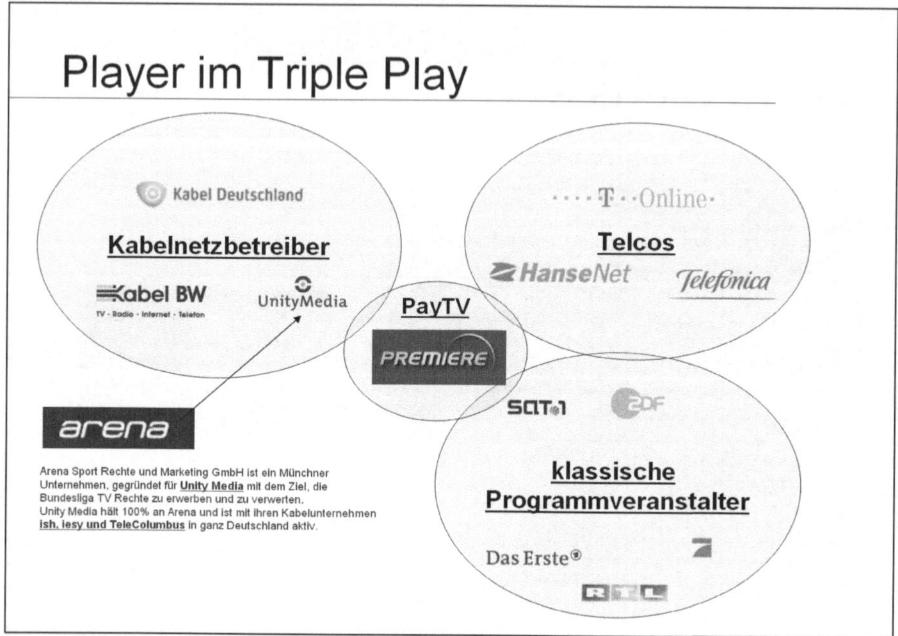

Bild 4

Auch hinter dem Modell des Triple Play verbergen sich Themen, die es sich lohnt zu hinterfragen. Medienpolitik, Geschäfts- und Marktmodelle, veränderte Mediennutzung und vieles mehr (Bild 4). Vor allem Unternehmen aus der Telekommunikationsbranche drängen aufgrund der neuen technischen Möglichkeiten in einen für diese Branche neuen Markt. Hier entsteht eine neue Wettbewerbssituation, in der sich der öffentlich-rechtliche Rundfunk hinsichtlich der Erfüllung des Programmauftrages entsprechend positionieren muss.

Grundsätzlich ist festzustellen, dass sich im Bereich der kabelgebundenen Verbreitung in den letzten Jahren ein Paradigmenwechsel vollzogen hat. Während früher hier eine reine technische Dienstleistung erbracht wurde, positionieren sich die großen Netzbetreiber – und hier sind sowohl die klassischen Kabelnetzbetreiber als auch die Telekommunikationsunternehmen gemeint – heute zunehmend als eigene Inhalteanbieter mit teilweise eigenen proprietären Plattformen. Stichworte sind hier: ARENA, Unity Media, T-Online.

Aus der Natur der Sache erklärt sich, dass sich der öffentlich-rechtliche Rundfunk mit diesen neuen Geschäftsmodellen in direkter Konkurrenz befindet, gleichzeitig aber auf deren technische Dienstleistung angewiesen ist. Alle Fragen des Zugangs zu digitalen Plattformen, die von der Bereitschaft zur Entwicklung eines offenen Endgerätemarktes, über Fragen der Navigation bis hin zur Bereitstellung von Übertragungskapazitäten und die Preisgestaltung gehen, lassen sich von diesem grundlegenden Konflikt aus ableiten.

Die technologischen Auswirkungen der Digitalisierung schaffen also eine Vielzahl von Mediendiensten, die für kommerzielle Programmanbieter neue Geschäftsmodelle eröffnen. Pay-Per-Use, Pay-Per-View sind hier nur zwei Stichworte. Der Zuschauer bezahlt für die Nutzung bestimmter Dienste und Anwendungen (z.B. Filme, Sportevents, Spiele). Zum Teil werden derartige Angebote bereits umgesetzt. So meldete der britische Betreiber Sky Digital rund drei Monate nach Veröffentlichung eines Konsolen-Spiels bereits 1,5 Millionen Abrufe. Interaktive Werbung stellt eine weitere Möglichkeit dar drohende Einnahmeverluste auszugleichen: Hier können beispielsweise auf Knopfdruck an der Fernbedienung zu einem herkömmlichen Werbespot zusätzliche Informationen am Bildschirm abgerufen werden.

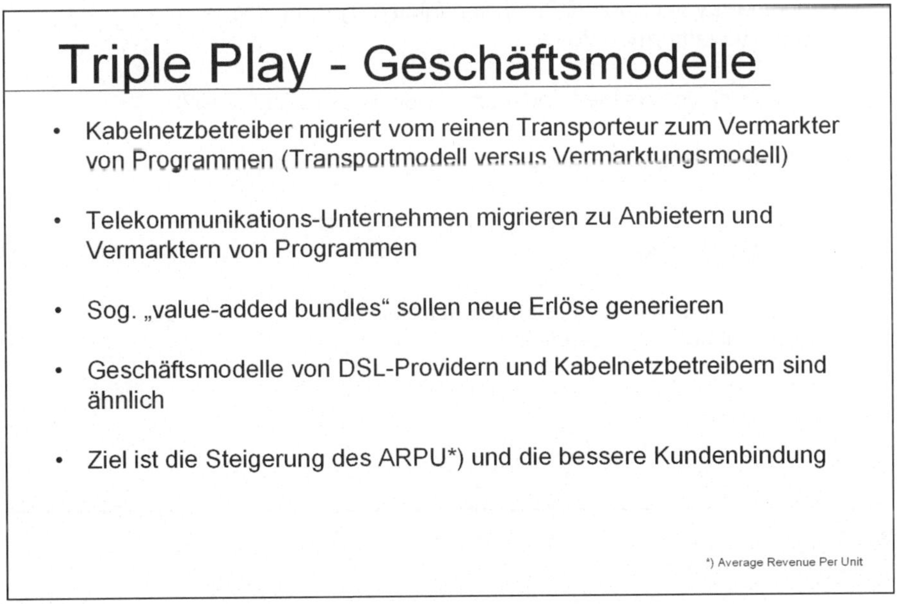

Triple Play - Geschäftsmodelle

- Kabelnetzbetreiber migriert vom reinen Transporteur zum Vermarkter von Programmen (Transportmodell versus Vermarktungsmodell)
- Telekommunikations-Unternehmen migrieren zu Anbietern und Vermarktern von Programmen
- Sog. „value-added bundles“ sollen neue Erlöse generieren
- Geschäftsmodelle von DSL-Providern und Kabelnetzbetreibern sind ähnlich
- Ziel ist die Steigerung des ARPU*) und die bessere Kundenbindung

*) Average Revenue Per Unit

Bild 5

Triple Play bietet für solche Geschäftsideen den Vorteil eines integrierten Rückkanals, der für Bestellungen, Abrechnung etc. verwendet werden kann. Solche Netze verfügen darüber hinaus auch über die im kommerziellen Bereich nötige Infrastruktur für Autorisation, Personalisierung und Abrechnung. Aller Erfahrung nach, werden auch alle Formen der Verschlüsselung, der Speicherung von Nutzerdaten etc. realisiert werden. Vor diesem Hintergrund und vor dem Hintergrund einer völlig neuen Marktsituation, sind jetzt strategische Entscheidungen und Maßnahmen notwendig, die einen diskriminierungsfreien, unverschlüsselten Empfang von Rundfunk in der digitalen Welt sicherstellen (Bild 5).

Eine uneingeschränkte Teilhabemöglichkeit der öffentlich-rechtlichen Veranstalter im Sinne einer technologieneutralen Entwicklungsgarantie ist auch mit dieser neuen Technologie zu gewährleisten. Hinter Triple Play verbirgt sich nichts anderes als die Weiterentwicklung und Verknüpfung in Betrieb befindlicher Übertragungssysteme. Die Bedeutung technologischer Standards nimmt dabei zu, wenn die Fragen offener Märkte diskutiert werden, vor dem Hintergrund der nötigen Offenheit technischer Systeme, sowie transparenter und medienpolitsch unbedenklicher Techologieszenarien.

Medienrechtliche Aspekte

- Triple Play via Kabel/DSL stellen faktisch geschlossene Diensteplattformen dar.
- Rundfunk versus Mediendienst (Rundfunk als reiner Dienst?)
- Deregulierung des Marktes (Referentenentwurf des BMWi)
- Risiken (z. B. Authentifizierung) für den Zuschauer müssen minimiert werden
- Unverschlüsselte Verbreitung und freier Empfang sind für den Verbraucher zu gewährleisten.

Bild 6

Öffentlich-rechtliche Inhalte müssen dem Endverbraucher unverschlüsselt und rundfunkrechtlich unabhängig von Dritten zugänglich sein (Bild 6). Geschlossene Wertschöpfungsketten in der Infrastruktur und Engerätepopulation, die zu einer Ausgrenzung des öffentlich-rechtlichen Rundfunks oder dessen Abhängigkeit von einem Plattformbetreiber führen, sind nicht zielführend.

Auch wenn das Fernsehen in seiner klassischen Form das Hauptmedium der Zukunft bleiben wird, so ergeben sich durch die absehbare stärkere Kommerzialisierung des Vertriebsweges Broadcast eine Menge Fragen, die einer sinnvollen und dem Markt gerecht werdenden Antwort bedürfen.

Die Digitalisierung der Medienwelt und die Einführung IT-basierter Lösungen auch in der Broadcast-Welt hat zur Folge, dass wir uns auf nationaler und auf europäischer Ebene mit Themenkomplexen wie die Zugangsfragen zu digitalen Plattformen, Diskriminierungsfreiheit und Grenzen des Wettbewerbs, Wahrung der Programmhoheit und -autonomie, Urheberrechtswahrung in zunehmendem Maße beschäftigen müssen.

Die Chancen IT-basierter Technologien in der Broadcast-Welt sind für Programm- und Diensteanbieter immens, die Perspektiven für den Endkunden interessant und verlockend. Die Risiken dürfen allerdings nicht verschwiegen werden. Wenn der Preis für die Digitalisierung der Verlust von Angebotsvielfalt, offenem Wettbewerb und Meinungsfreiheit wäre, dann wäre dieser Preis allerdings zu hoch.

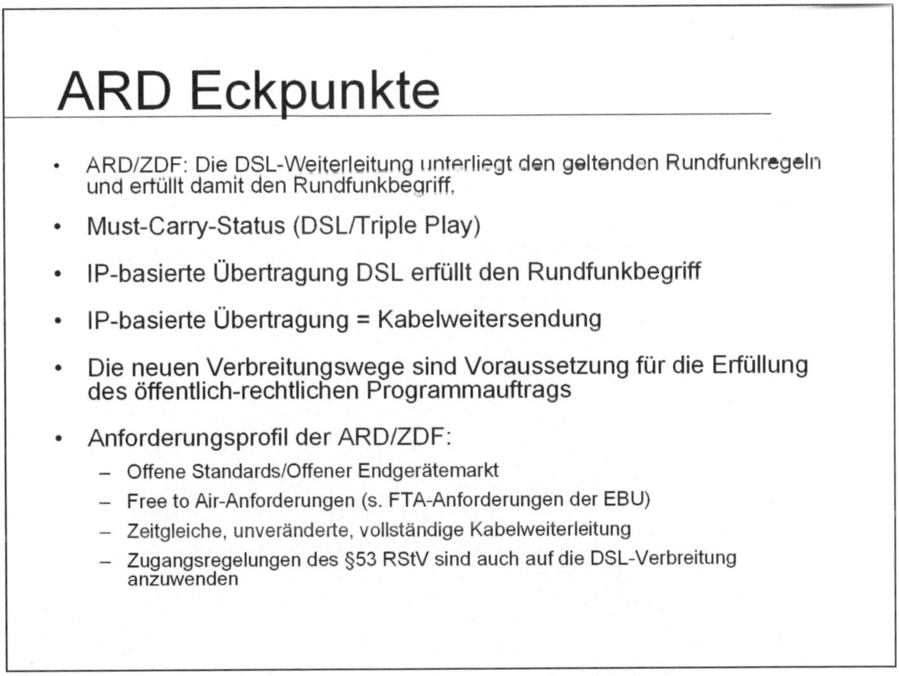

ARD Eckpunkte

- ARD/ZDF: Die DSL-Weiterleitung unterliegt den geltenden Rundfunkregeln und erfüllt damit den Rundfunkbegriff.
- Must-Carry-Status (DSL/Triple Play)
- IP-basierte Übertragung DSL erfüllt den Rundfunkbegriff
- IP-basierte Übertragung = Kabelweitersendung
- Die neuen Verbreitungswege sind Voraussetzung für die Erfüllung des öffentlich-rechtlichen Programmauftrags
- Anforderungsprofil der ARD/ZDF:
  - Offene Standards/Offener Endgerätemarkt
  - Free to Air-Anforderungen (s. FTA-Anforderungen der EBU)
  - Zeitgleiche, unveränderte, vollständige Kabelweiterleitung
  - Zugangsregelungen des §53 RStV sind auch auf die DSL-Verbreitung anzuwenden

Bild 7

Hier gilt es mit Augenmaß und besonderer Sorgfalt an die Dinge heranzugehen, um das Potenzial, das in der IuK-Technik steckt in vollem Umfang auszuschöpfen (Bild 7). Es ist von zentraler Bedeutung, dem öffentlich-rechtlichen Rundfunk einen freien Zugang zu allen neuen Medienplattformen zu sichern. Nur so ist er in der Lage, seinen Zuschauern durch eigene Dienste und Angebote auch in Zukunft den geforderten Programm-Mehrwert zu bieten und dem

Wandel der Nutzungswünsche der Zuschauer Rechnung zu tragen, so wie es gemäß dem Grundversorgungsauftrag des öffentlich-rechtlichen Rundfunks gefordert ist.

3.4 Geschäftsmodell der Kabel Deutschland GmbH

Christof Wahl
Kabel Deutschland, Unterföhring

Ich möchte noch einmal das Bild aufgreifen, das wir heute schon mehrfach in verschiedener Form gesehen haben, und die Frage aufwerfen (Bild 1): Wie kommt denn Triple Play – über das wir alle reden – tatsächlich zum Endkonsumenten? Hier erweitert um einen Focus auf Mobilität. Wir reden zwar über Triple Play, aber wir erleben gerade in vielen anderen Ländern, dass man sich schon mit Quadruple Play beschäftigt.

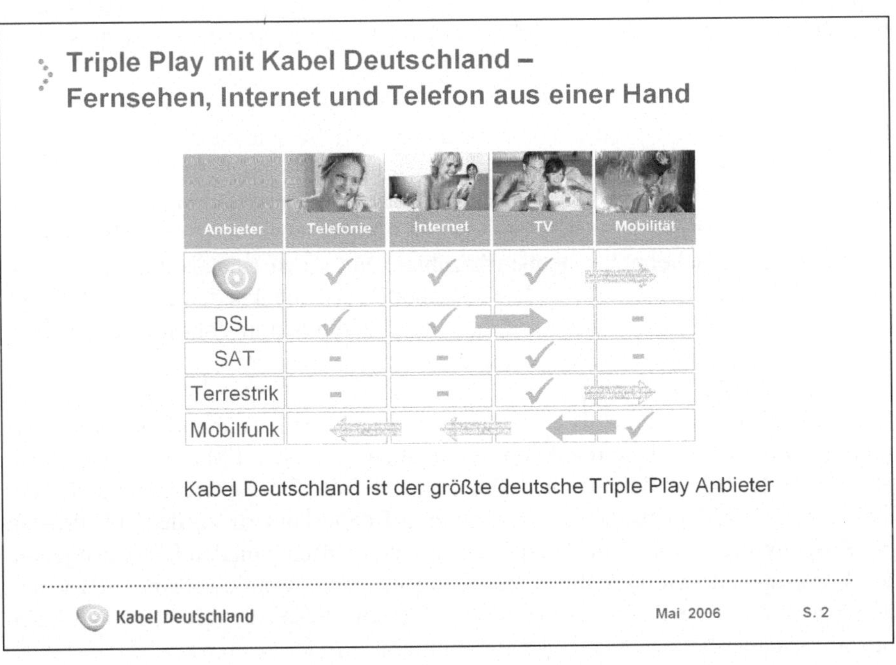

Bild 1

Ich möchte ganz am Anfang noch einmal konstatieren: Heute gibt es echtes Triple Play, das man als Endkunde tatsächlich auch bestellen kann, eigentlich nur beim Kabelnetzbetreiber. Alle reden davon und verkünden Pläne für Triple Play. Aber echtes Triple Play – also richtiges Fernsehen mit allen derzeit verfügbaren mehr als 150 Programmen; dazu richtiges Telefon mit Rufnummernportierung, gleicher Tonqualität, mehreren Rufnummern und außerdem noch richtig schnelles Internet – all das aus einer Hand gibt es derzeit nur im Kabel.

In dem Zusammenhang möchte ich übrigens noch einmal aufgreifen, was der Staatsminister gesagt hat: Wir fühlen uns als Unternehmen mit bayerischer Zentrale sehr wohl hier in Bayern – denn um Triple Play weiter zu entwickeln, ist es natürlich schon entscheidend, wie die Rahmenbedingungen gestaltet werden.

Gerade in Bezug auf die Rahmenbedingungen besteht Verbesserungsbedarf. Denn es ist natürlich schon erstaunlich, dass man in Deutschland eine Politik betrieben hat, die die digitale Terrestrik subventioniert. Dieser Übertragungsweg ist – wenn man das Bild in Hinblick auf Triple Play betrachtet – ein Irrweg. Man hat damit zwar in die Digitalisierung investiert. Tatsächlich ist das aber eine Sackgasse – da die digitale Terrestrik keine breitbandige Zukunft hat, und weder Internet noch HDTV ermöglicht. Es ist meiner Meinung nach erforderlich, in Deutschland Rahmenbedingungen zu schaffen, die es ermöglichen, im internationalen Breitband- und Medienwettbewerb mitzuhalten. Rahmenbedingungen, die es uns auch uns als Wirtschaftsunternehmen erlauben, unser investiertes Geld selbst zurück zu verdienen.

Lassen Sie mich Ihnen anhand von zwei weiteren Beispielen verdeutlichen, wie sich die sehr komplexen Rahmenbedingungen auf uns Kabelbetreiber in Deutschland auswirken: Schauen Sie sich das Thema Urheberrechtsangaben an. Dort werden gerade Gesetzesentwürfe besprochen, die vorsehen, dass nur kabelbasierte Unternehmen Urheberrechtsabgaben bezahlen. Für einen Kabelbetreiber ist diese Passage im Gesetz sehr erstaunlich. Für Kabel Deutschland bedeutet diese Passage die Fortschreibung von Kosten in Höhe von 65 Millionen im Jahr im Vergleich zu anderen Infrastrukturen. Diese muss man erst einmal refinanzieren.

Ein zweites Beispiel zum Thema Rahmenbedingungen ist die Regulierung der Inhalte. Was darf ich denn überhaupt an Inhalten über mein Kabel verbreiten? Wir als größter deutscher Kabelnetzbetreiber haben es mit 13 verschiedenen Landesmedienanstalten (LMA) zu tun – und in einigen Bundesländern werden 100 Prozent der Programme, die wir dem Endkunden anbieten dürfen, von den LMA festgelegt. Ich bin gespannt, wie sich die Regulierung in einem Wettbewerb mit IPTV und anderen Plattformen entwickeln wird. Werden diese die gleichen Auflagen bekommen oder können auch wir unternehmerisch freier agieren?

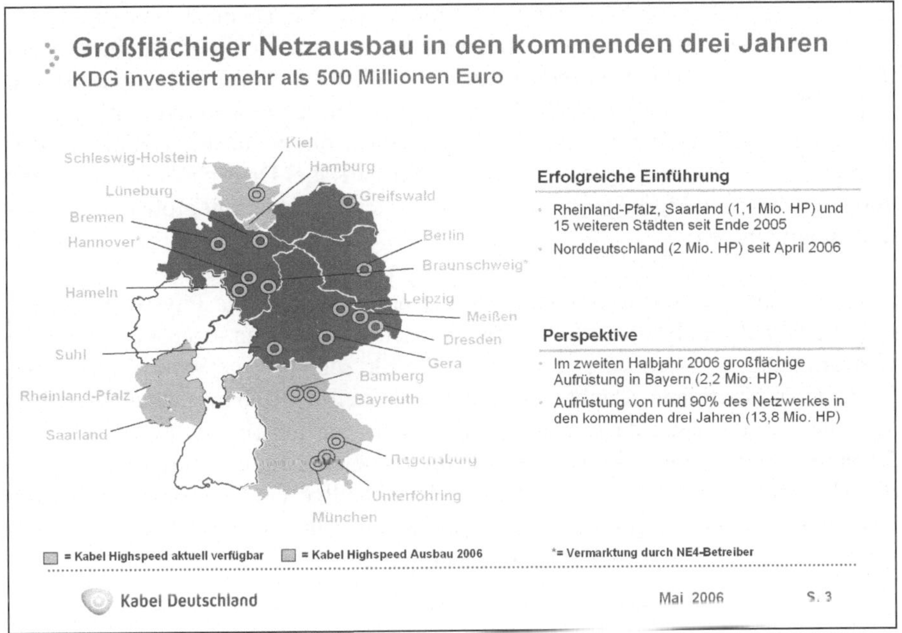

Bild 2

Ich bin überzeugt, dass wir mit dem Verbreitungsweg Kabel, den wir selbst beeinflussen und weiterentwickeln können, gut aufgestellt sind für die Zukunft (Bild 2). So haben wir beschlossen, umfangreich in die notwendige Aufrüstung unserer Infrastruktur zu investieren. Kabel Deutschland ist in 13 von 16 Bundesländern aktiv, wir erreichen ungefähr 15 Millionen ‚homes passed', also Hausanschlüsse, an denen wir mit unserem Kabel vorbeikommen. Wir werden in den Jahren 2006 bis 2008 rund 500 Millionen Euro investieren, um bis Ende 2008 90 Prozent, d.h. zwölf Millionen Kunden der von uns versorgten Haushalte in Deutschland, rückkanalfähig auszubauen und damit neben unseren Fernsehprodukten Internet und Telefonie anzubieten. Derzeit ist unser Triple Play-Angebot für vier Millionen Haushalten verfügbar; wir werden in der zweiten Jahreshälfte auch unser Kabelnetz in Bayern großflächig aufrüsten, um den Haushalten dort Triple Play zu ermöglichen. Wichtig dabei ist eben nicht nur in die Ballungszentren zu gehen, wo sich heute der Wettbewerb vorrangig abspielt, sondern auch in die Gebiete mit weiter verzweigten Kabelnetzen zu investieren. Das sind teilweise sehr ländliche Gebiete, wo es zum Beispiel kein DSL gibt. Wir haben jüngst wieder ein paar dieser kleineren Gemeinden angeschlossen – und Sie können sich sicher vorstellen, wie auch das dazu beiträgt, den Standort zu entwickeln.

Wir haben zudem in den anderen Bundesländern einige große Städte aufgerüstet, die wir als neues Territorium für unser Geschäft gesehen haben, und werden das jetzt mit viel Vehemenz weiter treiben – mit so viel Engagement, wie eine Firma wie Kabel Deutschland stemmen kann, denn wir sind spät in diesen Wettbewerb auf dem Telekommunikationsmarkt gestartet. Der Wettbewerb der Infrastrukturen hat sich in Deutschland insgesamt langsamer entwickelt als in anderen Ländern: Der Verkauf der Kabelnetze aus der Telekom heraus, die heute unser Hauptwettbewerber ist, hat sehr lange gedauert. Und als Firma Kabel Deutschland sind wir erst 2003 neu in diesen Markt gestartet – wir versuchen jetzt, hier mit großer Geschwindigkeit aufzuholen.

Dennoch verfügen wir über einen unschätzbaren Vorteil: die Physik. Wenn Sie sich die Physik des Breitbandkabels für Fernsehen anschauen – genauer gesagt die Koax-Leitung – sehen Sie, dass diese Physik schon heute zwei Gigabit pro Sekunde zu übertragen erlaubt. Das heißt, dass auch wir selbstverständlich extrem schnelle Breitbandanschlüsse realisieren können – wir müssen uns nicht vor einem 50 Mbit/s VDSL-Internet-Anschluss fürchten. Gleichzeitig und parallel haben wir die Möglichkeit, hunderte, ebenfalls sehr breitbandige Fernsehkanäle zu unseren Endkunden zu übertragen. Wir sitzen damit auf einer Infrastruktur mit einem großen Potenzial, das es in den kommenden Jahren weiter zu entwickeln gilt.

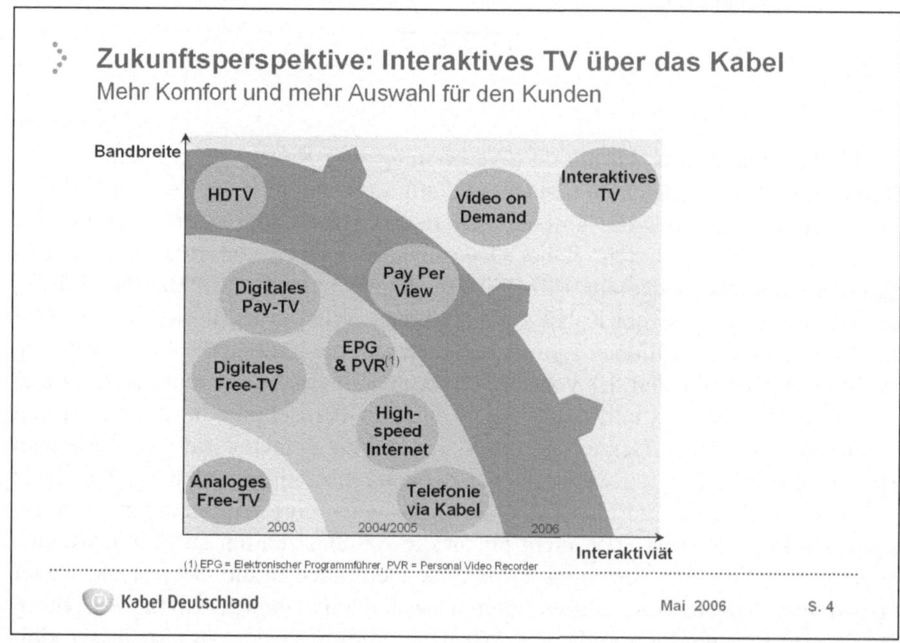

Bild 3

Wie sieht für uns die Zukunft aus? (Bild 3) Als wir die Firma 2003 übernommen haben, gab es nur das Geschäft mit dem rein analogen Kabelfernsehen für rund zehn Millionen Hauhalte. Wir haben zunächst das digitale Fernsehen entwickelt und vorangetrieben. Wir haben jetzt eine halbe Million digitale Pay-TV Kunden, die zusätzlich ungefähr zehn Euro bezahlen, um weitere 33 Programme als Pay-Inhalte ohne Werbeunterbrechung zu erhalten. Wir haben parallel Internet und Telefonie entwickelt. Bei unserem Telefonieangebot behalten Sie Ihre Rufnummer, indem Sie diese einfach portieren. Sie haben zwei verschiedene Rufnummern, die unbeeinträchtigt sind vom Internetverkehr. Sie können also parallel surfen und telefonieren und fernsehen, ganz ohne Bandbreitenprobleme.

Wir werden im Sommer diesen Jahres zwei weitere Schritte gehen. Wir werden Pay per View, also Filme auf Abruf, zur Verfügung stellen. Notwendig ist dazu nur eine digitale Box, ein Digitalreceiver. Wir sind außerdem kurz davor, auch HDTV Inhalte für die Großzahl unserer Kunden anzubieten – das sind zwei weitere Innovationen, um das Kerngeschäft Fernsehen, aus dem wir kommen, weiter spannend und interessant zu halten. Wir wissen auch schon, dass wir uns im nächsten Jahr sehr intensiv mit Formen des interaktiven Fernsehens beschäftigen werden, um dann 2008, wenn wir 90% unseres Netzes rückkanalfähig hochgerüstet haben, auch andere interaktive Inhalte über unsere Infrastruktur anzubieten – dabei werden wir uns auch von dem Einfallsreichtum der Anbieter überraschen lassen.

3.5 Diskussion

Moderation:
Prof. Dr. Bernd Skiera, Universität Frankfurt

Prof. Skiera:
Meine sehr verehrten Damen und Herren, mein Name ist Bernd Skiera, und ich bin an der Universität Frankfurt tätig. Uns verbindet eine enge Zusammenarbeit mit den Münchnern, insbesondere im Bereich der Internetökonomie. In Frankfurt habe ich einen Lehrstuhl für Electronic Commerce und bin Leiter des vom BMBF unterstützten PREMIUM-Projekts zum Thema „Preis- und Erlösmodelle im Internet". Ich freue mich sehr, dass wir heute ein sehr interessantes Panel haben mit einer kleinen Einschränkung, T-Online musste uns absagen.

Ansonsten ist es vom Veranstalter vorgesehen, dass jeder der Teilnehmer ein kurzes Eingangsstatement machen wird und wir dann diskutieren, zunächst hier auf dem Podium und dann in erweiterter Runde. Ich möchte Ihnen ganz kurz die einzelnen Teilnehmer vorstellen.

Herr Kasper, Direktor Mobile Business RTL interactive, hat verschiedene Erfahrungen bei Telco Unternehmen, bei Portalanbietern, wie Lycos aus der Bertelsmann Gruppe gesammelt. Herrn Wahl, quasi als Vertreter der Kabelnetzanbieter von Kabelnetz Deutschland GmbH, ist. dort Chief Operating Officer, hat eine lange Verbundenheit zum Standort München, hier auch studiert, vorher bei Siemens tätig. Ich denke, Sie werden sehr schön die Kabelnetzanbieter darstellen können.

Herr Dr. Alwin Mahler kommt von Telefónica Deutschland GmbH. Wir kennen uns schon viele Jahre aus Ihrer Mitarbeit beim WIK, wo Sie auch wissenschaftlich tätig waren.

Herr Tillmann ist Technischer Direktor beim Bayrischen Rundfunk und Vorsitzender der Produktion- und Technikkommission in der ARD.

Wir starten mit den Programmanbietern; ich möchte zunächst Herrn Kasper bitten, ein paar Eingangsworte an Sie zu richten.

Wolfgang Kasper:
(Der Vortrag ist unter Ziffer 3.1 abgedruckt)

Prof. Skiera:
Ganz herzlichen Dank, Herr Kasper. Herr Tillmann, Sie standen heute Morgen schon mehrfach im Blickpunkt des Geschehens .Dabei wurde deutlich, dass auch die Angebote der Öffentlich-Rechtlichen kräftig nachgefragt werden. Wie sieht aus Ihrer Sicht die Zukunft aus?

Herbert Tillmann:
(Der Vortrag ist unter Ziffer 3.2 abgedruckt)

Prof. Skiera:
Ganz herzlichen dank, Herr Tillmann. Herr Mahler, Triple Play ist so ein Schlagwort, das schon lange durch die Runde geistert. Ich habe ein bisschen gegoogelt; da gab es 2004 schon eine Konferenz in Wien und dort hieß es schon „Die Zeit ist nun reif für Triple Play". Ich glaube, wir hätten den gleichen Satz heute nehmen können. Für mich ist das Frage: Wann ist die Zeit für Triple Play denn nun so reif, dass wir das auch ernsthaft einmal sehen?

Dr. Alwin Mahler:
(Der Vortrag ist unter Ziffer 3.3 abgedruckt)

Prof. Skiera.
Herzlichen Dank. Herr Wahl, als Sprecher der Geschäftsführung Kabel Deutschland, müssten sie da nicht eigentlich ganz neidisch über den Atlantik schauen. Herr Pech hat doch gut geschildert, dass die Ausgangsposition der Kabelnetzanbieter über dem Atlantik wesentlich besser ist. Da haben sie etwas mehr als 50% Marktanteil. Herr Freyberg hat heute Morgen hat Prognosen zitiert, die sie in Deutschland doch zukünftig auch relativ weit von diesen 50% entfernt sehen. Wie werden sich Kabelnetzbetreiber bei dieser vergleichsweise bescheidenen Prognose in Deutschland letzten Endes entwickeln können?

Christof Wahl:
(Der Vortrag ist unter Ziffer 3.4 abgedruckt)

Prof. Skiera:
Ganz herzlichen Dank, Herr Wahl.. Ich hoffe, Sie haben auch meine Worte richtig interpretiert. Ich sprach von Ausgangsvoraussetzungen, nicht von unternehmerischen Leistungen, die Sie hier zu erfüllen haben.

Was mich am meisten interessieren würde, wenn ich einmal die Worte von Herrn Kaspar aufnehme, der sinngemäß sagt: Worin besteht der Nutzen für den Konsumenten von Triple Play? Besserer Preis, mehr Service oder mehr Leistung? Herr Tillmann hat darauf hingewiesen, dass die Lizenzen, also der Content, sehr teuer sein werden. Und da gibt es einen Engpass, also wenige Content- oder Lizenzanbieter werden einen extrem starken Return für den Content oder für die Lizenzen erzielen können. Dann gibt es die Vorschläge, die heute Morgen kamen, es werden so 50 bis 60 € sein, die für Ausgaben für Triple Play pro Haushalt zur Verfügung stehen, plus vielleicht noch einmal 20, 30 € für den Mobilfunk. In den USA liegen wir zurzeit bei den Preisen um 100 $. Wenn man ein bisschen herunterrechnet, dass dort auch heute schon der Internetzugang teurer ist als in Europa, dann landet man wiederum in dieser Größenordnung von 60 €. Gleichzeitig wird davon gesprochen, dass wir heftig investieren müssen. Teilweise muss gebuddelt werden. Da haben wir sehr eindrucksvoll die Bilder aus den USA geschildert bekommen. Da frage ich mich, wer am Ende überhaupt mit Triple Play Geld verdienen kann? Kommen wir nicht letzen Endes da heraus, wo auch der Goldrausch damals in den USA gelandet ist? Nicht diejenigen, die das Gold geschürft haben, sondern diejenigen, die Leistungen außen herum, die Restaurantanbieter und die Ärzte, haben sehr viel Geld gemacht und die, die das Gold gesucht haben, sind vereinzelt glücklich heraus gekommen. Aber im Großen und Ganzen haben sie ihr ganzes Geld dort verloren.

Also, die Frage ist: Kann man mit Triple Play letzten Endes Geld verdienen oder nicht. Ich würde gern mit einem Telekommunikationsunternehmen starten. Herr Mahler, werden sich Ihre ganzen Investitionen jemals ernsthaft rechnen können?

Dr. Mahler:
Gut, wenn Sie uns von der Analogie vom Goldrausch kommend als Infrastrukturanbieter nehmen. Dann sind wir doch ganz gut positioniert, indem wir letztendlich die notwendige Infrastruktur hierfür schaffen. Aber es ist sicherlich eine sehr berechtigte Frage. Ich möchte die Fragen, vielleicht etwas polarisierend, gerne von einem anderen Blickwinkel beantworten: Die Branchen wachsen zusammen, die Konvergenz ist da. Es wird sich m. E. in diesem Kontext nicht nur die Frage stellen, wie sich Anbieter hier positionieren; sondern sich insbesondere die Frage stellen, ob es denjenigen, der es nicht schafft, sich dort überhaupt zu positionieren und zu etablieren, morgen noch geben wird.

Letztendlich denken wir, und das entspricht der Philosophie unserer Positionierung in Deutschland, dass es darauf ankommt, sich auf der Infrastrukturbasis am effizientesten hinsichtlich der Gewinnung von Größenvorteilen und Skalierung aufzustellen. Von daher sehen wir uns mit unserer horizontalen Positionierung gut aufgestellt, nämlich möglichst einer großen Anzahl von Partnern in diese Geschäftsmodelle zu verhelfen. Dabei gilt es die Anzahl der Leitungen und die Erschließung der Gebiete schnell – auf Basis innovativer Technologien – voran zu treiben. Gleichzeitig wird es auf der anderen Seite in der Vermarktung darauf ankommen, im Vergleich zu den anderen Vermarktern die geringsten Einkaufskosten – komplementär zu den Infrastrukturkosten – aufzuweisen, im Sinne der Markterschließung, Sichtwort „Customer Akquisition Kosten". Also, wer weist den Brand mit der höchsten Affinität zu den Triple Play Services auf, der sich dann in dem Markt positionieren und etablieren kann und wo der Kunde das Vertrauen hat und letztendlich dort mit einsteigt (zu den vergleichbar geringsten Akquisitionskosten). Herausforderungen ergeben sich auch im Kontext der Erlösmodelle, die sicherlich auch unter Preisdruck kommen werden, weil wir zunehmend in „Flat-Modelle" hineingehen. Dann wird es aber auch neue Möglichkeiten an Einnahmeströmen geben, im Sinne von eBusiness, Interaktivität oder Voting. Grundsätzlich, Herr Prof. Skiera, haben Sie damit eine der spannendsten Fragen gestellt, die auch die nächsten Monate bestimmen wird in dem Sinne, wer denn glaubt mit welchem

Ansatz und mit welchem Bündel wie erfolgreich sich am Markt platzieren zu können.

Prof. Skiera:
Also, ganz überzeugend fand ich die Antwort noch nicht: Das Motto: Wir sind sehr groß und wir sind vielleicht die letzten, die sterben, ist doch nicht überzeugend. Von daher vielleicht ein bisschen sehr sarkastisch: haben Sie nicht mehr zu bieten?

Dr. Mahler:
So wollte ich mich nicht verstanden wissen. Wenn ich den Sarkasmus aufgreifen wollte, würde ich hoffen wollen, dass von den Partnern, mit denen wir zusammenarbeiten, hoffentlich die zwei, drei Erfolgreichen dabei sind.

Prof. Skiera:
Ich greife den Gedanken auf, der diesen Monat auch im Manager Magazin in der Kolumne geäußert wurde. Dort wurde sinngemäß gesagt: Die Branchen, die sich durch hohe Fixkosten und Kapazitäten auszeichnen, laufen Gefahr, dass im Falle von Überkapazitäten die Preise ins Bodenlose fallen und damit ist auch das Decken der Fixkosten schwierig wird.

Jetzt haben Sie, Herr Wahl, eben sehr glaubhaft geschildert, dass Sie, dass die Kabelnetzbetreiber die einzigen sind, bei denen ich zurzeit als Endkonsument wirklich Triple Play Angebote kaufen kann. Sie kennen ja auch Ihre Kostenposition. Wenn Sie in die Zukunft blicken, wie schätzen Sie die Situation ein? Werden andere Wettbewerber in Ihrem Beriech ernsthaft mit Triple Play Geld verdienen können?

Herr Wahl:
Also, ich möchte nicht über die anderen Wettbewerber reden und ob diese Geld verdienen können. Ich rede lieber über unsere Industrie. Ich glaube, man muss schon sehen, dass wir als Kabelbetreiber eine sehr lange Historie haben mit Kunden Bei uns sind das 10 Millionen Kunden, die seit vielen Jahren über unsere Infrastruktur Fernsehen schauen. Fernsehen schauen heißt: Ich schalte das Gerät abends ein, es funktioniert; siebenmal 24 Stunden, also rund um die Uhr sehr zuverlässig. Diese Zuverlässigkeit muss erst einmal vorhanden sein. Herr Freyberg hat heute gesagt, dass in Deutschland die durchschnittlichen Umsätze pro Zuschauer (ARPU) so gering wie fast nirgends auf der Welt sind, weil wir so ein reichhaltiges Free TV-Angebot haben. Dann ist natürlich der Zusatzumsatz, den ich mit einem Kunden machen kann, wenn ich jetzt als Kabelanbieter auch Internet und Telefon anbiete, eine sehr attraktive Value Proposition. Unser Bündelangebot ist jetzt für 39,90 € verfügbar. Sie können 2,2 Megabit flat surfen rund um die Uhr und deutschlandweit flat telefonieren. Das ist eine sehr große Value Proposition für uns, wo wir im Schnitt als Kabel Deutschland eben unter 8 € ARPU im Kabelfernsehgeschäft haben. Wir sind so aufgestellt, dass wir auch mit diesem geringen ARPU wirtschaften können. Insofern glauben wir, diesen Wettbewerb eingehen zu können und

dieses zu refinanzieren. Und wir müssen das auch, um als Infrastruktur weiterhin attraktiv zu bleiben.

Prof. Skiera:
Herr Kasper, nun sind Sie in der komfortablen Position, da Sie den Content anbieten, sich nicht so sehr um die Infrastruktur selber kümmern müssen. Können Sie mir die Frage besser beantworten, wie man mit einer geringen Marge die ganzen Fixkosten letzten Endes decken kann?

Herr Kasper:
Ich bin zwar kein Diplom-Mathematiker, aber es liegt auf der Hand, dass bei hohen Fixkosten und geringen Margen nur dann Geld verdient werden kann, wenn entsprechend große Stückzahlen verkauft werden. Sprich: Man braucht einen großen Kundenstamm, um Erfolg zu haben. Es gibt in Deutschland 38 Millionen Haushalte, ein Großteil ausgestattet mit Kabel. Viele – nämlich mehr als 10 Millionen – verfügen bereits über einen Breitbandanschluss. Grundsätzlich gibt es also eine erkleckliche Anzahl an Marktteilnehmern. Auf der anderen Seite – und damit möchte ich jetzt keineswegs einen Manchester Kapitalismus propagieren – stellt sich die Frage, für wie viele Anbieter in Zukunft Platz sein wird. Vor 100 oder 150 Jahren gab es Hunderte von Autoherstellern oder Eisenbahngesellschaften. Heute gibt es weniger Eisenbahngesellschaften und nicht mehr ganz so viele Automobilhersteller. Dennoch fahren wir alle Auto oder nutzen die Eisenbahn, wenn wir wollen.

Zudem haben wir als TV- und Programmanbieter natürlich gleichermaßen ein hohes Interesse daran, dass unsere Infrastruktur-Partner erfolgreich sind. Unsere Marke und die unserer Formate sind schließlich Teil des Angebots. Ein mögliches Scheitern einer Verbreitungs-Technik, auf die wir setzen, hätte also auch für uns negative Folgen. Das gilt selbstverständlich auch für die Qualität und Verlässlichkeit der Ausstrahlung, die aus unserer Sicht gewährleistet sein muss, weil das die Zuschauer von uns erwarten.

Prof. Skiera:
Ich will aber noch einmal nachhaken. Jetzt sind Sie letzten Endes Anbieter eines Dienstes im weitesten Sinne und denkbar ist natürlich, dass man alle diejenigen, die von dem schnellen Zugriff auf ihr Angebot von Content, auch bepreisen möchte. Das könnte auch die RTL-Gruppe treffen, auch wenn primär solche Anbieter wie Google, Ebay und Konsorten, die heute Morgen auch erwähnt worden sind, zunächst im Vordergrund stehen. Halten Sie so einen Bepreisungsmechanismus für realistisch?

Herr Kasper:
Wenn ich Sie richtig verstanden habe, geht die Frage dahin, ob RTL ein Pay TV Sender wird?

Prof. Skiera:
Die Überlegung ist ja, wenn ich so viele Suchanfragen wie Google bearbeite, und das nur machen kann, weil ein Anbieter wie Google die Netzstruktur kostenlos nutzen kann, dann könnte ich auch überlegen, ob ich nicht ein solches Unternehmen auch zur Kasse bitte. Letzten Endes profitieren Sie als RTL Gruppe auch sehr stark von der Infrastruktur. Von daher wäre es doch eine Überlegung, dass die Infrastrukturanbieter versuchen, auch die Contentanbieter an der Finanzierung der Infrastruktur zu beteiligen.

Herr Kasper.
Wir arbeiten mit fast allen in Deutschland operierenden Infrastruktur-Anbietern bzw. sind in Diskussionen mit ihnen. Jetzt kommen mit DVB-H und IP TV neue Verbreitungskanäle hinzu – und auch hier sind wir aktiv. Da wir als privater Sender nicht gebührenfinanziert sind, sondern das Geld, dass wir beispielsweise für Spielfilme, Sportrechte, neue Shows etc. ausgeben, vorher verdienen müssen, ist es selbstverständlich, dass man mit den Infrastruktur-Anbietern über für alle Seiten gängige Businessmodelle spricht. Deren Ausgestaltung wird künftig mehr denn je sehr individuell ausfallen. Mal gehen wir vielleicht mit ins Risiko und investieren. Mal aber auch nicht. Eine pauschale Aussage ist hier nicht möglich. Denn eines darf man ja nicht vergessen: Qualitativ hochwertiges Programm ist teuer. Und der ein oder andere Inhaber von Spielfilm- oder Sportrechten bittet die Sender für die Ausstrahlung über weitere Kanäle als das klassische Free-TV zusätzlich zur Kasse.

Prof. Skiera:
Herr Tillmann. Sie sprachen vorhin schon an, dass die wirklich wertvollen Lizenzen letzten Endes knapp sind. Am Beispiel Premiere konnten wir alle hautnah beobachten, was der Wegfall einer einzigen Lizenz, einer sehr attraktiven Lizenz, der Bundesligarechte, für den Aktienkurs bewirkt. Ich war schon überrascht zu sehen, dass wir in einer so starken Abhängigkeit von Rechteanbietern sind. Sehen Sie das auch zukünftig so?

Herr Tillmann:
Nein, ich glaube, dass der Rundfunk insgesamt, also auch die privaten Rundfunkveranstalter gut beraten sind, wenn sie einen hohen Anteil an Eigenproduktion haben. Was sich in Deutschland schon durchaus vernünftig entwickelt hat, muss verstärkt und fortgesetzt werden. Wenn Sie sich erst einmal in die Abhängigkeit von Contentlieferanten begeben haben, dann vielleicht noch auf ein Monopol stoßen, um dann mit dieser Abhängigkeit leben zu müssen, wird es in der Tat kritisch. Insofern ist das, was wir insgesamt hier betreiben, doch sehr vernünftig. Man kann es in der Tat nicht verschweigen, dass die Kosten bei Sport exorbitant gestiegen sind und ich fürchte fast, dass sie noch weiter steigen werden, zumal es etliche Betreiber gibt, die auch Sportrechte einkaufen. Also, der Wettebewerb um Rechte hat deutlich zugenommen. Wer ihn letztendlich gewinnt und wie man ihn entscheidet, weiß ich noch nicht. Lassen Sie mich aber noch auf eine andere

Geschichte kommen. Sie hatten die Frage gestellt, wer profitiert. Ich würde das Ganze umdrehen wollen und sagen: Wer zahlt denn für diese ganzen Entwicklungen? Das ist meines Erachtens der Kunde. Er wird mehrfach zur Kasse gebeten. Gut, man muss sehen, wie weit er bereit ist, sich in die Tasche langen zu lassen. Was ich für die ARD sagen kann, ist, dass die Kosten für die Kabeleinspeisung auf Dauer in Frage gestellt werden müssen. Ich kann mir nicht vorstellen, dass sich das im Grunde so weiter entwickelt. Da muss man zu einem vernünftigen Verfahren kommen. Wir sind nicht bereit, für den Transport von Inhalten zusätzlich noch jede Menge Geld abzuliefern.

Lassen Sie mich noch eine Bemerkung zu einer Aussage von Herrn Wahl machen. Er kritisiert die Umrüstung der terrestrischen Sendernetze. Das kann er gerne machen. Ich möchte ihn nur einmal fragen, wie er denn überhaupt die mobile Rundfunkversorgung ohne terrestrische Sendernetze organisieren will? Es geht nicht nur um das Radio, es geht auch wirklich um das Thema mobiles Fernsehen und Multimediadienste. Da möchte ich seinen physikalischen Trick sehen, wenn er mit einem Kabel durch die Lande zieht und das dann sozusagen mobil anbietet.

Zweitens, und das ist noch kritischer, der Kabelbetreiber, der Netzbetreiber ganz allgemein tritt vermehrt auch als Programmanbieter auf, d.h. er tritt in unmittelbaren Wettbewerb zum bisher traditionellen Programmanbieter. Aber der Netzbetreiber setzt auch die Parameter für die Empfangsgeräte. Damit, meine Damen und Herren, bestimmt er die Möglichkeiten eines Programmangebotsauftrittes. Das ist genau der springende Punkt, weshalb wir natürlich bei diesen proprietären Plattformen schon irgendwo die Gänsehaut kriegen, weil damit bestimmte Geschäftsmodelle erst möglich werden und andere verhindert werden, wie das die Vergangenheit gezeigt hat. Da sind wir schon sehr vorsichtig geworden. Das Gleiche scheint sich jetzt im Satellitenbereich abzuspielen SES/ASTRA will in Absprache mit den privaten Programmanbietern eine eigene Plattform APS anbieten. Alle heute frei empfangbaren Programme können dann nur per smart card freigeschaltet werden. Der Kunde muss dafür ein monatliches Entgelt zwischen 5 – 10 € bezahlen. Aber wieder mit dem Problem verknüpft, dass er erstens Netzbetreiber ist und zweitens damit im Grunde die Parameter der Empfangsgeräte und somit die Möglichkeiten des Programmauftrittes bestimmt.

Ich plädiere seit Jahren schon dafür, dass die Plattformen offen sind, dass sie standardisiert sind, dass ein diskriminierungsfreier Auftritt möglich wird. Über die Verschlüsselung einzelner Pay-Angebote kann man ja tatsächlich reden. Die ARD und ZDF haben sich ausgesprochen, ihre Inhalte und Angebote nach wie vor, egal über welche Plattform auch immer, free anzubieten. Das versteht sich doch von selbst. Ich würde meinen Funktionsauftrag sofort in Frage stellen, wenn ich sage, ich mache eine Riesenverschlüsselung. Diese Diskussion sollten wir lieber nicht führen.

Prof. Skiera:
Herr Wahl, ich glaube, Sie wollen gern etwas dazu sagen.

Herr Wahl:
Ja, sehr gerne nehme ich das auf, und ich freue mich, dass Herr Tillmann mit uns, mit der Industrie, die Ansicht teilt, dass die Grundverschlüsselung kommen wird. Die Grundverschlüsselung wird Realität werden, weil es Rechte gibt, die Sie nicht mehr erwerben werden können, wenn nicht über alle Verbreitungswege sichergestellt ist, dass mit einer Grundverschlüsselung eine Adressierbarkeit da ist. Dass sichergestellt ist, dass nur die, für die Sie die Lizenzen gekauft haben, die Inhalte sehen können. Hochkarätige Sportevents wird es aus meiner Sicht sehr bald nicht mehr geben, wenn Sie nicht die ganzen Übertragungen verschlüsseln, und das ist auch die Diskussion bei den Kollegen im Satelliten.

Herr Tillmann sagt, dass die Anbieter sich genau anschauen, welcher Verbreitungsweg der effizienteste und kostengünstigste ist. Da freue ich mich, sagen zu können, dass das Kabel der effizienteste und kostengünstigere Verbreitungsweg für alle Anbieter ist. Denn natürlich zahlen die Anbieter auch an einen Satellitentransponder und sie zahlen für die Verbreitung via DVB-T und zwar ein Vielfaches mehr pro Kunde als im Kabel. Insofern stehe ich diesen Diskussionen immer sehr aufgeschlossen gegenüber. Wir müssen in Summe in Deutschland effiziente Strukturen schaffen, die auf allen Infrastrukturen das Gleiche leisten. Da sind wir zu jedem Gespräch bereit und offen, wenn man das Industriemodell ändern möchte – aber bitte gleichermaßen auf allen Verbreitungswegen.

Prof. Skiera:
Herr Kasper, ein Thema, das heute Morgen auch am Rande von Herrn Brosius erwähnt wurde, betraf das Fernsehverhalten, beispielsweise das hin und her Zappen und damit verbunden natürlich auch das Überspringen von Werbung. Jetzt ist es so, das hin und her Zappen ist ja eine Sache, aber wenn wir jetzt digitale Videorekorder haben, zeitversetztes Anschauen um ein Vielfaches leichter wird und letzten Endes Werbeeinblendungen immer häufiger übersprungen werden, was passiert dann mit den Werbepreisen?. Wie versuchen Sie auf diesen großen Trend zu reagieren, dass in einem zunehmend digitaleren Umfeld Werbung immer leichter zu überspringen ist?

Herr Kasper:
Zum einen versuchen wir, mittels zusätzlicher Einnahmequellen finanziell unabhängiger von der klassischen Werbung zu werden. Der so genannte Diversifikationsbereich, den RTL interactive steuert, gewinnt hier zunehmende Bedeutung. Ein Vorbild ist der französische TV-Sender M6 – ebenfalls Mitglied der RTL Gruppe – der beinah die Hälfte seiner Einnahmen über Nebengeschäfte wie Merchandising, Teleshopping, Pay TV oder die Veranstaltung von Events erzielt. In Deutschland sind es inzwischen immerhin mehr als 15 Prozent des RTL

Gesamtumsatzes. Was das Thema digitale Videorekorder angeht: Ich glaube nicht, dass diese Technik das Fernsehverhalten der Mehrheit der Bevölkerung auf den Kopf stellen wird. Das Gros der Zuschauer wird auch weiter nach Haus kommen, den Fernseher anstellen und sich unterhalten und informieren lassen. Gut, der ein oder andere „zappt" ein bisschen hin und her oder holt sich in der Werbepause etwas aus dem Kühlschrank. Dass sich das breite TV-Publikum die Mühe macht, erst den digitalen Videorekorder zu programmieren, um so die Werbung automatisch überspringen zu können, glaube ich nicht. Das ist viel zu unbequem und lästig. Würde man hier den berühmten Hausfrauen- oder Hausmännertest machen und fragen: Wer überspringt grundsätzlich die Werbung und guckt zeitversetzt fern – und sei es nur an zwei Tagen in der Woche? Das Ergebnis einer solchen Umfrage wird mehr als deutlich ausfallen, da höchstenfalls ein einstelliger Prozentsatz der Zuschauer hier mit „Ja, ich mache das so" antworten würde.

Und sollte es tatsächlich dazu kommen, dass sich niemand mehr Werbung im Fernsehen anschaut, muss das duale System und das damit verbundene Businessmodell so oder so grundsätzlich neu definiert werden. Wie gesagt, unsere Sorgen halten sich auf diesem Gebiet in Grenzen. In jedem Fall werden wir kreativ genug sein, um zu reagieren und neue Refinanzierungswege zu finden.

Prof. Skiera:
Herr Tillmann, teilen Sie die Einschätzung, dass durch die Digitalisierung Überspringung von Werbung zukünftig oder in absehbarer Zeit erst einmal kein Problem ist?

Herr Tillmann:
Also, das bezieht sich ja nicht nur auf Werbung. Mit diesem Instrument können Sie natürlich auch etwas anderes überspringen. Insofern ist das schon eine Herausforderung. Inwieweit das nun unser Werbebudget betrifft, sehe ich das erst einmal gelassen. Aber für jemand, der seine Auftritte ausschließlich aus der Werbung finanziert, ist es durchaus eine Herausforderung, damit entsprechend umzugehen. Ich sage Ihnen, das Thema Abspeichern, zeitversetzte Programmnutzung, zeitindividueller Programmzugriff, trifft jeden Programmanbieter. Ich habe versucht, das im Bereich der Hörfunknutzung darzulegen. Wir sehen, dass der Hörfunk zwar als Nebenhörmedium in erster Linie genutzt wird, aber wir sehen natürlich auch, dass sich der Kunde tatsächlich bestimmte Programmangebote z.B. über Podcast holt, d.h. er löst sich komplett aus dem linearen Programmschema. Ich denke, dass das im Fernsehen in einigen Jahren auch der Fall sein könnte. Denn die Entwicklung Digitalisierung im Hörfunk, begann vor zehn Jahren.. Der Hörfunk ist immer ein Stück weit den technischen Entwicklungen im Fernsehen voraus. Das hat natürlich auch mit Datenmengen zu tun. Was wir im Hörfunk jetzt erleben, erleben wir im Bereich Fernsehen vielleicht in fünf oder zehn Jahren in der Größenordnung. Dann sind die Voraussetzungen gegeben, sowohl in der Distribution als auch natürlich in der Produktion.

Prof. Skiera:
Zum Abschluss der Diskussionsrunde möchte ich noch kurz auf den Mobilfunk eingehen. Wir haben jetzt immer über Triple Play gesprochen. Es ist ja der Ausblick, heute Morgen auch schon mehrfach erwähnt, wir werden ein Quadruble Play bekommen, also Triple Play plus Mobilfunk. Das könnte so das Zünglein an der Waage sein. Wie sehen Sie das, Herr Mahler? Welche Rolle werden mobile Angebote in diesem Triple Play Bereich spielen?

Dr. Mahler:
Ich denke, kurzfristig ist sicherlich auch die Bündelung der mobilen Kommunikation mit dem Angebot eine interessante Option. Wenn man es auf der anderen Seite nicht nur von den Services sieht, sondern auch von den Anbietern, kann man beobachten, dass viele Mobilfunkanbieter auch diese Konvergenz für sich entdecken und ankündigen sich hin zu einem integrierten Anbieter zu entwickeln, indem sie ein Breitbandangebot mit in ihr Portfolio aufnehmen. Dadurch ergibt sich natürlich mittelfristig auch sehr viel Potenzial; Stichwort: Fixed Mobile Convergence, dass auch diese Welten fixed und wireless zusammenwachsen. Der Endkunde ist sich idealerweise in ein paar Jahren nicht mehr bewusst, ob er gerade von einer mobilen Schnittstelle bedient wird oder ob er sich gerade in einem festen Anschluss befindet. Letzteres wird aber voraussichtlich noch eine Zeitlang dauern.

Prof. Skiera:
Herr Wahl, sehen Sie es mit einer gewissen Sorge, dass mobile Angebote stärker in das Triple Play hereinspielen?

Herr Wahl:
Nein, mit keiner großen Sorge. Für uns bietet sich die zusätzliche Chance, mobile Angebote auch für uns zu entdecken. Unsere Angebote sind alles Flatrates, also verbrauchsunabhängig. Fernsehen ist flat, Internet ist flat, Voice ist flat, und sicherlich wird man auch im Mobilfunk irgendwann flat erleben. Der Eintritt in diesen Wettbewerb eröffnet uns neue Chancen – und das muss man sich anschauen.

Prof. Skiera:
Herr Kasper, zum Abschluss noch ein bisschen was zum Pricing. Herr Wahl hat es gerade eben angedeutet, es wird alles zukünftig mit einer Flatrate bepreist werden. Also, eine Pauschalgebühr und ich kann dann unbeschränkt viel nutzen. Glauben Sie, dass im Contentbereich sich auch gleich Flatrateangebote durchsetzen werden oder werden wir dort eher Pay-per-Use Angebote bekommen, bei denen ich für den Zugriff auf einzelne Inhalte bezahlen muss?

Herr Kasper:
Ich vermute, dass in einer normalen Kalkulation einzelne Rechte immer auch einzeln bezahlt werden müssen. Ein praktische Bespiel aus unserem Haus sind die

Dokumentationen, die RTL Chefredakteur Peter Kloeppel produziert. Gemeinsam mit einem Mobilfunkbetreiber wollten wir diese Sendungen auch mobil abrufbar machen und dazu gilt es natürlich, erst einmal die Rechte zu klären. Für eine einzige, netto 20 bis 23 Minuten lange Dokumentation muss ich mit 60 bis 70 Rechte-Inhabern verhandeln, die auch alle einzeln bezahlt werden wollen. Daraus ergibt sich ein ganz individueller Preis pro Folge, die wahrscheinlich über eine Pay per Use Variante abgerechnet werden muss. Darüber hinaus wird es Flatrates zu bestimmten Themen geben. Wenn wir beispielsweise Folgen der Serie „Gute Zeiten, schlechte Zeiten" über Online oder über Mobile anbieten, können wir ganz anders kalkulieren und ein solches Produkt auch in eine Flatrate einbinden. Wenn ich wiederum als IP TV Anbieter oder Kabelnetzbetreiber Spartenkanäle anbiete, die sich aus meiner Sicht ganz stark entwickeln werden, dann mache ich das flat. Das Pricing wird also stark vom Inhalt, vom Nutzungsverhalten und der Zielgruppe abhängen.

Für den Kunden ist eine Flatrate natürlich komfortabler, da man genau weiß, was am Monatsende auf einen zukommt. Wenn pro Nutzung gezahlt werden muss, limitiere ich diese stark – wobei es immer Ausnahmefälle geben wird und geben muss.

Prof. Skiera.
Herr Tillmann, zum Abschluss, ich glaube, hier ist eine gewisse Einigkeit, dass diese Technik kommen wird, dass auch stärker wesentlich mehr über Online oder Triple Play Plattformen gemacht wird. Sie hatten ganz am Anfang in einem Nebensatz erwähnt, dass Sie eine Budgetbegrenzung von 0,7% haben.

Herr Tillmann:
0,75% des Haushaltes für Multimediadienste bzw. Internetdienste. Das betrifft ARD und ZDF gleichermaßen.

Prof. Skiera:
Ja, für mich ist doch dann die spannende Frage: Wie restriktiv wird das dann für Sie sein? Werden Sie da ernsthaft mithalten können unter diesen Budgetrestriktionen?

Herr Tillmann:
Die Frage müssen Sie den Politikern stellen. Also, in der Tat ist das nicht ganz einfach zu beantworten. Ich weiß auch, wo und an welchen Stellen wir tatsächlich einsparen und umschichten können, um den Inhalt auf alle Fälle noch entsprechend bereitstellen zu können. Aber irgendwo ist die Grenze erreicht. Das trifft uns alle miteinander, ARD und ZDF. Also, wo die Grenzen sein werden, kann ich nicht sagen. Es sind ja nicht nur diese Restriktionen. Es gibt eine Beschränkung im Programm. Es gibt die Beschränkungen auf den Kanalkapazitäten, im Hörfunk, im Fernsehen. An allen Ecken und Enden haben Sie ein richtig enges Korsett, und dieses Korsett hilft Ihnen natürlich wenig, wenn Sie diese Innovationen betreiben wollen, die letztendlich von der Politik auch gewünscht und gefördert werden. Da

müssen Sie sehr kreativ sein. Ich sage es noch einmal: Der Bayerische Rundfunk ist kreativ. Pocket TV nächsten Montag, im Übrigen mit Flatrate.

Prof. Skiera:
Ich denke, das war eine schöne Abschlussstatement und denke, wir haben eine sehr interessante Diskussion gehabt.

4 Podiumsdiskussion Medienpolitik und institutionelle Rahmenbedingungen

Moderation:
Prof. Dr. Arnold Picot, Universität München

Teilnehmer: Prof. Dr. Carl-Eugen Eberle, Zweites Deutsches Fernsehen, Mainz
Dr. Hans Hege, Medienanstalt Berlin-Brandenburg, Berlin
Georg F. Hofer, Kabel Baden-Württemberg GmbH, Heidelberg
Prof. Dr. Jörn Kruse, Helmut-Schmidt-Universität, Hamburg
Dr. Angelika Niebler, Mitglied, des Europäischen Parlaments, Brüssel
Dr. Wolfgang Schulz, Hans-Bredow-Institut, Hamburg
Martin Stadelmeier, Staatssekretär Rheinland-Pfalz, Mainz

Prof. Picot:
Meine sehr verehrten Damen und Herren, ich freue mich, Ihnen ein sehr kompetentes und fachlich breites Panel vorstellen zu dürfen für den jetzt anstehenden Abschnitt der Konferenz, der überschrieben ist mit „Medienpolitische und institutionelle Rahmenbedingungen". Heute Vormittag sind schon verschiedentlich Aspekte der Regulierung und des rechtlichen Rahmens angesprochen worden. Manche haben darin auch ein Hindernis für die Entwicklung gesehen. Es ist klar, dass bei einer solchen Thematik wie Triple Play, die in nicht unerheblicher Weise in gewachsene Strukturen eingreift und diese zum Teil einfach außer Kraft setzt, eine ganze Reihe von Fragen in Bezug auf die Haltbarkeit, die Tragfähigkeit, die Förderlichkeit, die Weiterentwicklungsnotwendigkeit des institutionellen Rahmens auftreten. Deswegen sind wir heute Nachmittag hier zusammengekommen, und ich möchte Ihnen unser Panel in alphabetischer Reihenfolge kurz vorstellen:

Herr Prof. Eberle ist Rechtswissenschaftler, hatte einen Lehrstuhl an der Universität Hamburg inne ehe er zum Justiziar des Zweiten Deutschen Fernsehens berufen wurde, wo er seit 1990 agiert und in der Funktion auch sehr bekannt ist. Er ist natürlich Mitglied des obersten Leitungsgremiums des ZDF und ist übrigens auch im Vorstand des Münchner Kreises.

Herr Georg Hofer ist der Vorsitzende der Geschäftsführung von Kabel Baden-Württemberg, einer großen und sehr aktiven Kabelgesellschaft im Südwesten Deutschlands. Er hat Physik studiert, hat ein MBA in Fontainebleau beim INSEAD gemacht, war bei Siemens, bei Telepassport, bei Colt Telecom – kennt also die Branche aus allen ihren Blickwinkeln – und ist wie gesagt seit 2003 der Chef von Kabel Baden-Württemberg.

Herr Dr. Hege ist der Direktor der Landesmedienanstalt Berlin-Brandenburg. Er ist von Hause aus Jurist, war längere Jahre in der Senatsverwaltung von Berlin tätig, hat sich mit vielen Aspekten der Entwicklung der Kabelkommunikation, aber auch z.B. der jugendorientierten Rundfunkregulierung beschäftigt und ist seit 1992 Direktor der Medienanstalt. Außerdem leitet er die gemeinsame Stelle der Arbeitsgemeinschaft der Direktoren der Landesmedienanstalten, die sich mit dem digitalen Zugang zu den Medien befasst, also genau unser Thema hier.

Dann darf ich Ihnen Herrn Prof. Kruse vorstellen. Herr Kruse hat seit vielen Jahren einen Lehrstuhl für Wirtschaftspolitik an der Helmut-Schmidt-Universität, der Universität der Bundeswehr, in Hamburg inne. Er ist ein sehr bekannter und ausgewiesener Medienökonom und Wettbewerbsökonom und beschäftigt sich auch stark mit der Wettbewerbssituation im Bereich von Medien, Telekommunikation und netzbasierten Industrien.

Frau Dr. Angelika Niebler ist ebenfalls Juristin, hat in München und Genf studiert und promoviert. Sie ist Rechtsanwältin in München. Seit 1999 ist sie Mitglied des Europäischen Parlaments. Sie vertritt die CSU im Europäischen Parlament, ist dort unter anderem auch für Medienfragen, aber auch für Fragen von Forschung und Energie tätig. Sie ist auch Mitglied der CSU Medienkommission, verfolgt die Entwicklungen auf europäischer Ebene sehr intensiv und hält den Brückenschlag zu ihrem Heimatland.

Herr Dr. Wolfgang Schulz ist Mitglied des Direktoriums des Hans-Bredow-Instituts an der Universität Hamburg, einem Institut, das sich mit Kommunikation und Medien sehr intensiv aus rechtlicher und aus kommunikationswissenschaftlicher Sicht beschäftigt. Er lehrt im Bereich Recht und Journalistik an der Universität Hamburg und hat sich insbesondere mit Fragen der Regulierung von Medieninhalten sehr intensiv befasst. Er ist unter anderem Direktor eines Masterprogramms „Media and Telecommunications Law", das von der Universität Hamburg zusammen mit der Universität Toronto durchgeführt wird. Er ist auch Vorsitzender eines Sicherheitsrates, aber nicht dessen bei George Bush, sondern bei AOL Deutschland. Das ist auch interessant.

Last but not least möchte ich Ihnen Herrn Staatssekretär Martin Stadelmeier vorstellen. Er ist Staatssekretär in der Staatskanzlei Rheinland-Pfalz beim Herrn Ministerpräsidenten Beck. Er hat Geschichte, Spanisch und Romanistik studiert und war dann in verschiedenen Funktionen in der SPD und in der Landesvertretung und Landesverwaltung, war auch Amtschef beim Bevollmächtigten des Landes Rheinland-Pfalz beim Bund und für Europa und ist in seiner jetzigen Funktion vor allen Dingen auch für die Koordination der Medienpolitik und der Medienregulierung zuständig; nicht nur für sein Land, sondern als wichtiger Helfer der Funktion von Herrn Ministerpräsidenten Beck, die darin besteht, dass er die Länder und Ministerpräsidenten auf dem Gebiet der Medienpolitik zu koordinieren und zu vertreten.

Meine Damen und Herren, wir haben vorgesehen, dass jeder der Teilnehmer auf dem Podium mit einem kurzen Statement von etwa fünf Minuten uns seine Sicht des Themas vor dem Hintergrund seiner Expertise gibt, also die wichtigsten Schlaglichter, Probleme und vielleicht auch Chancen der institutionellen Begleitung und Entwicklung im Zusammenhang mit Triple Play. Was ist im Bereich der Regulierung, der Gesetzgebung zu beachten, damit Triple Play sich sinnvoll entwickeln kann?

Wir fangen bei der Europäischen Ebene an, Frau Dr. Niebler. Anschließend werden Herr Staatssekretär Stadelmeier und Herr Hege den Regulierungsreigen aus hoheitlicher Sicht abschließen. Danach werden die beiden Player, Herr Eberle und Herr Hofer, uns ihre Sicht mitteilen, wo sie die Punkte sehen, die unbedingt beachtet werden müssen. Und dann werden die beiden Wissenschaftler, Herr Kruse und Herr Schulz, uns ergänzend belehren. Im Anschluss daran werden wir diskutieren. Ich darf nun Frau Dr. Niebler bitten zu beginnen.

Frau Dr. Niebler:
Die heutige Veranstaltung gibt uns einen guten Vorgeschmack auf die grundlegenden Veränderungen, die die Medienlandschaft in den kommenden Jahren erfahren wird:

Grundlegende Veränderungen der Medienlandschaft: Klassische Übertragungswege wie Satellit oder Kabel konkurrieren mit neuen Infrastrukturen wie dem Internet. All dies führt zu einer Konvergenz der Infrastrukturen. Unter dem Zauberwort „Triple Play" verschmelzen Fernsehen, Telefon und Internet, so dass man auch von einer Konvergenz der Dienste sprechen muss.

Durch die technische Entwicklung treten neue, allein durch ihr Potential sehr ernst zu nehmende Wettbewerber, etwa aus der TK- und Softwarebranche, in den Medienmarkt ein und mausern sich zu Anbietern von Inhalten. Gleichzeitig dehnen „herkömmliche" Fernsehsender ihre Onlineangebote aus. Mobiles und Digitales Fernsehen werden unsere Sehgewohnheiten ändern und ermöglichen eine stärker individuelle Programmgestaltung.

Diese Veränderungen sind nicht ohne Folgen und alle Beteiligten stehen vor der Frage, ob die institutionellen Rahmenbedingungen angepasst werden müssen: Als Mitglied des Europäischen Parlaments erscheint mir wichtig, darauf hinzuweisen, dass die EU gerade im Begriff ist, neue Leitlinien für die Medieninfrastruktur und die Inhalte festzulegen. Es laufen eine Reihe von Initiativen, die den skizzierten Veränderungen Rechnung tragen sollen. Für Ende 2006 ist die Revision des Neuen Rechtsrahmens für die Telekommunikation angestrebt. Während es vor vier Jahren noch das Ziel war, die Märkte zu liberalisieren und die Monopole der ehemaligen Staatsunternehmen aufzubrechen, geht es nun darum, das Regelwerk u.a. den neuen medienpolitischen Anforderungen anzupassen. Die Europäische Kommission arbeitet an Vorschlägen für eine flexiblere und marktorientiertere Nutzung der Frequenzen. Dies schließt die umstrittene Fragen wie Frequenzhandel und Umgang mit der „digitalen Dividende“, die durch die geplante Abschaltung des analogen Rundfunks entstehen wird, ein. Den Teilnehmern der heutigen Veranstaltung ist sicher bekannt die Überarbeitung der Richtlinie „Fernsehen ohne Grenzen“, die derzeit im EP beraten wird. Schwerpunkte der Diskussion sind, ähnlich wie heute, die Ausdehnung des Anwendungsbereichs der Richtlinie auf alle Übertragungsformen einschließlich des Internets, die Flexibilisierung der Werbebestimmungen und die Freigabe des Product Placements.

Worauf kommt es an? Zunächst stellt sich für mich natürlich die Frage, in welcher Form der Gesetzgeber auf diese Entwicklungen reagieren soll? Ferner gilt es zu klären, welche Ebene dabei letztlich gefragt ist: Europa, Deutschland oder die Länder? Meines Erachtens ist in jedem Fall wesentlich, dabei einen Ansatz zu formulieren, der ein Wachstum und die Entwicklung des Marktes erlaubt und bestimmte Entwicklungen und Geschäftsmodelle nicht von vornherein ausschließt, ohne aber die Bildung von Monopolen zu begünstigen, der zukunftsfähig ist, d.h. bei dem nicht mehr auf die Art der Übertragung sondern vielmehr auf die Möglichkeit des Zugangs abstellt wird und der insbesondere den öffentlichen Interessen angemessen Rechnung trägt, indem Meinungsvielfalt, Pluralität und Informationsfreiheit sowie ein diskriminierungsfreier Zugang zu den Angeboten sichergestellt werden; sowie Aspekte des Verbraucherschutzes, des Kinder- und Jugendschutzes gewährleistet werden, wobei es hier durchaus Unterschiede bei linearen und nicht linearen Diensten geben kann.

Prof. Picot:
Vielen Dank, Frau Dr. Niebler. Sie haben etwas gesagt, was uns sicherlich noch beschäftigen wird, nämlich einerseits will man keine Monopole, andererseits will man aber auch nicht zu viel Regulierung haben. Das ist ein Spannungsfeld, in dem wir uns dauernd bewegen, und Sie haben auch darauf hingewiesen, dass es darüber hinaus öffentliche Interessen gibt, die im Auge zu halten sind, ob das nun Jugendschutz, Meinungsvielfalt ist oder Zugang zu Inhalten und zu Netzen beispielsweise. Das sind alles Dinge, die uns sicherlich sehr wesentlich in der weiteren Diskussion beschäftigen werden.

Ich darf übergeben an den nächsten sozusagen in der Hierarchie der Gebietskörperschaften oder politischen Institutionen, die uns umgeben, nämlich an Herrn Staatssekretär Stadelmeier. Bitte sehr!

Herr Stadelmeier:
Vielen Dank. Ich möchte direkt an Frau Dr. Niebler anschließen. Eines der Hauptinteressen der Länder und der deutschen Medienpolitik insgesamt ist bei aller Kritik, die man vielleicht an Brüssel und an der Neigung der Europäischen Union, in Nachbars Garten zu wildern, haben kann, dass Medienordnungen national und europäisch miteinander kompatibel sind. Es kann überhaupt keinen Zweifel daran geben, dass es eine ganze Menge an Themen gibt, die nur europäisch sinnvoll zu regeln sind. Deswegen sind wir sehr engagiert gewesen und sind das nach wie vor

beim Zustandekommen einer Inhalte-, einer Content-Richtlinie als Nachfolgerin der jetzigen Fernsehrichtlinie. Dies gilt ebenfalls für eine ganze Reihe anderer Bereiche. Ein Fragezeichen würde ich allerdings im Bereich der Frequenzordnung machen. Da glaube ich, dass die Europäische Union einmal mehr Hand auf etwas legt, was nicht zu ihr gehört. Was nicht heißt, dass man sich da europäisch abstimmen muss, was im Übrigen durchaus passiert.

Das deutsche Medienrecht und die Medienpolitik erweisen sich als ziemlich flexibel, wenn man die Zukunftsentwicklungen betrachtet. Aus meiner Sicht gibt es überhaupt keinen Anlass, vorschnell oder übereilt zu handeln. Dies will ich vorausschicken, denn wenn man an Diskussionen unmittelbar nach einer IFA teilnimmt, dann ist die Neigung immer ganz groß, dass alles geändert werden muss. Im Laufe des Jahres ebbt das wieder ab, und wenn die IFA wieder naht, sind die Forderungen wieder ganz besonders hoch, weil man den neuesten technischen oder sonstigen Hype entdeckt hat, der sich dann aber als wenig tragfähig erweist. Das will ich gern als Vorbemerkung machen. Gestatten Sie mir noch eine weitere.

Die meisten Leute, die zumindest zu mir kommen, wollen Regulierung, und zwar egal ob sie aus dem öffentlichen oder aus dem privaten Bereich, aus der Politik oder der Wissenschaft kommen, sie reden immer der Regulierung *das* Wort. Insofern bin ich immer ein Stück weit ein Freund von Deregulierung, möchte aber davor warnen, das immer in den Vordergrund der Diskussion zu stellen, weil sich dann in der Praxis herausstellt, dass die Interessen, die artikuliert werden, in aller Regel in eine völlig andere Richtung gehen.

Drei, vier Punkte zu dem, was wir sehen und uns vorgenommen haben. Wenn man sich Medienordnung anschaut, kann man erst einmal feststellen, dass es drei wesentliche Regelungsbereiche gibt, nämlich das klassische Medienrecht der Länder für Rundfunk, Presse und Telemedien; dann das Wirtschaftsrecht des Bundes, insbesondere das Kartellrecht sowie das Telekommunikationsrecht des Bundes. Bisher ist es ausreichend gewesen, die Nahtstellen zu definieren und die Bereiche aufeinander abzustimmen. Eine der spannenden Fragen, die wir in näherer Zukunft zu beantworten haben, ist, ob das ausreicht. Ich gestehe ganz offen, dass wir, die Länder, in dieser Frage nicht entschieden sind, ob das wirklich notwendig ist und man sich auch nicht durch Fälle wie Springer/Pro7-sat1 oder dem Auftritt von Telekommunikationsunternehmern als Plattformbetreiber zu (vor)schnellen Antworten verleiten lassen sollte.

Für uns stehen zwei Fragen neben dem alltäglichen Geschäft um Neuformulierung von Staatsverträgen im Vordergrund. Wie gehen wir mit Plattformanbietern künftig um? Wie bewerten wir, dass die Inhalte, die Zusammenstellung von Inhalten wichtiger geworden sind gegenüber der Frage, wer eigentlich die Inhalte produziert? Wie vermögen wir Meinungsvielfalt dort abzusichern? Ich meine, dass das Wirtschaftsrecht des Bundes, und zwar das Kartellrecht und das Telekommunikationsrecht allein nicht ausreichen, um das sicher zu stellen. Das heißt, man wird darüber nachdenken müssen inwieweit es notwendig ist, eine eigens ausgestaltete medienrechtliche Zulassung für Plattformanbieter zu finden und einzuführen.

Das zweite große Thema ist heute Morgen angesprochen worden, die Frage der Verschlüsselung von Programmen. Ich sehe die Frage der Verschlüsselung nicht so scharf, *wie* sie zum Teil aus dem öffentlich-rechtlichen Fernsehen heraus diskutiert wird, wo gelegentlich so getan wird, als ob sie ganz und gar abzulehnen ist. Ich glaube, dass es eine ganze Menge an neuen technischen Entwicklungen gibt und geben wird, an denen sich Öffentlich-*R*echtliche beteiligen werden, die Verschlüsselung erzwingen. Aber das Entscheidende ist, dass es in dem klassischen Bereich des Fernsehens und des Hörfunks keinen Zwang zur Verschlüsselung geben darf. Die Verhandlungen mit Astra über die Art und Weise wie man Verschlüsselung beim Satelliten realisiert und für den öffentlich-rechtlichen Bereich parallel dazu nicht, zeigt, dass es Wege gibt, um sicherzustellen, dass niemand zu Verschlüsselungen gezwungen wird. Dazu zählt ganz sicher die Frage des diskriminierungsfreien Zugangs, der weit größere Bedeutung bekommen wird als das bisher der Fall gewesen ist und wo man sehr sorgfältig diskutieren muss, was man dort vorschreibt und ermöglicht.

Mein letzter Punkt ist die Frage der Aufsichtsstrukturen. Sie wissen, dass es eine Diskussion im Bereich der Öffentlich-*R*echtlichen über die Stärkung der Gremien auf der einen Seite gibt. Auf der anderen Seite haben wir uns vorgenommen, die Landesmedienanstalten einer Überprüfung zu unterziehen, was ihre Struktur angeht. Diese Überprüfung wird sich allerdings nicht darauf beziehen, dass wir die Vorstellung entwickeln, dass man so etwas wie eine Superbehörde schaffen sollte aus KEK, Bundeskartellamt und Bundesnetzagentur in ihrer Medienzuständigkeit. Das überhaupt nicht, aber im Bereich der Landesmedienanstalten oder der Aufsicht über den privaten Rundfunk ist ohne Zweifel vieles effizienter zu gestalten und die Vorstellung, dass die Länder dort mit einer Vielzahl an Anstalten den Medien etwas Gutes tun würden, ist eine irrige. Insofern wird man dort unter der Ägide der Länder zu mehr Konzentration kommen müssen und einer sauberen Trennung von Aufgaben, die bundeseinheitlich und die klugerweise nach Ländern differenziert wahrgenommen werden müssen. Das ist ein Prozess, den wir bis 2007 abschließen wollen, und wir sind mit den Direktoren in einer engen Diskussion.

Prof. Picot:
Vielen Dank. Ich glaube, Sie haben gerade mit den letzten Bemerkungen schon sehr interessante Denkanstöße und auch Erwartungen geweckt. Sie haben aber auch durch eine Bemerkung eine ökonomische Theorie bestätigt, nämlich die, dass es Nachfrage nach Regulierung gibt. In der Tat ist das auch eine der wichtigen Denkschulen, die es auf diesem Gebiet in der ökonomischen Wissenschaft gibt, nämlich dass nach Regulierung auch nachgefragt wird, um eben eigene Interessen zu verfolgen, und deshalb muss man immer sehr sorgfältig hinschauen, was eigentlich passiert, wenn Regulierung installiert wird. Ich glaube, das ist ein sehr wichtiger Hinweis. Die anderen Punkte werden wir sicherlich dann noch weiter diskutieren.

Herr Dr. Hege, jetzt ist der Rahmen gesetzt. Was sehen Sie hier an Themen, an Problemen und an Handlungsbedarf?

Dr. Hege:
Das wichtigste gemeinsame Ziel sollte sein, dass wir verlässliche Rahmenbedingungen für all das schaffen, was hier präsentiert wird, und zwar nicht vorschnell – da stimme ich Herrn Stadelmeier voll zu, man darf nicht jeder Mode hinterher rennen. Andererseits haben wir einen Umbruch. Ich habe nie in einem Jahr so viele Veränderungen erlebt wie zwischen der letzten IFA und dieser IFA; Bundesligarechteverkauf, Verschlüsselung Satellit, die Vereinbarung der Kabelgesellschaften mit den privaten Senderfamilien zur Digitalverbreitung. Dahinter steckt ein gemeinsames Thema, wo das bisherige System an die Grenzen seiner Finanzierungsgrundlagen gestoßen ist. Insbesondere die privaten Veranstalter verfolgen radikal neue Geschäftsmodelle, auch die Kabelunternehmen und die Deutsche Telekom mit IP-TV.

Ich möchte die Herausforderungen in fünf Punkten thesenartig etwas zuspitzen.

Erste These, ähnlich wie Herr Stadelmeier schon gesagt hat, der Kern der künftigen Regulierung sind Plattformen. Dazu sage ich aber auch, es gibt einen Bedeutungsverlust für das, was wir traditionell machen als Medienanstalten, die Lizenzerteilung und Mangelverwaltung. Der Mangel ist digital nicht mehr da, aber sehr wohl natürlich die Frage, in welches Paket ein Programm kommt. Zur Lizenzerteilung; es ist heute schon ein großer Widerspruch, dass jeder digitale Minikanal ein aufwendiges Zulassungsverfahren mit Beteiligung der KEK durchlaufen muss, die Plattformen aber medienrechtlich nur unzureichend erfasst werden, ob sie nun über Kabel, Satellit oder Mobilfunknetze vermarkten. Plattformen gewinnen Medienmacht, daher müssen Ansätze zu ihrer Kontrolle und Begrenzung entwickelt werden. Was ist aber eigentlich eine Plattform? Der Rundfunkstaatsvertrag kennt, hier hat Herr Eberle vorgearbeitet, das Bouquet. Bouquets sind Zusammenstellungen von Programmen eines Veranstalters. Eine Plattform würde ich so definieren: sie stellt Programme verschiedener Anbieter zusammen, ggf. auch eigene, und vermarktet sie gegenüber den Endkunden. Das ist der zentrale Punkt, den man herausarbeiten muss. Bei Astra zum Beispiel ist noch undeutlich, wer die Vermarktungsplattform sein soll, ASTRA möchte jedenfalls die Endkunden haben, neben den bisher wahrgenommenen technischen Funktionen des Satelliten-Netzes und der technischen Plattform. Die Kabelunternehmen haben auch ganz verschiedene Funktionen und Gesellschaften. Das Medienrecht muss dort anknüpfen, wo Programme zusammengestellt werden. Das ist die Machtposition, die viel größer ist als die der einzelnen Veranstalter, und die neben die anderen großen Machtpositionen tritt, die die Senderfamilien haben, langfristig vielleicht auch einmal die Suchmaschinen. Da ist noch eine Menge zu tun, weil auch eine ganze Menge Unklarheit besteht.

Zweite These: Die Regulierung muss technologie- und infrastrukturneutral sein. Das ist im Prinzip leicht formuliert, aber gar nicht so einfach in die Praxis umzusetzen. Die wichtigsten Wege werden heute dauernd diskutiert; Kabel und IP TV, für die Fernsehgeräte im Wohnzimmer oder zuhause, wo auch in Zukunft wahrscheinlich der Großteil des Fernsehkonsums stattfinden wird. Wir kommen aus ganz unterschiedlichen Regelungen, mit Belastungen des Kabels, die auf den Prüfstand gehören. Wenn es Wettbewerb und Auswahl gibt, warum sollen wir dann noch vorschreiben, was da läuft? Aber auf der anderen Seite gibt es auch Privilegien des Kabels. Es gibt keine Auswahl des Kabelnetzbetreibers, anders als bei anderen Netzen. Ich muss die Miete vielleicht auch noch bezahlen, wenn ich zu IP TV wechsle. Viele interessante Fragen.

Ein ganz konkretes Beispiel für Konvergenz, das in ein paar Wochen stattfindet, ist das Thema WM auf dem Handy. Das Thema Fußball auf kleinen Geräten – egal wie attraktiv es ist – wird zur WM stattfinden. Es wird mit dem Pocket TV des bayerischen Fernsehens stattfinden. Das ZDF wird bei DMB ohne Zusatzentgelt stattfinden. Es wird auf DVB-H stattfinden. Interessanterweise hat auch T-Mobile angekündigt, 20 Spiele live über UMTS zu übertragen, so wie T-Online angekündigt hat, die Bundesliga über IP-TV zu übertragen. Wer Live-Spiele der Bundesliga überträgt, braucht dazu eine Sendeerlaubnis. Es ist ja nicht unkommentiert, wahrscheinlich wird es von Premiere gemacht. Die Telekom denkt noch nicht so daran, was bei Kabelgesellschaften selbstverständlich wäre, dass sie nach der Lizenz fragen. Ich will nicht sagen, dass wir unser Geschäft mit Lizenzierung ausdehnen sollten. Das fände ich falsch. Aber wir müssen Verantwortlichkeiten feststellen, auch in dem Fall. Ist Herr Kofler verantwortlich oder Herr Ricke? Das interessiert uns dann schon.

Dritte These: Kernpunkt der künftigen Regulierung ist der Wettbewerb von Plattformen. Insofern muss es das gemeinsame Ziel sein, das Maß an Regulierung zu reduzieren, indem wir für Wettbewerb sorgen. Unser oberstes Ziel ist Auswahl für den Zuschauer. Das medienrechtliche Ziel ist Vielfalt. Also, Zugang von Veranstaltern, Verhinderung von Konzentration von Meinungsmacht. Da haben wir bisher keine hinreichenden Instrumente, weil Plattformen im Rundfunkstaatsvertrag nicht vorgesehen sind. Wir haben nur Regeln zur Veranstalterkonzentration. Daher müssen zusätzliche Regeln entwickelt werden. Die Amerikaner haben ein Modell mit einer Marktanteilsbegrenzung für Fernsehvermarktungsplattformen, wobei Kabel, Satellit und IP-TV zusammengerechnet werden. Ziel der Begrenzung ist es, dass nicht eine Plattform so viel vom Markt kontrolliert, dass sie den Zugang von Veranstaltern so beeinflusst, dass niemand mehr ohne sie auf den Markt kommt. Das ist für mich der Kernpunkt des neuen Medienkonzentrationsrechts. Der letzte aktuelle Fall in der traditionellen Veranstalterkonzentration war Springer/ProsiebenSat.1. Ich erwarte keinen entsprechenden Fall mehr in der Zukunft.

Vierte These: Die vertikale Konzentration ist auch ein Kernpunkt, Verbindung von Netz und Nutzung, das Engagement der Kabelgesellschaften, aber auch aller anderen Plattformen, neben den Netzen auch Inhalte zu kontrollieren. Astra hat es vor. Die Mobilfunknetzbetreiber haben es vor, Programme zusammenzustellen, eigene und andere, und gleichzeitig verfügen sie über Netze. Man muss vor allem Schutzmechanismen entwickeln für Inhalte-Anbieter, die keine Netze haben. Wir haben gegenwärtig große Diskussionen über die Trennung von Netz und Nutzung bei der Bahn. Das ist sicher in vielem nicht vergleichbar, in manchem aber doch. Wir haben TK-Regelungen, nach denen es eine klare Trennung gibt, wenn Sie ein Netz haben und Internetzugang anbieten. Wir haben der Telekom nicht erlaubt, dass sie praktisch auch die Internetprovider kontrolliert. Von marktmächtigen Telekommunikationsunternehmen fordern wir die Entbündelung, die juristische Separierung und getrennte Buchführung. Für die Bündelung von Netz und Inhalten gibt es keine entsprechende Regelung, das fällt voll in die Lücke zwischen Medien-, Kartell- und Telekommunikationsrecht, zwischen Bundes- und Landeszuständigkeit. Eine spannende Frage ist zum Beispiel, ob die Telekom die Bundesliga nur über ihre Netze anbieten darf, oder ob sie sie auch anderen DSL Providern anbieten muss. Das ist ein Thema, das aus unserer Sicht der Regelung bedarf. In Deutschland sehe ich die große Schwierigkeit, dass Bund und Länder gar nichts regeln, weil das Geschehen an den Grenzen ihrer Zuständigkeiten stattfindet und die Länder ein sehr umständliches Verfahren mit 16 Ländern bei einem Staatsvertrag haben. Ich kenne einen Ersatzgesetzgeber. Die wichtigsten Entscheidungen zur Kabelentwicklung in Deutschland werden von den Kartellbehörden getroffen, in Brüssel oder in Bonn. Das gilt aktuell für die Zusammenarbeit der Kabelnetzbetreiber, die Plattform von Astra, die Zusammenarbeit von Mobilfunknetzbetreiber bei mobilem Fernsehen. Wir haben den Ersatzgesetzgeber Bundeskartellamt oder ggf. bei entsprechenden Größenordnungen Brüssel. So läuft es wirklich. Ich finde es nicht gut, dass wir gar keine Strukturvorgaben mehr machen. Bei uns findet weniger Diskussion über die Strukturen der Kommunikationsnetze statt als in den angelsächsischen Ländern. Ich denke, hier wäre noch viel zu tun.

Die fünfte und letzte These gilt der Frequenzpolitik. Ich finde, das ist einer der wichtigsten Punkte und in Deutschland völlig unterschätzt. In Großbritannien und in den USA wird das breit diskutiert. Bei uns findet das wenig Aufmerksamkeit, dabei sind die Frequenzen die wertvollste öffentliche Ressource, die es im Kommunikationsbereich noch gibt. Der Analog-Digital-Umstieg wird doch deswegen angestrebt, um über Frequenzressourcen verfügen zu können. Wir haben ihn deswegen auch gemacht. Das Ziel des weltweit ersten Umstieges auf die digitale terrestrische Verbreitung in Berlin war immer auch – es hätte sein können, dass das digitale terrestrische Fernsehen nicht akzeptiert wird – Frequenzspektrum frei zu machen. Wir haben damals auch klar gesagt, dass die terrestrische Versorgung ihre Funktion radikal verändert hat. Sie war Universalversorgung für alle Haushalte. Heute werden über DVB-T unter 10 % der Haushalte versorgt, die Perspektiven liegen in der portablen und mobilen Nutzung. Für die Gesamtmeinungsbildung sind Satellit, IP-TV und Kabel wichtiger. Wir müssen uns also fragen, welche öffentlichen Interessen mit dem Frequenzspektrum künftig verfolgt werden sollen. Das wird schon in Deutschland eine interessante Diskussion. Sehen Sie das Beispiel: dasselbe Weltmeisterschaftsspiel kommt sowohl über Mobilfunknetze als auch über Rundfunknetze auf die Handys. T-Mobile hat 6 Milliarden für das Frequenzspektrum bezahlt und das ZDF hat 0 für das Frequenzspektrum bezahlt. Das ist eine Frage, die sich irgendwann einmal stellen wird. Wenn wir in Deutschland da nichts tun, sehe ich – und ich habe das in den letzten Jahren immer wieder erleben dürfen –, dass sich dann Brüssel kräftig vorarbeitet. Ich sehe die Arbeiten, die da gemacht werden mit einer klaren Zielrichtung, die aus meiner Sicht zu einseitig wirtschaftlich ausgerichtet ist und öffentliche Interessen zu wenig berücksichtigt. Aber hier wird konkret vorangearbeitet. Ich denke, hier können wir nicht einfach sagen, dem Rundfunk gehören die Frequenzen, weil er sie irgendwann einmal gekriegt hat, sondern aus meiner Sicht sind Bund und Länder hier gefordert. Das Thema DVB-H beginnt mit der WM 2006 in Italien den kommerziellen Betrieb, obwohl wir in Deutschland die ersten waren, die mit dem Umstieg Frequenzen freigemacht haben. Immerhin haben wir Demonstrationsprojekte, und ich hoffe, dass wir im nächsten Jahr die Herausforderung meistern, eine bundesweite Kette für das mobile Fernsehen bereitzustellen.

Prof. Picot:

Vielen Dank, Herr Hege. Sie haben in einer durchaus bemerkenswerten Offenheit auch auf die gewissen Webfehler oder organisatorischen Besonderheiten, um es neutral auszudrücken, der deutschen Medienregulierungsszene hingewiesen und gezeigt, dass es eben doch frühe Schritte gab, die dann aber später nicht effizient genug etwa wegen Koordinationsmängeln umgesetzt werden konnten, um nur einen Aspekt aus Ihrem Beitrag jetzt aufzugreifen.

Meine Herren von den Playern, von Kabel-TV und von den Öffentlich-Rechtlichen, die heute hier vertreten sind, Sie haben die Werkzeuge kennen gelernt, die der rechtliche Rahmen, die Regulierer gezeigt haben. Sind das für Sie Folterwerkzeuge? Oder sind das Ermöglichungswerkzeuge, mit denen Sie jetzt neue Märkte erschließen können? Oder ist es eine Mischung aus beidem? Oder müssen diese Werkzeuge überhaupt ganz neu geschmiedet werden?

Herr Eberle, wenn Sie vielleicht mit Ihrer Sicht beginnen?

Prof. Eberle:

Ich glaube, wir haben alle auf diesem Feld gelernt, mit der Regulierung umzugehen und insofern kann ich diese Frage schon einmal beantworten. Ich bitte aber dafür um Verständnis, dass ich mich etwas kleinteiliger auf die Dinge einlassen will, denn wenn es um die Regulierung geht, geht es auch immer um Detailfragen, und da möchte ich gerne einsteigen. Ich will mich mit Fernsehen im Triple Play befassen und will auch nur das Triple Play über DSL hier erörtern, denn das ist das eigentlich Neue. Mit dem Kabel haben wir uns schon eine Reihe von Jahren befasst, und dort sind die Fragen weitgehend geklärt, auch was die Regulierung anbelangt. Aber DSL bietet hier vielleicht doch noch eine Reihe von neuen Fragestellungen.

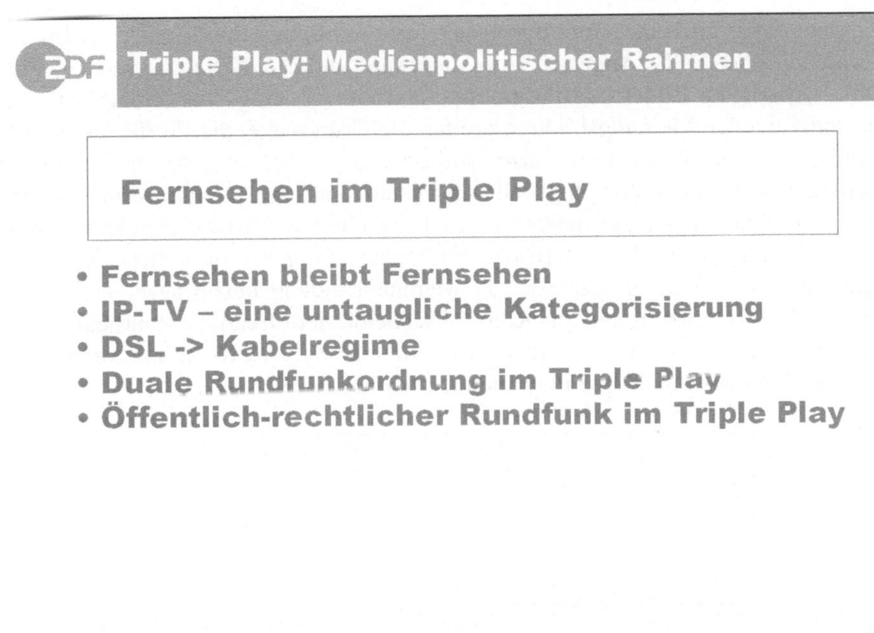

Bild 1

Die erste geht daraufhin, was überhaupt Fernsehen im Triple Play ist (Bild 1). Sie haben alle die Turbulenzen um die Rechtevergabe für die Bundesliga mitbekommen, wo einmal von Internetfernsehen, dann wieder von IP TV die Rede war. Beide Begriffe halte ich nicht für geeignet, dass eine medienrechtliche Regulierung an sie anknüpft. Internetfernsehen ist etwas, was nur in engen Grenzen stattfindet, und zwar der Rechte wegen. Weil das Internet weltweit empfangbar ist, müssen die Übertragungsrechte auch weltweit erworben werden – für Sportrechte und Filme wird dies in der Regel nicht gelingen. Also spielt das „Fernsehen über Internet" bislang auch noch keine große Rolle. IP TV auf der anderen Seite ist ein Verbreitungsstandard, sagt aber noch nicht – und das hat sich als Problem bei der Bundesligarechtevergabe erwiesen –, über welche Medien, über welche Verbreitungswege der Weg zum Zuschauer führt. Deshalb gilt: Fernsehen bleibt Fernsehen, auch wenn es über DSL verbreitet wird. Das führt dann auch zu dem anwendbaren Rechtsregime, nämlich das medienrechtliche Rechtsregime, genauer in der Form des Kabelregimes. DSL Fernsehen ist Kabelfernsehen und deshalb gelten auch hier die Vorschriften, die für die Kabelweiterverbreitung anwendbar sind und damit sehe ich eigentlich auch keinen zusätzlichen Regulierungsbedarf, Entwarnung also an dieser Front.

Es gelten aber auch die Grundsätze der dualen Ordnung des Rundfunks für das Fernsehen über DSL: Angesichts der Intensität und die Wirkungskraft der über DSL verbreiteten Bilder und Programme und ihres Beitrags zur öffentlichen und zur individuellen Meinungsbildung greifen die Grundsätze, die für die Rundfunkordnung gelten. Dann muss also vorherrschende Meinungsmacht verhindert werden. Ebenso muss Vielfalt gewährleistet sein, und schließlich müssen Konzentrationsbeschränkungen aus medienrechtlicher Sicht diskutiert werden. Hier kommt dann allerdings auch der spezifische Funktionsauftrag des öffentlich-rechtlichen Rundfunks zur Geltung, nämlich zur Meinungsbildung beizutragen, zur gesellschaftlichen Integration und zur Kultur. Das heißt, der öffentlich-rechtliche Rundfunk sollte auch auf diesen Plattformen vertreten sein, wo Rundfunk veranstaltet wird, und das ist beim Triple Play auch tatsächlich der Fall.

Bild 2

Der zweite Themenkreis, den ich ansprechen möchte, ist die verschiedentlich erwähnte Rechteproblematik (Bild 2). Wir haben es hier mit einer Entwicklung mit verhängnisvollen Folgen zu tun, indem nämlich neue technologische Formen der Fernsehverbreitung von den Rechteinhabern genutzt werden, um für diese neuen

Verbreitungsformen gesonderte Rechte zu vergeben. Das ist außerordentlich nachteilig für Fernsehveranstalter, die auf allen Plattformen vertreten sein wollen. Ist kein einheitlicher, gesamtheitlicher Rechteerwerb möglich, dann kommt es zu einem Rechtesplitting und damit zugleich zu einem Inhaltesplitting in Bezug auf verschiedene Plattformen, das letztlich auch die Funktion des Rundfunks als Medium für alle gefährdet. Wenn nicht mehr , wie bisher, die gleichen Fernsehinhalte jedermann gleichermaßen erreichen, sondern die Inhalte nurmehr plattformbezogen und entgeltgestaffelt jeweils unterschiedlichen geschlossenen Abonnentenkreisen verfügbar sind, ist dann die Idee des publizistischen Wettbewerbs noch aktuell oder denaturiert das Ganze nicht zur Verkaufsveranstaltung für marktgängige Inhalte? Hat dann noch jede Meinung die Chance, gehört zu werden und gleich wie jede andere zum Zuschauer zu gelangen? Angesichts vieler zersplitterter, in sich geschlossener Plattformen kann von einer einheitlichen Rundfunkordnung nicht mehr ohne weiteres gesprochen werden. Im Ergebnis gilt, dass der Rundfunk, je stärker die Verschlüsselung um sich greift, je starker die Entgeltlichkeit um sich greift, eigentlich immer mehr zur Ware wird, und dass das, was über die Rundfunkordnung zu leisten ist, nämlich den publizistischen Wettbewerb zu befördern und Meinungen unverschlüsselt zu Wort kommen zu lassen, mehr und mehr in den Hintergrund gerät. Das ist eine allgemeine Tendenz, die zu beobachten ist. Diesem Trend gilt es gegenzusteuern. Deshalb sind ARD und ZDF nach wie vor bemüht, die Rechte technologieneutral zu erwerben und ihre Inhalte über alle Plattformen und für jedermann ohne zusätzliches Entgelt zugänglich zu halten.

Und das gelingt auch in der Regel. Es gibt eigentlich nur zwei schwierige Bereiche, das sind die Sportrechte insbesondere für Sportgroßereignisse und es sind tendenziell auch Filmrechte, speziell für Blockbuster. Für Sportgroßereignisse wird allerdings das Instrument der Listenregelung relevant, wonach wichtige Ereignisse nicht hinter dem Subscription Wall des Pay TV verschlossen werden dürfen, sondern vielmehr über Free TV der breiten Öffentlichkeit zugänglich gemacht werden sollen. Hintergrund ist ihre Bedeutung für den gesellschaftlichen Zusammenhalt, der nach Themen verlangt, über die man sich austauschen kann. Insoweit wird die Listenregelung vielleicht in Zukunft eine größere Bedeutung erlangen, vielleicht muss sie auch etwas aufgebohrt werden, das eine oder andere Ereignis mit hineingenommen werden. Dieses vielleicht als Anregung zu dieser Problematik.

Der öffentlich-rechtliche Rundfunk sollte seine Bedeutung als Rundfunk für alle und als Garant digitaler Chancengleichheit behalten, und deshalb muss er unverschlüsselt und ohne zusätzliches programmbezogenes Entgelt frei empfangbar sein.

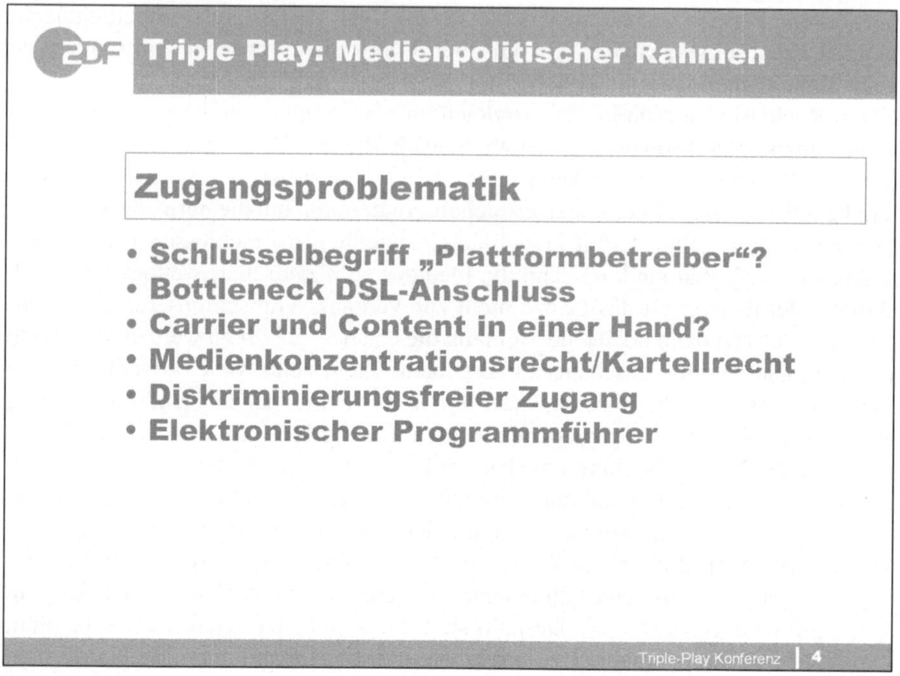

Bild 3

Schließlich möchte ich noch gerne einen letzten Punkt ansprechen, die Zugangsproblematik (Bild 3). Im Zusammenhang mit den neuen Verbreitungswegen für Fernsehen wird immer gerne der Begriff des Plattformbetreibers verwandt; er war auch schon Gegenstand meiner Vorredner. Ich glaube in der Tat, dass hier Regelungsbedarf besteht, denn keiner weiß genau, was erstens ein Plattformbetreiber ist bzw. welche Tätigkeiten er vornimmt und zweitens welche Pflichten ihm auferlegt werden sollten, so er denn nicht schon welche hat. Zu den Aufgaben eines Plattformbetreiber gehört typischerweise, Angebote zu bündeln, aber auch, die Angebote zu sortieren und sie wo dem Endkunden anzubieten. Er sorgt üblicherweise auch für die Verschlüsselung der Angebote und die Abwicklung von Entgelten. Das sind Funktionen nach Art eines Mautstellenbetreibers, mit dem man den Plattformbetreiber vergleichen kann. Aber er managt darüber hinaus eine Bottlenecksituation; Er steuert den Zugang von Inhalteanbietern zu den Verbreitungswegen, er steuert auch über den elektronischen Programmführer letztlich den Zugang des Zuschauers zu den Angeboten und er steuert über die Paketierung und die Entgeltfestsetzung für die Pakete auch die Attraktivität einzelner Programmangebote. Weiter gedacht, muss man sich darüber im Klaren werden, dass keineswegs, wie immer beschworen, Hunderte von Programmen frei empfangbar angeboten werden. Tendenziell werden große Mediengruppen versuchen, Pakete zu schnüren und die Zuschauer in ihre geschlossenen Bouquets zu locken. Mehr als ein solches Paket wird der Zuschauer aber kaum abbonieren – die Parallele zum Zeitungsabonnement zeigt das. Wer abonniert schon mehr als eine Zeitung? Dies hat zur Folge, dass sich dann die digitale Vielfalt für den Normalzuschauer faktisch auf das Bouquetangebot eines Medienkonzerns beschränken könnte. Was das für die Funktion des Fernsehens in Richtung auf demokratische Meinungsbildung und gesellschaftliche Integration bedeutet, mag sich jeder selbst ausmalen.

Aus alledem wird deutlich: Diese Bottlenecksituation bedarf der näheren Betrachtung und möglicherweise einer eingehenderen Regulierung durch den Gesetzgeber, genauso wie das Zusammenfallen von Carrier und Contentanbieter, das dem Plattformbetreiber zu einer verstärkten Machtposition verhilft. Nur gilt es hier, zu einer Regulierung zu kommen, bevor vollendete Tatsachen geschaffen werden. Wenn erst einmal schützenswerte Eigentumspositionen geschaffen wurden, wird man das wahrscheinlich ohne Entschädigung kaum bewerkstelligen können. Im Ergebnis gibt es also einige Problemstellen, die mit dem bestehenden Rechtsregime, insbesondere dem Kabelregime, durchaus bewältigt werden können. An einigen anderen Stellen aber, insbesondere was Einrichtung und Betrieb von Plattformen anbelangt, besteht Regulierungsbedarf.

Prof. Picot:
Vielen Dank, Herr Prof. Eberle. Sie haben in sehr eindrucksvoller Weise gezeigt, dass eben bestimmte Felder in einer Kontinuität behandelt werden können, bei anderen aber doch neue Fragen auftreten und insbesondere darauf hingewiesen, dass wir keine Zersplitterung bei den Rechten und bei den Regulierungsansätzen in Bezug auf verschiedene technische Verbreitungswege haben sollten, wenn Fernsehen und Rundfunk ihre klassische Funktion zumindest teilweise erfüllen sollen. Das wird bestimmt noch zu diskutieren sein. Gerade auch das Thema Plattform ist schon häufiger angesprochen worden.

Dann sind wir natürlich sehr gespannt zu sehen, wie sich das aus der Sicht eines Kabelnetzbetreibers anschaut. Die Kabelnetze sind ein sehr wichtiger, sehr weit verbreiteter Zugangsweg zum Fernsehen in Deutschland, aber auch zunehmend ein Zugangsweg zu Triple Play. Herr Hofer, bitte sehr.

Herr Hofer:
Vielen Dank. Meine Damen und Herren, ich möchte ein bisschen konkreter in die Plattformen und die Verbreitungswege für Rundfunk einsteigen.

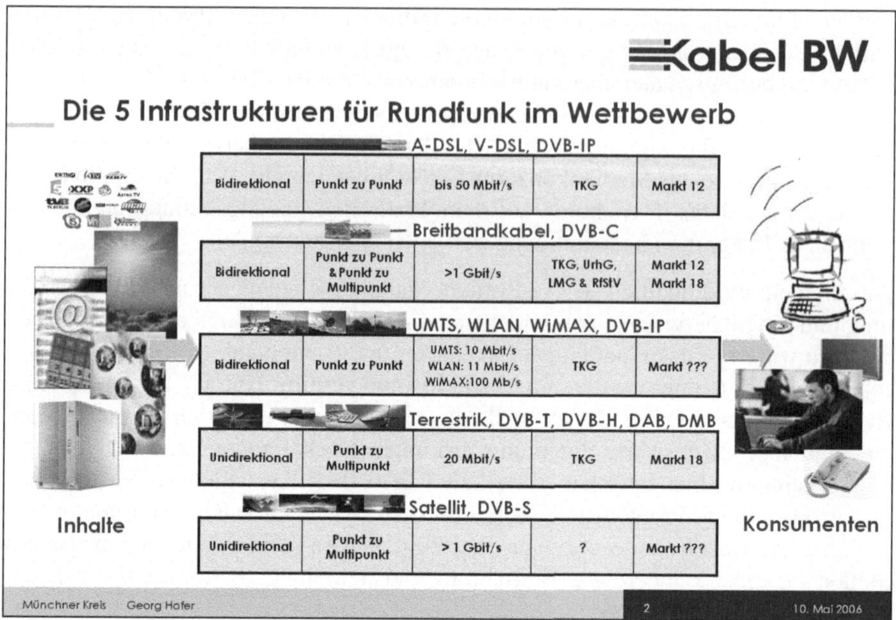

Bild 4

Auf der ersten Folie habe ich die fünf Verbreitungsinfrastrukturen einmal gegenüber gestellt, und zwar auch mit ihren technischen Möglichkeiten (Bild 4). Wir haben diese Folie in den verschiedensten Varianten heute schon gesehen. Es geht nun darum, dass wir mit DSL, Breitbandkabel und den mobilen Anwendungen heute eigentlich erst drei Triple Play Infrastrukturen haben. Wir haben dann unten noch zwei unidirektionale Infrastrukturen, die rein auf der unidirektionalen Rundfunkverbreitung basieren, Satellit und DVBT.

Wenn wir jetzt über Wachstum reden, was Frau Niebler sagte, müssen wir uns einfach auf die ersten drei Infrastrukturen konzentrieren. Das sind wie gesagt DSL, Breitbandkabel und die mobilen Anwendungen. Die haben unterschiedliche technische Möglichkeiten, DSL derzeit bis 50 Megabit, Kabel bis zu 2 Gigabit und natürlich auch, je nachdem welche Frequenzen zur Verfügung stehen, die mobilen Anwendungen. Wie Sie sehen sind die Übertragungsraten der mobilen Anwendungen relativ klein. Warum?

Die Antwort liegt im Thema Frequenzen. Wir haben vorher gerade gehört, welche Frequenzen wo zugeordnet werden. Darunter haben wir DVB-T, dem relativ viele Frequenzen zugeordnet worden sind. Aber Wachstum entwickelt sich nur mit ökonomischer Wertschöpfung. Ob DVB-T, DVB-H eine Wertschöpfung bietet, genauso DAB und DMB, muss man sich einfach fragen. In Baden-Württemberg gehen wir zum Beispiel davon aus, dass weniger als 2% der Kunden diese Techniken nutzen werden. Auch beim Satellit geht es darum, welche Wertschöpfung der Satellit in Zukunft hat, weil er eben nicht interaktiv ist.

Wenn Sie die zugehörigen gesetzlichen Grundlagen sehen, haben Sie hier vorwiegend das Telekommunikationsgesetz. Beim Satellit haben Sie praktisch keine gesetzliche Regulierung. Astra bewegt sich heute in Deutschland im rechtsfreien Raum. Dem gegenüber hat man das Kabel, reguliert mit Telekommunikationsgesetz, Urheberrechtsgesetz, Landesmediengesetz und noch dem Rundfunkstaatsvertrag. Dies bedeutet, das Kabel ist, weil es schon länger am Markt ist, stark reguliert, in gewissen Bereichen sinnvoll reguliert und in anderen eben nicht so sinnvoll.

Kabel BW

1. Rahmenbedingungen für fairen Wettbewerb

- **Must Carry Regelungen in Landesmediengesetzen und Rundfunkstaatsvertrag**
  - Analog: Reduzierung bzw. Abschaffung der Regelung; Keine Untervermietung auf Must-Carry-Kanälen
  - Digital: Freies Widmungsrecht des Digitalbereichs auch für neue Dienste; Kein Must Carry für Programmbouquets
- **Urheberrecht: Abschaffung der Sonderbelastungen für das Kabel**
  - Infrastrukturneutrale Gestaltung der urheberrechtlichen Abgaben
  - Beseitigung der Unsicherheit im Rechteerwerb und der Doppelbelastung in § 20b (2)
  - Faire Verhandlungsbedingungen durch Abschaffung des Verbotsrechts
- **Terrestrische Verbreitung: Keine Privilegierung von DVB-T**
  - Vollständige Privatisierung der Senderinfrastrukturen zur Effizienzsteigerung
  - Nutzung aller Infrastrukturen nach betriebswirtschaftlichen Grundsätzen

Statement

Wettbewerb der Infrastrukturen zentriert sich um Inhalt

→ **Das Breitbandkabel kann seine Stärken und technologischen Vorteile nur nutzen, wenn die Rahmenbedingungen einen fairen Wettbewerb ermöglichen**

Münchner Kreis Georg Hofer 3 10. Mai 2006

Bild 5

Dazu möchte ich jetzt auf der nächsten Folie kommen (Bild 5). Beim Kabel unterscheidet man noch zwischen analoger und digitaler Verbreitung. Das tut man bei anderen Triple Play Anbietern nicht mehr. Kabel ist die einzige Infrastruktur, die noch analog verbreitet. Warum sind wir eigentlich noch dort? Weil viele private Sender die Digitalisierung verhindert haben. Die Öffentlich-Rechtlichen waren schon viele Jahre digital im Kabel drin. Die Privaten haben einfach die Digitalisierung verhindert. Deswegen haben wir beim Kabel einfach die unschöne Situation, dass man mit analoger Verbreitung sehr viel Platz wegnimmt, den man eigentlich für die Digitalisierung und für Triple Play bräuchte. Und weil es im Analogen so knapp zugeht, macht man auch noch Untervermietung. Wenn Sie heute PRO7 schauen, haben Sie drei Stunden Teleshopping und alles Mögliche. D.h. Must-

Carry-Kanäle, die eigentlich dafür da wären, die öffentliche Meinungsbildung voran zu bringen, werden für Teleshopping genutzt. Es kann nicht sein, dass heute Kabel in einer Weise reguliert wird, dass man auf Must-Carry-Kanälen Teleshopping machen kann. Bei Regionalsendern ist es teilweise so, dass sie sogar bis zu 12, 14 Stunden Teleshopping haben. Und die sind auf einem Must-Carry-Kanal! Hier liegt noch einmal Regulierungsbedarf vor oder besser noch, hier ist die Auflösung der Regulierung sehr dringend notwendig, gerade um sich entsprechend in die Digitalisierung begeben zu können.

Das zweite Thema ist, die Digitalisierung kann nicht auf Plattformbasis basieren. Wir haben heute einen Must-Carry-Status für digitale Bouquets. Wenn heute zum Beispiel das ZDF einige Programme zusammenmultiplext, dann ist das ganze Bouquet für uns Must-Carry, auch wenn einige Programme darin nicht unbedingt Must-Carry-würdig sind. Hier müsste man eine Entbündelung vorgeben, also dass man im Prinzip sagt, einzelne Programme sind Must-Carry, aber sicherlich nicht, technisch gesehen, das ganze Programmbündel. Mit dem Fortschritt der Technik und den vielen anderen digitalen Angeboten, die wir heute bei DSL und beim Mobilfunk sehen, ist das sicher ein Thema, das demnächst angepackt werden wird. Die Gespräche sind heute auch sehr offen diesbezüglich. Das freut uns als Kabelnetzbetreiber.

Ein anderes Thema ist das Urheberrechtsgesetz. Wir haben im Urheberrechtsgesetz heute das Kabel als die einzige Infrastruktur, die für die Rechte im Prinzip eine Abgabe zahlt. Heute verdient doch jeder mit bunten Bildchen Geld und wir haben es gerade gehört, bunte Bildchen übertragen ist einfach Rundfunk,. Ich weiß nicht, ob Sie wissen, dass Vodafone zum Beispiel 2 Millionen Kunden hat, die Content abrufen. 2 Millionen Vodafone Kunden haben nur ein UMTS Handy gekauft, weil sie bunte Bildchen schauen. Vodafone führt zum Beispiel keine Urheberrechtsabgaben ab, Kabel ja. Ungefähr 5% unseres Anschlussumsatzes, 5% unserer Kabelanschlusserlöse müssen abgeführt werden an die Verwertungsgesellschaften Gema und VG Media. Die anderen, die ein bisschen Geld machen, sei es der DSL Anbieter, sei es der Mobilfunkanbieter, sind heute frei. Das.heisst, hier gibt es eine ökonomische Schieflage, die auf jeden Fall geklärt werden muss. Frappierend, dass Frau Zypries überhaupt keinen Handlungsbedarf sieht und einfach sagt, okay, wir wollen diesen Korb im Urheberrechtsgesetz durchbringen und in dieser Legislaturperiode gibt es keine Chance mehr, das zu klären Ich glaube, hier im Saal sind auch viele Juristen, und das ist sicher ein Thema, das man angreifen könnte.

Zweites Thema: Mehrfachbelastung im Urheberrechtsgesetz. Heute kann jede Verwertungsgesellschaft weltweit kommen und die Kabelnetzbetreiber aufgrund der deutschen Gesetzlage verklagen, weil ihre Rechte womöglich nicht abgedeckt sind. Wir haben vorhin gerade von Herrn Kasper von RTL interactive gehört, wie schwierig es im Prinzip ist, Rechte zu klären. Wir unterliegen dieser Problematik. Hier müsste man, um in der Medienindustrie ein Wachstum zu schaffen und sie nach vorne zu bringen, Rechteklärung auch rechtssicher machen, und zwar für alle Triple Play Provider sicher machen.

Ich glaube auch, dass es wichtig ist, das Verbotsrecht der Sender zu reduzieren. Zum Beispiel muss selbst ein Sender, der heute Must-Carry-Status hat, nicht mit uns abschließen. Wir haben den Fall gehabt, Kabel Baden-Württemberg ist nicht der größte Kabelnetzbetreiber in Deutschland, dass uns ein Sender kurz vor Weihnachten seine Rechte entziehen wollte um eine bestimmte Forderung durchzusetzen. Die haben uns gesagt: „ab Anfang Januar ist es bei Ihnen dunkel, wir wollen nicht, dass Sie unser Signal weiter verbreiten". Wir haben hier eine Situation, in der im Prinzip auch noch kartellrechtlich geprüft werden muss, ob nicht durch Inhaltebündelungen einzelner Sendergruppen, so wie es auch Herr Eberle gesagt hat, der freie Zugang für andere Sender zu sehr eingeschränkt wird, durch den Status des Verbotsrechts im heutigen Urheberrechtsgesetz.

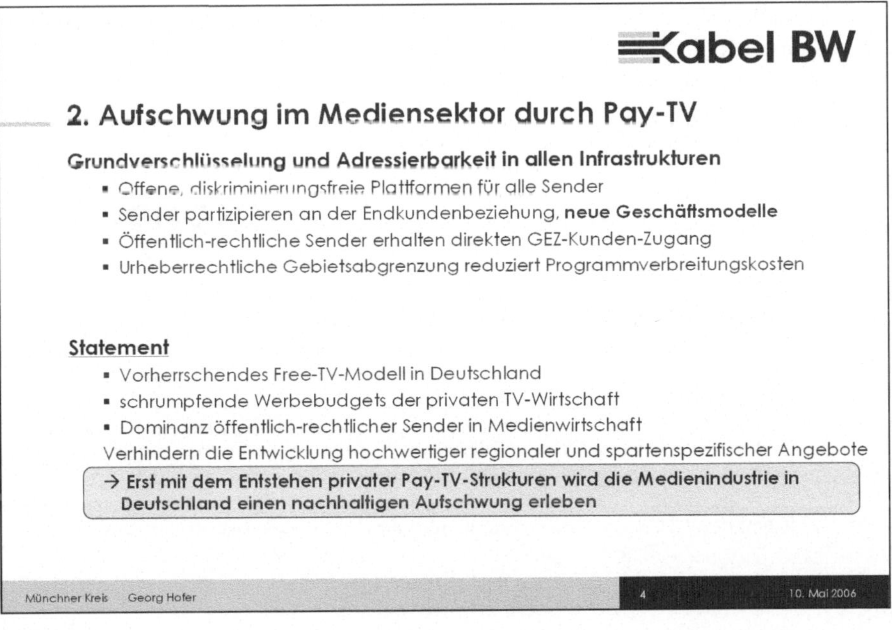

Bild 6

Wir glauben, dass ganz konkret der Aufschwung im Mediensektor durch Pay TV passieren wird, durch die Adressierbarkeit (Bild 6). Und zwar ist das jetzt nicht gegen die Öffentlich-Rechtlichen gerichtet, Herr Eberle, ich bin auch auf Ihrer Seite, dass man hier auf jeden Fall den diskriminierungsfreien offenen Zugang braucht für Öffentlich-Rechtliche, aber die Adressierbarkeit ist ökonomisch gesehen ein ganz wichtiger Punkt. Jeder Mobilfunkprovider adressiert seinen Kunden, jeder DSL-Provider kann nur aussenden, wenn er seinen Kunden kennt.

Das ist ein faires Anliegen, wenn jeder Kabelnetzbetreiber auch sagt, dass er den Kunden kennen möchte und natürlich vielleicht auch jeder Satellitenbetreiber. Dazu kommt noch, wie in den meisten anderen Ländern, dass die Öffentlich-Rechtlichen dann auch die GEZ-Zahler kennen. Wir gehen davon aus, dass es heute ungefähr 10% Schwarzseher gibt bei den GEZ-Gebührenzahlern, d.h. die Gebührenerhöhung der GEZ-Gebühren wäre über viele Jahre nicht notwendig, wenn eine Adressierbarkeit gegeben wäre. Zum Beispiel müssen Sie in Österreich, bevor Sie eine Satellitenkarte zum Empfang des ORF bekommen, beim ORF nachweisen, dass Sie Gebührenzahler sind. Das ist auch eine gute Möglichkeit, noch mal das Budget der Öffentlich-Rechtlichen, das auch Herr Tillmann heute kritisiert hatte, zu stärken.

Die Öffentlich-Rechtlichen müssen auch Inhalte aufgrund der unverschlüsselten Satellitenübertragungeuropaweit einkaufen. Wenn Sie heute also Rechte als ZDF, als ARD einkaufen, müssen Sie das Senderecht für Österreich, die Schweiz usw. ganz Europa mit einkaufen. Und mit der Adressierbarkeit, vor allem am Satellit, gibt es eine Möglichkeit, diese Contentkosten zu reduzieren. Deswegen glauben wir generell, mit der Adressierbarkeit kann der Medienwirtschaft wirklich, wenn der diskriminierungsfreie Zugang gewährleistet ist, sehr geholfen werden.

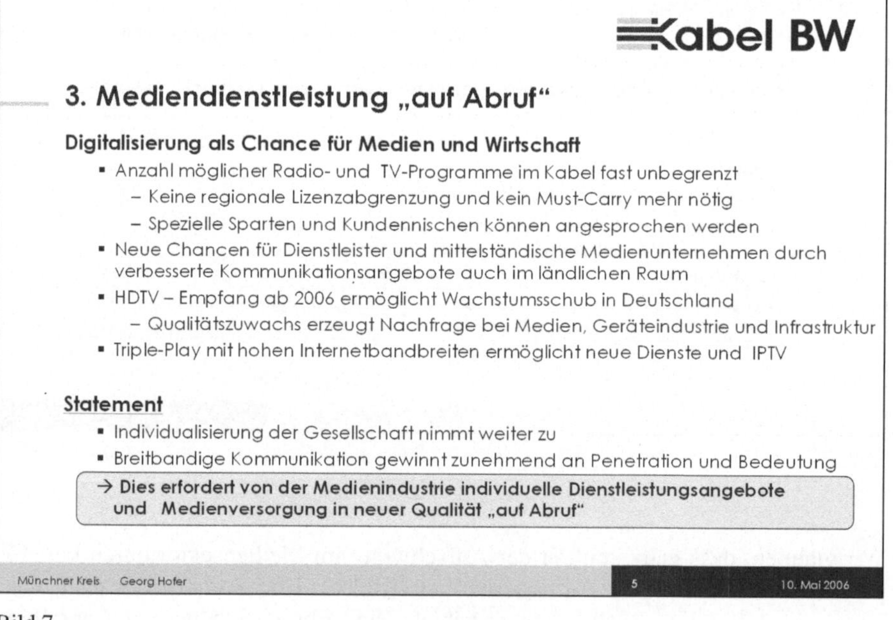

Bild 7

Ich glaube, dass es Content auf Abruf geben wird. Es wird eine Unzahl von digitalen Programmen geben (Bild 7). Wir haben in Baden-Württemberg im Kabel bereits 323 digitale Fernsehprogramme, d.h. bis Ende des Jahres werden es über 500 sein. Der Kunde wird auf Abruf im traditionellen Medium entscheiden, was er sehen will. Anders herum ermöglicht uns IP-TV und Triple Play auch wirklich Programme „auf Abruf". Herr Tillmann hat uns heute Morgen gesagt, dass Broadcasting, d.h. redaktionell und programmlich aufbereiteter Content, eine wunderbare Möglichkeit ist, und dafür braucht es auch noch einen Rahmen, dass dieser Content nicht von Plattformen vorenthalten wird, sondern im Prinzip das Ganze diskriminierungsfrei offen zugänglich gemacht wird.

Prof. Picot:
Vielen Dank. Wir haben also gelernt, bei den Must Carry-Regelungen gibt es Fragen. Das Kabel ist am stärksten reguliert, sagen Sie, und hat auch einige Sonderthemen zu tragen, die offensichtlich in anderen Distributionsnetzen nicht vorhanden sind. Wenn wir oft stolz behaupten, dass wir in Europa eine technologieneutrale Regulierung bei den Medien und bei der Telekommunikation haben, so lernen wir hier, dass das vielleicht doch nicht so durchgängig der Fall ist. Wenn wir den Amerikanern vorhalten, dass es bei ihnen in der Regulierung doch sehr technologiespezifisch zugeht, dann müssen wir feststellen, dass es vor unserer eigenen Haustür vielleicht doch nicht ganz so rein ist. Wir werden sehen.

Ich möchte jetzt zu den Perspektiven aus der Wissenschaft übergehen, die aus ihrem Erfahrungs- und Analysehintergrund das ganze Feld noch einmal beleuchtet und möchte zunächst mit Herrn Kollegen Kruse beginnen.

Prof. Kruse:
Ich bin Ökonom und werde das im Folgenden auch nicht verhehlen. Ich konzentriere mich im Rahmen der sehr umfassenden Thematik unserer Diskussionsrunde auf die Frage nach „Wettbewerb und/oder Regulierung". Unter diesem Blickwinkel ist Triple Play eine uneingeschränkt positive Nachricht, was bei allen Detailproblemen am Anfang zunächst einmal festgehalten werden sollte.

Triple Play kennzeichnet einen zentralen Aspekt der Konvergenz von Medien- und Telekommunikationsmärkten. Beide Sektoren waren früher hochgradig reguliert und der Wettbewerb in wesentlichen Teilbereiche mehr oder minder stark eingeschränkt. In der Telekommunikation sind in den letzten Jahren schon wesentliche Deregulierungsschritte erfolgt, was ein Grund für die hohen Wachstumsraten ist. Beim Fernsehen sind ebenfalls Liberalisierungen erfolgt, aber die Regulierungsintensität ist weiterhin hoch. In beiden Sektoren wird Triple Play dazu führen, dass die Regulierungsbegründungen weiter an Relevanz verlieren werden.

Das heisst, Triple Play diversifiziert nicht nur die Erlösmöglichkeiten für die Spieler in diesen Bereichen, sondern erhöht auch die Wettbewerbsintensität auf verschiedenen Märkten und zwar sowohl auf Telekommunikations- wie auch auf Medienmärkten. Aus ökonomischer Sicht ist die Richtung jedenfalls klar. Wir befinden uns generell auf dem Weg der Deregulierung. Die Hindernisse liegen hier eher auf der politischen Ebene.

Generell gilt, dass die ökonomischen Begründungen für eine staatliche Regulierung der Fernsehdistributionswege mit der Verbreitung leistungsfähiger Telekommunikationsinfrastrukturen schwächer werden. Dabei will ich noch einmal in Erinnerung rufen, dass früher die Probleme und die Regulierungseingriffe im Fernsehbereich Wesentlichen auf der Distributionsebene angesiedelt waren.

In Bild 8 ist der Fernsehsektor in Content-, Programm und Distributionsebene untergliedert. Zu Zeiten allein terrestrischer Verbreitung der Fernsehprogramme ist der Zugang zu den Distributionswegen tatsächlich regulierungsbedürftig gewesen, da diese de facto knapp waren (was allerdings ebenfalls eine Folge früherer Regulierungsentscheidungen bei der Frequenzallokation war). Dieser Regulierungsbedarf ist jedoch von staatlichen Institutionen häufig auch für andere politische Ziele genutzt worden, die (mindestens aus ökonomischer Sicht) nur schwer zu rechtfertigen sind.

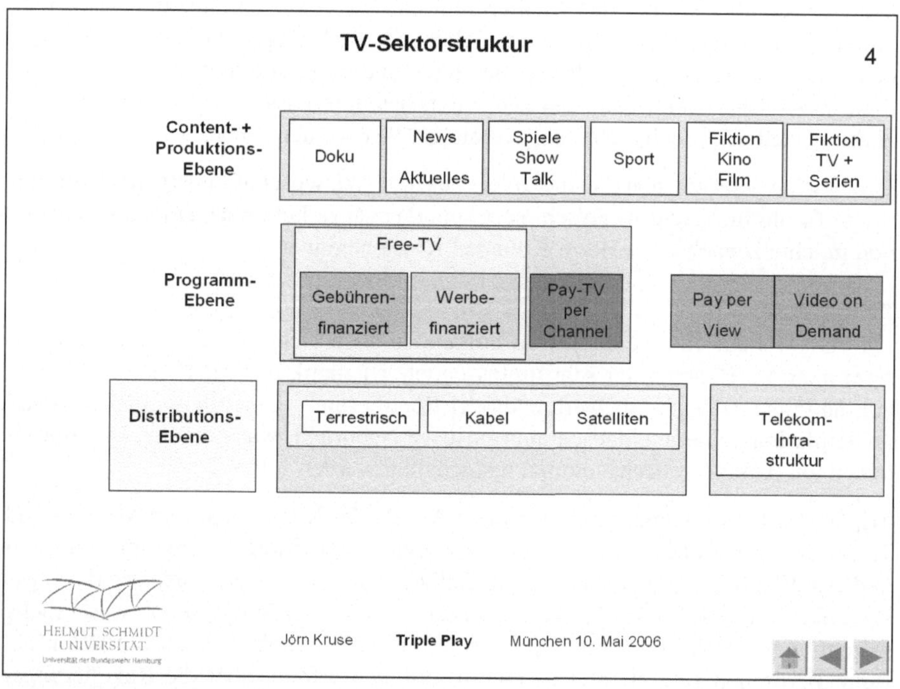

Bild 8

Schliesslich sind – nach allerlei politischen Widerständen – die Kabelnetze entstanden, die eine deutliche Verbreiterung der Distributionsmöglichkeiten zur Folge hatten. Aber auch hier haben die politischen Instanzen zum Teil massiv eingegriffen, indem sie (z.B. durch Must-Carry-Regeln) die Kanalkapazität für neue Anbieter begrenzt und die Wettbewerblichkeit der Sektorstruktur durch die Lizenzierungspraxis reduziert haben. Mit der Verbreitung direkt-empfangbarer Satelliten, die nicht nur die TV-Distributionskapazitäten deutlich erhöht haben, sondern sich auch weniger gut für eine diskretionäre Regulierung eignen, sind weitere Schritte auf dem Weg „vom Staat zum Markt" erfolgt. Insgesamt kann man sagen, dass die Liberalisierung der Distributionsebene die Voraussetzung für den Wettbewerb auf der Programmebene gewesen ist. Diesbezüglich stehen wir jetzt unter dem Stichwort Triple Play vor den nächsten Schritten, in dem die Entwicklung breitbandiger Telekommunikationsinfrastrukturen alternative TV-Distributionswege eröffnet.

Eine zweite gute Nachricht ist aus ökonomischer Sicht die Tatsache, dass mit der Digitalisierung des Fernsehens gleichzeitig auch die Wirtschaftlichkeit der Anwendung des Ausschlussprinzips zunimmt, also die Anwendung des Preismechanismus. Dadurch werden audiovisuelle Inhalte prinzipiell zu normalen marktfähigen Gütern, und ich bin (ganz anders als Herr Eberle) der Auffassung, dass auch dies eine positive Entwicklung ist.

Herr Eberle hat vorhin etwas abfällig gesagt, Medien würden dann zu einer Ware. Als Ökonom habe ich nicht nur die theoretische Überzeugung, sondern auch die empirische Erfahrung auf meiner Seite, dass ein Angebotsbereich immer dann vergleichsweise gut funktioniert, wenn er als wettbewerblicher Markt für eine Ware oder Dienstleistung organisiert wird.

Deshalb beurteile ich auch die grundsätzliche ökonomische Tendenz zu Pay TV, Pay per View, Video on Demand etc als eine vorteilhafte Entwicklung. In Deutschland ist dies allerdings (mehr als in einigen anderen europäischen Ländern) dadurch gehemmt, dass wir ein besonders großes Free-TV Angebot haben. Auch hier kann man die These vertreten, dass dies im Wesentlichen regulierungsgetrieben ist.

Ich meine damit in erster Linie die privilegierte Position und den übergroßen Umfang des öffentlich-rechtlichen Fernsehens. Dieser ist aus ökonomischer Sicht nicht legitimierbar.[3] Ich muss gestehen, dass ich diesbezüglich selbst ein bisschen schizophren bin. Wenn ich meinen eigenen Fernsehkonsum analysiere, besteht der überwiegend aus öffentlich-rechtlichen Angeboten. Wenn man die öffentlich-rechtlichen Programme als Pay TV anbieten würde (was zukünftig zweifellos möglich wäre) und somit die Rundfunkgebühren in Marktpreise verwandelte, würde ich selbst mich sicher dafür entscheiden, diese Programme zu abonnieren. Allerdings gilt dies nicht für alle Fernsehzuschauer und Zwang ist auch hier der falsche Weg.

Jedenfalls ist der gegenwärtige Umfang der obligatorischen (und damit steuerähnlichen) Rundfunkgebühren aus ökonomischer Sicht nicht haltbar, und zwar nicht nur im Hinblick auf die zahlenden Besitzer von Fernsehapparaten, sondern vor allem

3. Vgl. hierzu genauer Kruse, Jörn (2000), Ökonomische Probleme der deutschen Fernsehlandschaft, in: J. Kruse (Hrsg.), Ökonomische Perspektiven des Fernsehens in Deutschland, München (Fischer), S. 7-47 (download über www.hsu-hh.de/kruse)

auch bezüglich der verzerrten Beschaffungskonkurrenz auf den Märkten für attraktive Inhalte (Premium Content). Ich plädiere damit (im Gegensatz zu einigen meiner Fachkollegen) keineswegs für eine Abschaffung der öffentlich-rechtlichen Rundfunkanstalten. Ich plädiere jedoch für eine deutliche Reduzierung des Budgets, der Programm- und Kanalanzahl und der „Beschaffungsrechte" für besonders teure Inhalte.

Jetzt möchte ich zu einem etwas spezielleren Punkt kommen. Der neu entstehende Wettbewerb mit den Telekommunikations-Netzbetreibern auf der Distributionsebene führt für die Kabelnetze zu einer Gefährdung bisher relativ stabiler Erlöse. Diese müssen deshalb dafür sorgen, auf andere Weise Erlöse generieren zu können. Dies können einerseits Telefon- und Internet-Angebote im Kontext von Triple Play sein, was aber vermutlich nicht ausreichen wird. Andererseits können es eigene Inhalteangebote sein, vor allem in Form von Pay-TV verschiedener Ausprägungen.

Dagegen sind Bedenken grundsätzlicher Art geäußert worden, die unter den Bedingungen von TV-Distributions-Monopolen durchaus nachvollziehbar wären, da einschlägige Erfahrungen zeigen, dass eine vertikale Integration von Bottleneckinhabern und Anbietern von darauf angewiesenen Wettbewerbsdiensten potentiell Diskriminierungsprobleme aufwirft.

Diese Situation ist bei den Kabelnetzen jedoch zukünftig nicht mehr gegeben. Schon bisher stehen sie in Konkurrenz zu Satelliten und terrestrischer Distribution. Das Rollout breitbandiger Telekommunikationsinfrastrukturen wird die Wettbewerbsintensität bei der Fernsehdistribution erhöhen, so dass von einem Bottleneck nicht mehr die Rede sein kann.

Insofern spricht grundsätzlich nichts dagegen, dass von den Kabelnetzbetreibern selbst audiovisuelle Angebote (insbesondere in Form von Pay-TV etc) gemacht werden. Bestimmte Regulierungsgebote (z.B. Nichtdiskriminierung, getrennte Rechnungslegung etc.) können gleichwohl zweckmäßig sein.

Vorhin ist in einem generelleren Zusammenhang gesagt worden, dass man die Regulierung von Plattformen betreiben sollte. Ich sehe keine Notwendigkeit, Plattformen zu regulieren. Das wesentliche Erfordernis besteht darin, die Diskriminierungsfreiheit zu sichern. Dies ist jedoch eine klassische Aufgabe der Wettbewerbspolitik. Dafür haben wir das Bundeskartellamt und die Bundesnetzagentur. Diesbezüglich unterscheiden sich die entsprechenden Strukturen nicht wesentlich von anderen Netzsektoren, z.B. Telekommunikation, Energie, Eisenbahn etc.

Wir sind in Deutschland zurzeit dabei, dies adäquat anzupacken. Leider ist es nicht so schnell vorangegangen, wie wir vielleicht gehofft haben. Aber da die Grundproblematik in anderen Netzsektoren nicht viel anders ist, gibt es für eine Plattformregulierung bei den Medien aus meiner Sicht keine Begründung. Erforderlich sind wohl Inhaltsregulierungen eng definierter Art, z.B. beim Jugendschutz. Dafür brauchen wir jedoch nicht so viele, teure Landesmedienanstalten, die schon jetzt einen

Anachronismus darstellen. Das ginge sicher wesentlich schlanker, transparenter und weniger politiklastig.

Ich will noch einen Punkt nennen, wo ich glaube, dass vielleicht ein bisschen mehr Wachsamkeit nötig wäre, nämlich beim Zugang zu bestimmten Fernseh-Inhalten. Ich meine Premium Content, also Spitzensport und Spitzenspielfilme.[4] Der Zugang zu solchen Inhalten entscheidet darüber, ob man neue Wettbewerber in den einzelnen Märkten haben wird.

Hier bestehen eine Reihe von ökonomisch nicht legitimierten Kartellen bzw. Monopolstellungen. Ich denke dabei in erster Linie an das Monopol der DFL für die Vergabe von Fernsehrechten bei der Fußballbundesliga. Dies ist ein politisch legitimiertes Syndikat, für das es ökonomisch keinerlei Berechtigung gibt. Das Gleiche gilt im Prinzip auch für die zentrale Vermarktung der Champions League.

Ich würde, allerdings in abgeschwächter Form, in ähnlicher Weise argumentieren, wenn es um attraktive Spielfilmpakete geht, sofern sie allzu groß sind und allzu lange Exklusivrechte beinhalten. Ich bestreite keineswegs den volkswirtschaftlichen Nutzen von Exklusivrechten, insbesondere nicht im Verhältnis zwischen Free-TV-Anbietern und zwischen Pay-TV und Free TV. Im Verhältnis zwischen Pay-TV-Anbietern beschränkt sich aber die ökonomische Begründung für Exklusivität auf relativ kurze Zeiträume. Darüber hinaus ist sie im Wesentlichen eine Markteintrittsbarriere zur Absicherung einer marktbeherrschenden Stellung.

Prof. Picot:
Meine Damen und Herren, Sie sehen, die Debatte wird kontroverser und spannender. Das ist auch gut so. Wir haben erfahren, dass der Regulierungsbedarf sehr unterschiedlich gesehen werden kann und dass auch die bestehenden Strukturen unter dem Einfluss dieser Entwicklung, die wir heute hier diskutieren als unterschiedlich legitimiert angesehen werden können, je nachdem welchen Standpunkt man vertritt. Daraus ergeben sich zum Teil erhebliche Konsequenzen. Ich denke an die Ausgestaltung des dualen Systems, worauf Herr Kruse hingewiesen hat. Da werden wir sicher noch diskutieren.

Ich darf dann Herrn Schulz bitten, aus der Sicht seiner Erfahrung und Verantwortung uns seine Ergänzungen hier zur Verfügung zu stellen.

Dr. Schulz:
Am Anfang der Diskussion über Medienpolitik und Regulierung sollte stehen, warum eigentlich reguliert wird.

---

4. Vgl. Kruse, Jörn (2006), Zugang zu Premium Content aus ökonomischer Sicht, in: Weber, R.H. und S. Osterwalder (Hrsg.), Zugang zu Premium Content, Zürich, Basel, Genf (Schulthess), S. 7-50 (download über www.hsu-hh.de/kruse)

Der erste, verhältnismäßig unstreitige Grund ist, dass auch in diesem sich entwickelndem Markt ökonomischer Wettbewerb möglich sein soll, und dass Regulierung selbst nicht zu ungleichen Wettbewerbsbedingungen führen darf. Auf europäischer Ebene wird dies mit dem Buzz Word vom „Level Playing Field" bezeichnet. Im Augenblick existiert ein verhältnismäßig stark regulierten Bereich dort, wo der Anknüpfungspunkt Rundfunk (im weiten verfassungsrechtlichen Sinn) gegeben ist, d.h. Rundfunk oder vergleichbare Telemedien in Kabelanlagen übertragen werden; hier greift ein besonderes Regelungsregime. Rechtlich hängt also relativ viel an der Frage, wann dieses Regelungsregime eingreift und wann nicht.

Auf europäischer Ebene hat man versucht – wie ich finde völlig zu Recht – durch die Revision der Fernsehrichtlinie ein solches „Level Playing Field" zu erzeugen und klar zu machen, dass – unabhängig von der Übertragungsplattform, unabhängig vom Übertragungsstandard – wenn die Definitionsmerkmale vorliegen, immer der gleiche Rechtsrahmen gilt. Für nicht-lineare audiovisuelle Dienste soll dem Vorschlag der Kommission zufolge eine weniger intensive Stufe der Regulierung Anwendung finden. Das halte ich für einen deutlichen Fortschritt. Es ist zum Teil nicht erklärlich, warum Lobbyverbände sich vehement dagegen wehren. Es widerspricht zuweilen den Interessen der von ihnen vertretenen Unternehmen, weil hier die Möglichkeit torpediert wird, dass bestimmte Materien auch für andere Dienste, die nicht lineares Fernsehen darstellen, harmonisiert und dementsprechend auch nur in einem Mitgliedsstaat, nämlich im Herkunftsland, kontrolliert werden.

Der zweiten Punkt, der Regulierung rechtfertigt, ist, dass es auch in der zukünftigen Infrastrukturlandschaft so etwas wie kommunikative Chancengerechtigkeit oder traditionell „Vielfalt" geben muss. Ich sehe durch das, was mit Triple Play verbunden wird, einige neu akzentuierte Risiken, auf die man möglicherweise rechtlich reagieren muss.

Triple Play wirft zahlreiche Fragen auf, die z. T. mit den traditionellen rechtlichen Instrumentarien noch nicht hinreichend bearbeitet werden können und daher informationspolitischen Handlungsbedarf erzeugen können.

Die angesprochenen Themenfelder sind vielfältig, einige wichtige sollen im Folgenden heraus gegriffen werden:

Triple Play trägt zumindest in einigen Aspekten das Tagungsphänomen „Konvergenz" in die wirtschaftliche und kommunikative Realität. Damit werden auch Abgrenzungsprobleme wahrnehmbar, so bereits auf der Ebene der Gesetzgebungskompetenz zwischen der Zuständigkeit des Bundes für Telekommunikation und der Gesetzgebungszuständigkeit der Länder für elektronische Medien. Auch im Bereich der Aufsicht wird die Zuständigkeit von Bundesnetzagentur, Landesmedienanstalten und Bundeskartellamt berührt. Die Bestimmung der einschlägigen materiellen Vorschriften und der Zuständigkeit der speziellen Aufsichtsbehörden hängt von der Einordnung nach Dienstetypen ab (Telekommunikationsdienstleistungen, Telemedien, Rundfunk). Die Zuordnung ist in den Triple-Play-Angebotspaketen zuweilen schwierig. Fragen der Koordination der Regulierung verschärfen sich durch Triple Play. Vorschläge, die einen Koordinations- oder Kommunikationsrat fordern, erhalten so weitere Unzerstützung. Spezifische medienrechtliche Probleme zeigen sich bei der Verhinderung vorherrschender Meinungsmacht, die eine zentrale Aufgabe der Medienregulierung ist und bleiben wird. Bislang enthalten die rechtlichen Vorgaben keine explizite Regelung im Hinblick auf die Möglichkeit, dass Kabelbetreiber etwa durch Paketbildung selbst Einfluss auf die Meinungsbildung gewinnen; es dominiert das Paradigma des durchleitenden Kabelbetreibers, das beim Triple-Play nicht mehr gültig ist. Zudem stellt sich die Frage, ab wann ein Betreiber oder ein Dritter als sog. Plattformbetreiber auch medienrechtliche Verantwortung für einen Inhalt erlangt. Ob es sinnvoll erscheint, Plattformbetrieber nun in den Mittelpunkt medienrechtlicher Regulierung zu stellen bedarf allerdings sorgfältiger Prüfung. Zudem verbergen sich hinter dem Begriff unterschiedliche Kombinationen von Dienstleistungen im Bereich Technik, Bundling, Billing und anderen.

Insgesamt verschiebt sich durch Triple Play die Rolle der Kabelbetreiber, und die Regelungen der Kabelbelegung (Must-Carry im digitalen Bereich) sind vor diesem Hintergrund zu überdenken. Vor allen Dingen ist ein „Level Playing Field" erforderlich, also eine Ungleichbehandlung unterschiedlicher technischer Plattformen (etwa traditioneller Breitbandkabelnetze und IP-Streaming über Vermittlungsnetze) zu verhindern. Auch das Zusammenspiel mit dem Urheberrecht (Weiterverbreitungsprivileg) ist bei der Gestaltung des Ordnungsrahmens relevant.

Das Bundeling unterschiedlicher Leistungen – beim Triple Play also Telefonie, breitbandiger Internet-Zugang und audiovisuelle Medieninhalte – ist typischerweise mit Missbrauchspotenzial verbunden, das die Anbieter unterschiedlicher über diesen Weg verbreiteter Dienstleistungen, aber auch die Nachfrager, hier also die Endkunden, betreffen kann. Abgesehen von der oben angesprochenen Frage, wer in diesem Bereich regelungskompetent ist (bei Bündelung von Telekommunikations- und Medienangeboten) sind derartige Risiken noch nicht explizit rechtlich adressiert.

Nicht erst durch Triple Play ermöglicht, aber in diesem Zusammenhang im Entstehen begriffen sind neue Business-Modelle, die etwa in der Einblendung von Werbung durch die Kabelbetreiber in nicht von ihnen veranstaltete Programme bestehen können. Dies wirft u. a. Fragen der Angemessenheit der derzeitigen Werberegelungen auf. Ähnliches gilt für die Anwendung der Jugendschutzregelungen, bei denen ebenfalls auf Wettbewerbsgleichheit zu achten ist. Derartige Überlegungen verweisen auf Businessmodell-bezogene Einzelfragen.

Die Evaluation und gegebenenfalls Reform des Ordnungsrahmens müsste unter Berücksichtigung anderer Entwicklungen erfolgen, wie etwa DVB-H und DMB, da z. T. parallele Problemlagen entstehen.

Prof. Picot:
Vielen Dank, Herr Dr. Schulz. Neben den Fragezeichen und Hinweisen, die Sie zum Wettbewerb und Level Playing Field und auch bei der Chancengleichheitsproblematik gegeben haben, haben Sie zudem auf Punkte hingewiesen, die bisher nicht so stark akzentuiert wurden, wie beispielsweise Verbraucherschutz, Jugendschutz und die Organisation der Regulierung in diesem Land.

Meine Damen und Herren, Sie sehen, wir haben ein wirklich breites und, wie ich finde, sehr spannendes Positionsspektrum kennen gelernt. Ich glaube, dass es schon an sich wertvoll war, zuzuhören und daraus jeweils Schlüsse zu ziehen.

Ich schlage vor, dass wir jetzt wie folgt vorgehen für die wenigen Minuten, die wir noch haben. Zum einen möchte ich gerne meinen Kolleginnen und Kollegen hier auf dem Podium Gelegenheit geben, sich zu ganz dringenden Punkten kurz zu äußern. Sie können in der Zeit schon einmal die eine oder andere Frage überlegen, die Sie aus dem Auditorium an das Podium stellen möchten.

Vielleicht möchten Sie, Herr Staatssekretär Stadelmeier, zu dem einen oder anderen Punkt prononcierte ergänzende Äußerungen machen, um bestimmte Dinge aus Ihrer Sicht in Perspektive zu rücken. Vielleicht möchten das auch Herr Eberle oder jemand anderes hier noch tun.

Herr Stadelmaier:
Ich möchte das nicht verlängern, ich möchte Ihnen eine Anregung geben für künftige Diskussionen. Es gibt tausend Punkte, die man hier sorgfältig diskutieren müsste und man kann keinen einzigen diskutieren. Das ist ein Problem, wie eine solche Diskussion angelegt wird. Alle Fragen, die mein Vorredner aufgegriffen hat, wären durchaus einer differenzierten Debatte wert. Deswegen bin ich ehrlich gesagt ratlos, wozu ich etwas sagen sollte, ohne dieses Unglück einer thematisch nicht strukturierten Diskussion fortzusetzen.

Prof. Picot:
Na ja, da muss ich sagen, wenn Sie ansonsten 15 Bundesländer koordinieren in Ihren Überlegungen zur Medienpolitik in Deutschland, dann müsste auch ein solches kleines Panel hier Sie möglicherweise nicht überfordern. Aber wir können ja mal Herrn Eberle fragen, wie er das sieht.

Prof. Eberle:
Ich will eigentlich nur auf zwei oder drei Punkte kurz eingehen. Herr Hofer sprach von den Verwertungsgesellschaften, dass er die Gefahr sieht, dass mit urheberrechtlichen Ansprüchen aus aller Welt konfrontiert zu werden. Die Gefahr sehe ich nicht, denn es gibt Globalverträge mit den deutschen Rechteinhabern und Verwertungsgesellschaften, die wiederum über bilaterale Verträge mit ihren ausländischen Partner gebunden sind. Er bekommt eine Freistellungserklärung und insofern hat er nichts zu befürchten.

Das zentrale Problem in nächster Zeit wird wahrscheinlich das der Verschlüsselung sein, das von Ihnen, Herr Hofer, eher verschleiernd unter dem Stichwort Adressierbarkeit verkauft wird. Das sind zwei verschiedene Dinge. Ich kann mir sehr wohl eine Adressierbarkeit vorstellen ohne Verschlüsselung; auch das ist von Übel, aber nicht von ganz so schlimmem Übel. Ich will Ihnen aber doch eines sagen. Wir haben Beispiele dafür, dass sich große Rundfunkveranstalter von der Verschlüsselung abgewendet haben. Denken Sie an die BBC, die war bei BSkyB auf der Plattform und musste feststellen, dass sie abhängig war von den Ordnungsentscheidungen des Plattformbetreibers (z. B. dem elektronischen Programmführer EPG) und vor allem von den finanziellen Lasten der Verschlüsselung, die es nicht umsonst gibt. . Die BBC spart durch den Verzicht auf die Verschlüsselung jährlich ca. 30 Mio Euro. Leidvolle Erfahrungen hat auch der ORF gemacht, als nach Ablauf der ersten Vertragsperiode die Preise für die Verschlüsselung in die Höhe schnellten. So einfach ist das nicht. Man kann nicht nur Gebühren sparen, indem man hier Schwarzhörer aufdeckt, sondern die Verschlüsselungstechnologie kostet natürlich etwas. Wenn Sie im Übrigen im Zuge der Verschlüsselung anempfehlen, dass wir unser Sendegebiet auf Deutschland beschränken und die Österreicher und Schweizer von unseren Sendungen abschneiden, so finde ich das grotesk. Wozu brauchen wir dann noch eine Richtlinie „Fernsehen ohne Grenzen" in Europa? Die Integration in Europa, das wechselseitige Verständnis lebt doch auch davon, dass wir grenzüberschreitendes Fernsehen machen. Wollen Sie denn die deutschen Urlauber auf Mallorca oder diejenigen, die gerne in Paris und in Brüssel unser deutsches Fernsehen wollen, wirklich von den deutschen Programmen abschneiden?. Das kann doch nicht wahr sein. Hat nicht die Fernsehrichtlinie gerade das grenzüberschreitende Fernsehen zum Ziel und die Satellitenrichtlinie den Urheberechtserwerb für die Satellitenverbreitung mit dem Sendelandsgrundsatz erleichtert? Das soll alles jetzt obsolet werden. Wollen Sie wirklich einer Medienkleinstaaterei das Wort reden? Nein, also dagegen wehren wir uns ganz stark.

Da sind von Ihnen, Herr Kruse, Medien als Ware thematisiert worden. Da habe ich im Prinzip nichts dagegen. Nur ist die Frage, ob man gleichzeitig die Privilegien als Rundfunkveranstalter aus dem Rundfunkstaatsvertrag in Anspruch nehmen darf und sie praktisch nur noch dazu nutzt, um Geld zu verdienen. Meines Erachtens wird man zukünftig überlegen müssen, ob nicht eine Zweiteilung der Medienordnung angesagt ist, nämlich einerseits die Medien, die ihre Programme als Ware verkaufen und sich dann ausschließlich Marktgesetzlichkeiten unterwerfen, die privaten Rundfunkveranstalter sind auf dem besten Wege dazu, und andererseits die Medien, die zur öffentlichen Meinungsbildung beitragen. Das bedeutet aber – darüber muss man sich auch im Klaren sein – dann eine Stärkung des öffentlich-rechtlichen Rundfunks.

Herr Stadelmeier, Sie hatten gesagt, die Öffentlich-Rechtlichen werden sich zukünftig so betätigen, dass auch ihre Verschlüsselung möglich sein wird. Ich beziehe das jetzt einmal auf Video on Demand. Mir scheint das ein interessanter Ansatz zu sein auch dem öffentlich-rechtlichen Rundfunk Video on Demand-Angebote gegen Entgelt zu ermöglichen. Sicherlich kann man auf dem Sektor, wo es um entgeltliche Angebote geht, auch über Verschlüsselung reden. Aber das, was wir als Hauptgeschäft betreiben, nämlich den Rundfunk, unseren Beitrag zur Meinungsbildung, unseren Beitrag zur gesellschaftlichen Integration und zur Kultur, das muss unverschlüsselt und frei empfangbar auch in Zukunft möglich sein.

Prof. Picot:
Vielen Dank. Herr Hofer möchte eine kurze Bemerkung noch machen und dann Frau Niebler.

Herr Hofer:
Ich würde auch sehr den Vorschlag von Herrn Eberle begrüßen. Nur, wir als Kabelnetzbetreiber haben ein Problem, wenn wir das österreichische Fernsehen einspeisen kriegen wir das untersagt, d.h. wir haben faktisch heute eine europäische Zweiklassengesellschaft. Von Deutschland aus ist es unzweifelhaft richtig, dass man versucht, Europa zusammenzubringen. Ich glaube, der politische Auftrag ist uns allen bewusst aufgrund der Historie. Nur dass man im Prinzip das auch in beide Richtungen gestalten muss. Dann muss es auch möglich sein, dass Inhalte, die vom österreichischen GEZ-Zahler bezahlt werden, auch in Deutschland empfangbar sind und genauso spanische und englische Inhalte. Das ist derzeit nicht der Fall, d.h. wir haben hier eine Unausgewogenheit, die ganz einfach von einem deutschen Gebührenzahler bezahlt wird. Die Frage ist: Wie löst man das?

Prof. Eberle:
Herr Hofer, darf ich Ihnen einfach sagen, warum Sie die Österreicher nicht einspeisen können: Weil diese die Rechte nicht haben. Weil die Filmrechteinhaber den Österreichern die Rechte nicht verkauft haben für Deutschland. Deshalb können Sie sie nicht einspeisen. Das ist eine rundfunkpolitische Frage, die hier von einem ganz bestimmten Filmrechteinhaber auf seine Weise und zu seinen Gunsten gelöst worden ist.

Herr Hofer:
Aber, Herr Eberle, das Problem ist doch folgendes. Sie verpflichten in Deutschland den deutschen Gebührenzahler dafür, dass Sie Rechte für europaweite Ausstrahlung erwerben dürfen. Der österreichische Gebührenzahler zum Beispiel zahlt nur den Betrag aufgrund Rundfunkstaatsvertrag für den österreichischen Rechteerwerb. Die Frage ist ganz einfach. Wir leiden darunter, dass GEZ-Gebühren sehr hoch sind. Kabelnetzbetreiber, Herr Wahl hat es gesagt, der durchschnittliche Erlös für einen Kabelanschluss ist heute unter acht Euro, GEZ-Gebühren sind 17,03 €. Das heißt, wir haben hier eine Schieflage, auch in der Verteilung des Medienbudgets. Wenn Pay TV, also Zwangs Pay TV, mit Europafinanzierung viel teurer ist als eine Infrastrukturleistung, wo wir jedes Haus um Tausende Euro angraben müssen, um hier Qualität und Vielfalt zu bieten, dann muss man sich die Frage stellen, und da schließe ich bei Herrn Kruse an: Wie viel Auftrag und wie weit geht dieser Auftrag

des öffentlich-rechtlichen Rundfunks zu Lasten einer privatwirtschaftlichen Entwicklung und Wachstum, was Frau Niebler gemeint hat. Wir wollen Wachstum haben, und da muss man sehen, wie das entwickelt wird. Und Triple Play bietet da sehr viel. Wir machen sehr viel. Wir investieren sehr viel. Und gerade für diese Investitionen brauchen wir auch einen gewissen Investitionsschutz. Das ist das Anliegen, das hier an die Gleichberechtigung der Infrastrukturen auch möglich ist.

Frau Dr. Niebler:
Vielen Dank. Ich möchte nur zwei kurze Anmerkungen machen:

Mir ist wichtig, und das finde ich heute sehr erfrischend auch an unserem Podium, dass man die Diskussion über die nationale Medienpolitik insbesondere auch in einem europäischen Kontext betrachtet. In Brüssel stelle ich sehr oft fest, dass die Deutschen gerne eine von deutschen Überlegungen geprägte Diskussion führen. Ich bin also Herrn Dr. Schulz mehr als dankbar, dass er darauf hingewiesen hat, dass der Vorschlag der Revision der Fernsehrichtlinie vom Grundsatz her eine gute Idee ist. Man kann über viele Einzelpunkte diskutieren, beispielsweise wie „Product Placement" behandelt werden sollte oder wie man mit quantitativen und qualitativen Werbebeschränkungen usw. umgeht. Wir dürfen dabei aber keine ausschließlich deutsche Diskussion führen, sondern müssen uns den europäischen Kontext immer wieder vor Augen führen. Dies betrifft viele Bereiche. Das Thema Zentralvermarktung ist bereits angesprochen worden. In anderen EU-Mitgliedstaaten gibt es eine dezentrale Vermarktung. Sie hören daher in Brüssel von vielen Seiten, dass die Zentralvermarktung für die Rechteinhaber ein Problem ist. So sind die Erlöse bei einer dezentralen Vermarktung ungleich höher bzw. sind oft weniger Kompetenzfragen zu klären. Da kommen wir wieder zur Frage eines „Level-Playing-Fields". Haben wir das wirklich noch? Das ist mein Punkt. Ich bin dankbar, dass wir heute auch die europäische Ebene mit integriert haben und wünsche mir dies, Herr Prof. Picot, auch für andere Fragestellungen.

Eine zweite Anmerkung möchte ich machen, weil die Politik stets so gescholten wird. Ich bin sehr zuversichtlich, dass wir für die Fragestellungen, die bei der Fernsehrichtlinie anstehen, eine gute Lösung finden. Zwar hat dieses Thema für unterschiedliche Positionierungen gesorgt. Verantwortlichkeit der Plattformbetreiber, Regulierung ja oder nein, und in welchem Umfeld – dies sind Punkte für die man eine Lösung finden muss. Ich fand es hoch spannend, was die Kollegen gesagt haben. Ich erinnere mich, als ich noch vor Jahren als Anwältin tätig war, gab es den Fall „Compuserve". Danach begann man in der Politik mit dem Teledienstegesetz und Mediendienstestaatsvertrag Lösungen zu finden, um für das Thema Verantwortlichkeit der Inhalteanbieter, damals für die Chats im Internet und dergleichen, eine Lösung zu finden. Ich glaube, die Lösung war nicht die schlechteste. Ich will die Diskussion nicht vertiefen, aber ich bin sehr zuversichtlich, dass, wenn man einfach den Dialog untereinander sucht, doch zu einer konstruktiven Lösung für alle Seiten kommt. Darum bemüht sich die Politik. Glauben Sie mir, wir sind da nicht so blauäugig nur eine Seite zu sehen. Alle Interessenvertreter, die Rechteinhaber,

Sendeanstalten sei es privat oder öffentlich, die Telekomunternehmen oder Kabelnetzbetreiber treten an uns heran. Jeder hat seine Interessenlage, und es ist für uns immer schwierig, aus den unterschiedlichen Interessenlagen heraus das richtige zu machen. Wir bemühen uns darum und deshalb plädiere ich am Schluss für ein bisschen mehr Vertrauen auch in die Politik.

5 Konvergente Dienste – Mehr als nur ein Bündel

5.1 Internationale Beispiele für konvergente Dienste

Norbert Günther
Alcatel SEL AG., Stuttgart

Als ich letztes Jahr zu dieser Veranstaltung eingeladen wurde, hatte ich noch eine etwas andere Aufgabe und Triple Play war noch etwas sehr Abstraktes. Wenn ich heute schaue, ist Triple Play angekommen, denn bei mir 100 oder 200 Meter vom Haus entfernt steht ein großer grauer Kasten, den der von mir am meisten geschätzte Kunde dorthin gestellt hat. Ich freue mich darauf, demnächst 50 Megabit und ein tolles Angebot zu bekommen. Triple Play kommt plötzlich an und vor allen Dingen ist es ja wohl so, dass es dort Unternehmen gibt, die an Möglichkeiten glauben, die diese Investition auch rechtfertigen. Genau damit möchte ich mich beschäftigen, was sicherlich nicht einfach ist nach der Diskussion, die wir gerade über die Marktgegebenheiten hier hatten.

Lassen Sie uns also zunächst einmal darauf schauen, welche Möglichkeiten es hier gibt. Vielleicht eine kleine Anmerkung, um den Weg heraus aus der Regulierungsdiskussion zu finden: Wir sind hier in München. In München baut man sehr schöne schnelle Autos. In Deutschland gibt es viele, die gute, schöne, schnelle Autos bauen. Man kann hier Fahrspaß verkaufen. Wie sehr diese Industrie und überhaupt die Entwicklung von Industrie davon abhängt, welche Möglichkeiten es gibt, können wir uns eigentlich an der Automobilindustrie klarmachen. Es gibt bis heute kein Tempolimit in Deutschland, selbst nachdem acht Jahre Rot-Grün regiert haben. Vielleicht haben auch die Möglichkeiten, die in einem Land gegeben werden und die Art und Weise, wie wir sie mitgestalten – also eher mit Skepsis oder eher mit der Suche nach Möglichkeiten – auch etwas damit zu tun, wie wir alles nach vorne entwickeln.

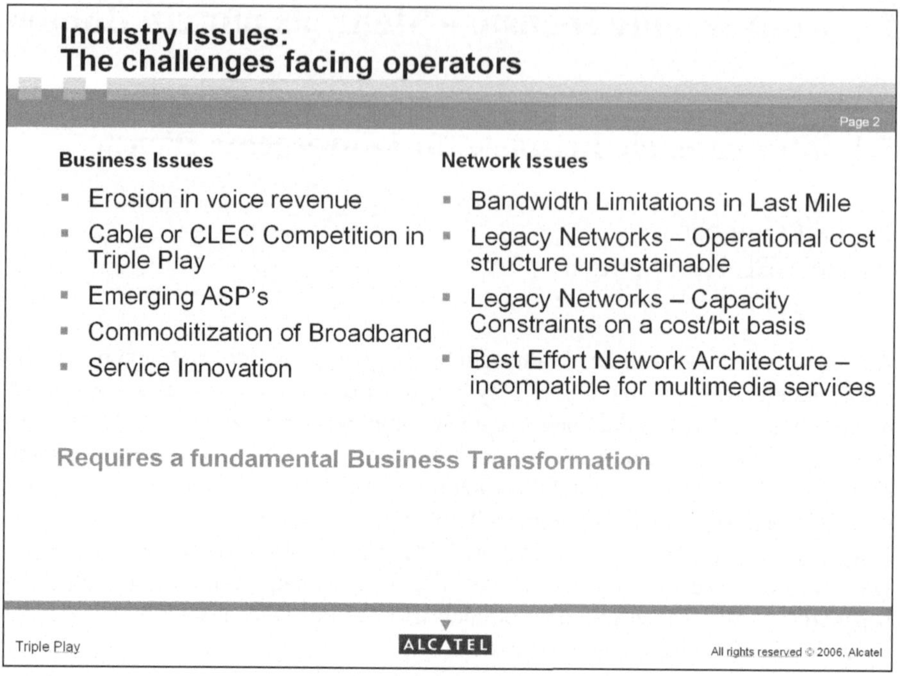

Industry Issues:
The challenges facing operators

Page 2

Business Issues

- Erosion in voice revenue
- Cable or CLEC Competition in Triple Play
- Emerging ASP's
- Commoditization of Broadband
- Service Innovation

Network Issues

- Bandwidth Limitations in Last Mile
- Legacy Networks – Operational cost structure unsustainable
- Legacy Networks – Capacity Constraints on a cost/bit basis
- Best Effort Network Architecture – incompatible for multimedia services

Requires a fundamental Business Transformation

Triple Play ALCATEL

Bild 1

Ich möchte zunächst kurz auf die Systematik eingehen, denn die Triple Play Angebote sind keine Einzelfälle (Bild 1). Was am Markt passiert, ist relativ einfach zusammengefasst, auch von den Vorrednern schon dargestellt. Die klassischen Angebote der großen Netzbetreiber, auf die ich vor allen Dingen jetzt eingehen möchte, sind unter einem großen Preisdruck. Die Digitalisierung der Netze hat stattgefunden. Wettbewerb findet statt, und die klassischen Produkte geben weniger her. Insofern stimme ich vollkommen Herrn Freyberg zu. Es geht hier darum, dass es einen geschäftlichen Druck gibt. Es geht nicht darum, wesentlich mehr Geld durch neue Angebote zu verdienen, sondern sich in einem Wettbewerb neu zu positionieren und immer wieder zu behaupten, so wie wir das in allen anderen Industrien eben auch erleben. Und das bedeutet: Stillstand ist nicht zulässig. Auf der anderen Seite gibt es, um neue Geschäftsmodelle umzusetzen auch insbesondere bei diesen Netzen deutliche Einschränkungen. Die Netzarchitekturen, die die klassischen großen Telcos haben, sind mit dem Fokus entstanden, Telefonnetze zu bauen. DSL wurde dann draufgelegt, ganz früh mit einem Splitter getrennt, also gibt es zwei Netze. In Summa haben wir mehrere Netze für die einzelnen Dienste, die nebeneinander liegen. Das kostet Geld, erlaubt nicht allzu viel Konvergenz. Umgekehrt sind ganz neue Marktteilnehmer möglicherweise mit ganz anderen Netzstrukturen unterwegs, so dass diese einfach wesentlich kostengünstiger für die

Zukunft produzieren können, sprich: Es besteht Handlungsbedarf. Handlungsbedarf, um konkurrenzfähig, wettbewerbsfähig zu bleiben.

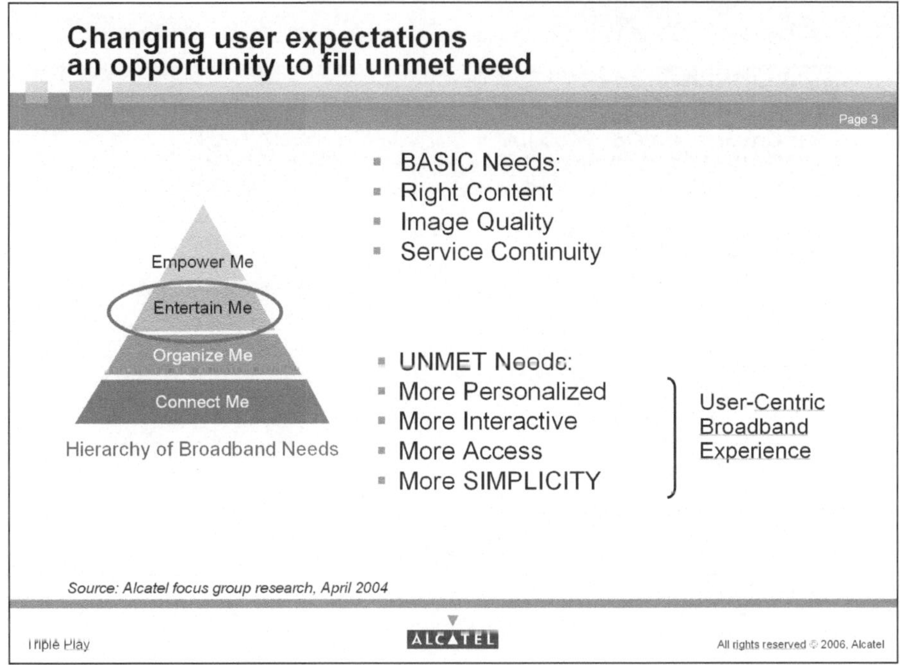

Bild 2

Es gibt Chancen, die man nutzen kann und genau die werden jetzt aufgegriffen. Wir haben eine ganze Reihe von Grundbedürfnissen, die erfüllt sind (Bild 2). Wir haben, wie Herr Hofer schon sagte, einen relativ hohen Qualitätsstandard. Wir haben breite Angebote an Inhalten. Wir haben hohe Bildqualität im Fernsehen. Wir haben eine hohe Verfügbarkeit dieser Dienste. Was wir aber nicht haben, ist Personalisierung, Interaktion. Genau dort gibt es Kundenbedürfnisse, die in den Märkten entstehen oder schon entstanden sind, weil die Bedürfnisse sich natürlich auch mit den Möglichkeiten entwickeln, die zur Verfügung stehen. Ich kann mir also vorstellen, dass es eine ganze Reihe von neuen Geschäftsmodellen gibt, die eine Differenzierung erlauben gegenüber dem, was heute am Markt da ist, welches dann mehr ist als nur ein kommerzielles Bündeln von Fernsehen, Internet und Telefon, heute als Triple Play in Deutschland bekannt.

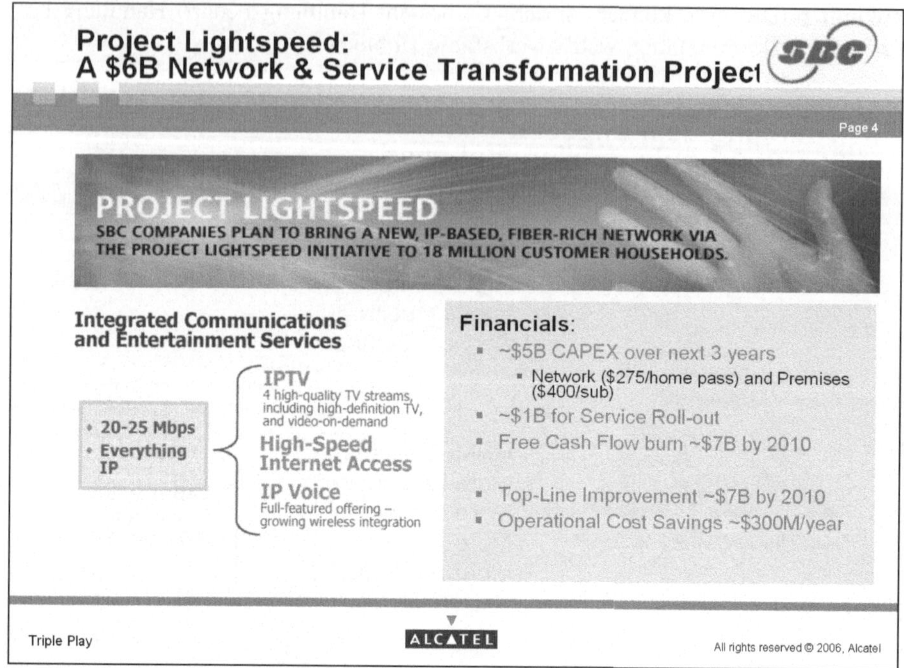

Bild 3

Ich nehme hier ein Beispiel und möchte zurückgehen in das Jahr 2004 (Bild 3). Herr Pech hat das Beispiel USA schon angeführt. Die Überlegungen, die momentan hier am Markt stattfinden, haben in anderen Märkten bereits vor einigen Jahren stattgefunden. SBC zum Beispiel hat erkannt, dass ohne eine radikale Umstrukturierung ihrer Assets die Zukunft nicht sehr rosig aussehen wird. Umfangreiche Analysen wurden durchgeführt, und das Ergebnis war, dass SBC sich neu definieren wollte, als ein Anbieter von integrierten Kommunikations- und Entertainmentdiensten, dabei auch differenzierende Komponenten einbringen wollte, die insbesondere gegenüber dem Kabel differenzieren. Herausgekommen ist ein Dienstemix: IPTV, als eine neue Form von Fernsehen, plus natürlich Internetzugang und Sprache. Daraus ergeben sich neue Anforderungen an Bandbreiten, die im Netz benötigt werden, die zum einen den Access betreffen und zum anderen das Backbone. Das Netz entwickelt sich in Richtung „all IP". „All IP" aus einem ganz einfachen Grund. Wir sehen heute Email über IP, HTTP über IP, alles über IP. Die offenste Plattform, die ich überhaupt zuhause habe, ist mein PC. Es gibt zwar keinen Standard, aber es funktioniert alles. Ich kriege jeden Content: Micro, Media, Flash, ich lade es runter, es funktioniert. Dienste zu integrieren, wenn sie auf einer IP-Plattform produziert werden, ist sehr kostengünstig, schnell und einfach möglich. Und wenn wir sehen, was die kreativen Köpfe in dieser Welt schaffen, kleine

Werbeagenturen, tolle Animationen usw., das ist eine Welt, die einfach unendlich viele Möglichkeiten bietet, Konvergenz darzustellen.

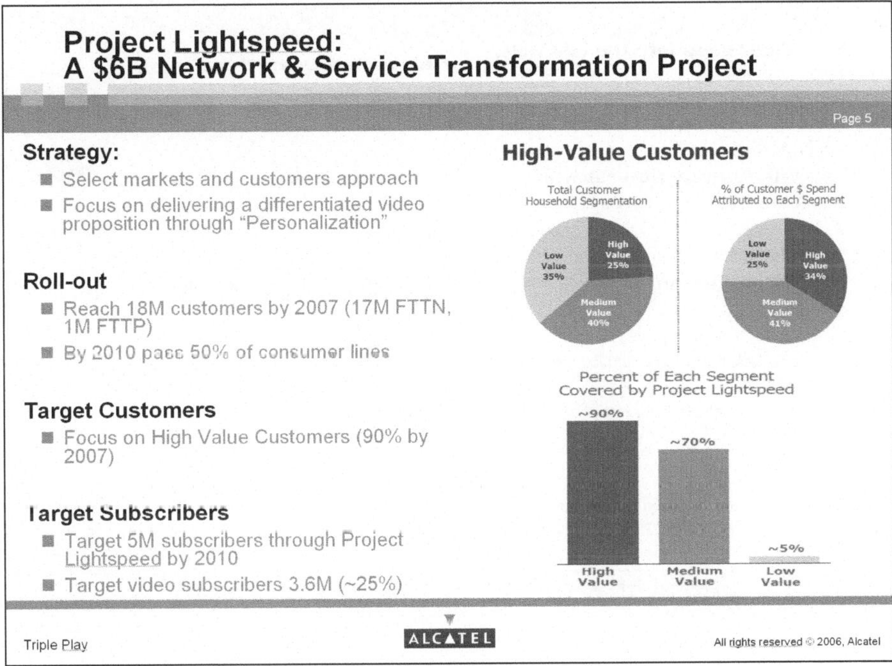

Bild 4

SBC hat sich darüber hinaus auch Gedanken um die Kunden gemacht und hat basierend auf dieser Potenzialanalyse den Rollout definiert (Bild 4).

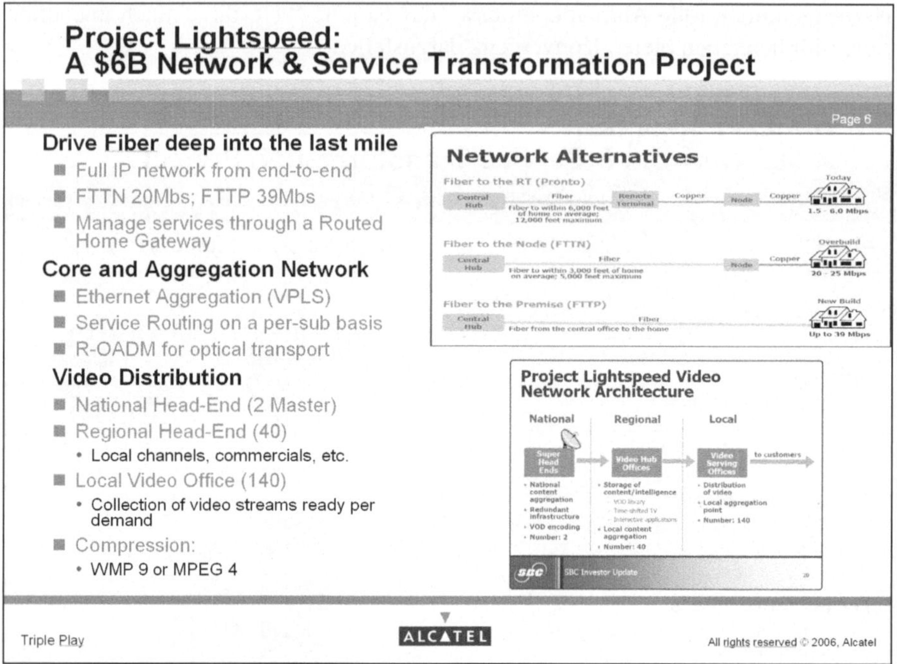

Bild 5

Die Rollout-Planung basierend auf den Kundendaten führte zu einer Analyse der Netzinfrastruktur in den betroffenen Gebieten (Bild 5). Diese Analyse führte zu der Entscheidung die Glasfaser näher zum Teilnehmer zu bringen. Herr Pech hat vorhin das Beispiel von Verizon angeführt. SBC, heute AT& T, bringt die Glasfaser nur bis zu dem Punkt, wo heute Kupfer verteilt wird. Das hat wesentliche Vorteile, wie wir jetzt im Nachhinein gelernt haben. Die Vorgehensweise bei Herrn Pech, in dessen Vorgarten gegraben wurde, weil die Glasfaser nicht nur näher zum Teilnehmer gebracht wurde, sondern direkt zum Teilnehmer, ist kostenintensiv, da zusätzlich zu den Netzinfrastrukturkosten noch Gelder für Instandsetzung von Garten (Rasen flicken, Ersatz von beschädigten Spinkleranlagen etc.) aufgebracht werden müssen. Ganz zu schweigen von den Unannehmlichkeiten der Endteilnehmer, die sicherlich nicht förderlich für die Geschäftsbeziehung sind. Diesen großen Vorteil hat SBC und eben nicht diese großen Unwägbarkeiten in den Kosten, weil sie sagen, die letzte Meile muss ich nicht komplett mit Glas ersetzen, die letzten paar Hundert Meter lass ich so. Und schon muss ich nicht ins Haus, nicht in den Vorgarten und habe weitaus weniger Stress, die Dienste tatsächlich für viele Menschen verfügbar zu machen. Offensichtlich sind auch die Telcos in Deutschland zu der gleichen Schlussfolgerung gekommen, denn die Netzinfrastruktur ist da sehr ähnlich zu Amerika (SBC).

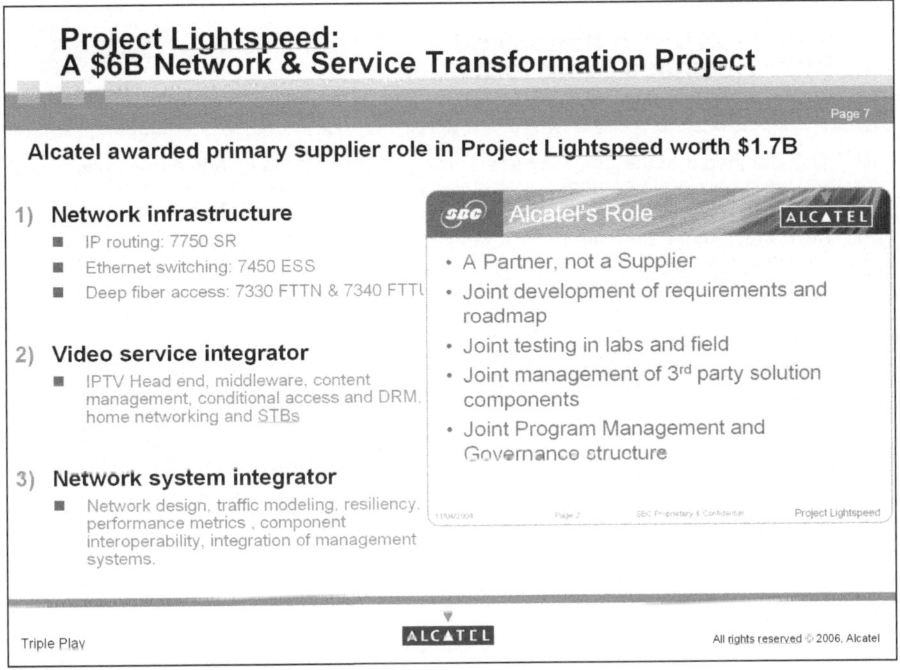

Bild 6

Die zweite Schlussfolgerung bezogen auf das Netz betraf das IP Netz (Bild 6). Das herkömmliche IP Netz war für diese Art von Dienst überhaupt nicht geeignet, weder von der Quality of Service, noch von der Möglichkeit Multicasting umzusetzen. Sprich, Videodienste wirklich preisgünstig zu produzieren, erfordert eine neue Infrastruktur auch im Backbone. Und natürlich eine Infrastruktur für eine effiziente Videoverteilung, d.h. hier wurde sehr viel analysiert, um dahin zu kommen, so etwas massenhaft mit einem vernünftigen Kostenlevel produzieren zu können. Weil dies tatsächlich Neuland für SBC und ein gemeinsames Erarbeiten dieser neuen Welt erforderlich war, hat man sich Partner gesucht. Microsoft wurde schon erwähnt und für die Netzinfrastruktur eben Alcatel.

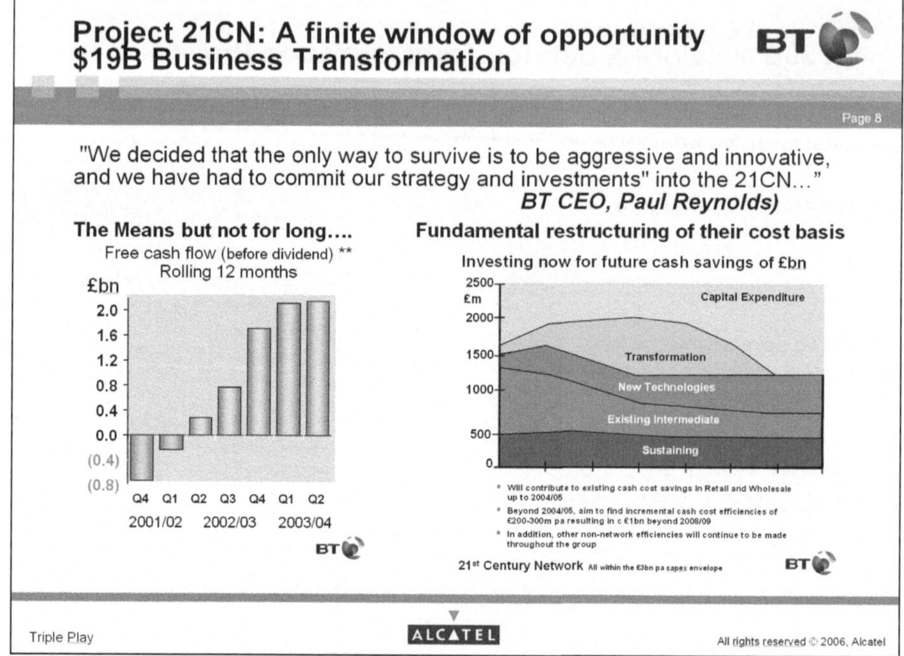

Bild 7

Um noch mehr zu akzentuieren, möchte ich noch ganz kurz das Beispiel von BT anführen (Bild 7). Herr Mahler hat vorhin gesagt, für ihn ist die Netzwerkinvestition in Deutschland auch eine Frage des Überlebens der Wettbewerbsfähigkeit. British Telecom steht für 21st Century Network, klingt nach neuen Diensten, nach neuen Möglichkeiten. Ganz nüchtern steckt dahinter, dass die Führungsspitze sich gesagt hat, wenn wir jetzt nicht das Geld in die Hand nehmen, um unser Netz zu modernisieren, was aus sehr viel altem „Legacy“ besteht, dann werden wir morgen untergehen, weil wir das Geld nicht mehr haben werden, um es zu modernisieren. Es geht also tatsächlich auch um das Überleben in einem sich veränderndem Wettbewerb. Beispiele dafür gibt es überall. Die TK-Industrie steht hiermit nicht allein. Denken Sie an die Kameraindustrie. Nikon hat gerade angekündigt, dass sie die analogen Kameras jetzt komplett aufgeben. Wer vor drei, vier Jahren nicht den richtigen Trend erkannt hat, der wäre jetzt weg gewesen. Und warum sollte die Telcobranche ganz anders funktionieren?

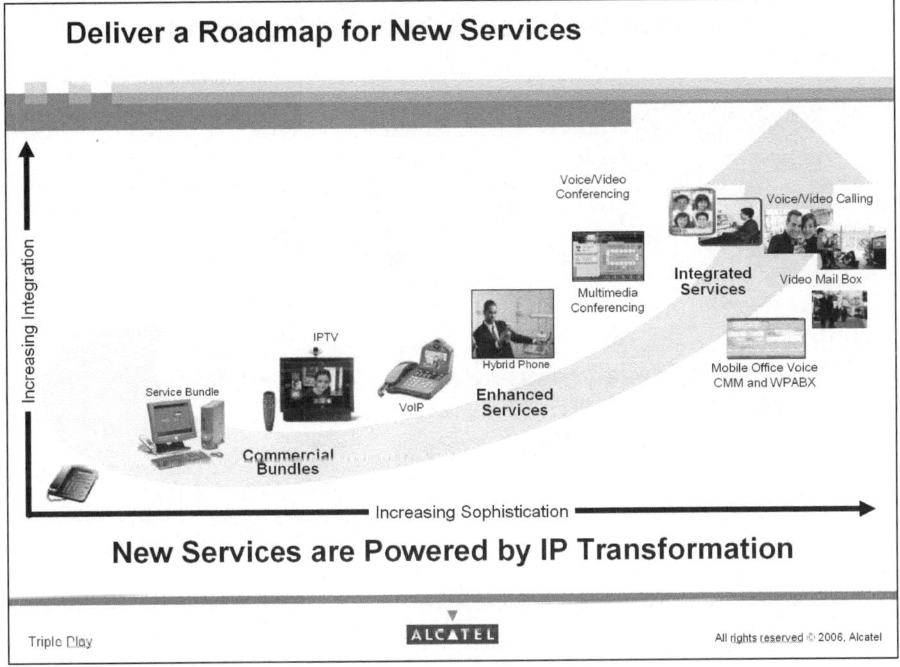

Bild 8

Die wesentliche Chance ist, mit neuen Diensten neue Möglichkeiten zu erschließen, sicherlich nicht mit immer mehr Geld aus den Geldbeuteln der Endnutzer (Bild 8). Denn wir erleben in vielen anderen Branchen auch, dass der PC zum Beispiel immer mehr Leistungsfähigkeit bekommt, der Preis nicht wesentlich steigt, aber eben auch nicht wesentlich fällt. Das ist ja schon einmal ganz gut. Die zwei Dimensionen, die sich für neue Dienste auftun, und zwar Dienste, die durch eine IP Transformation möglich werden, sind einmal kompliziertere Dienste, wertvollere Dienste und die andere Dimension ist die Integration oder auch Konvergenz von Diensten, die heute getrennt sind. Im Moment stehen wir in Deutschland noch ziemlich weit unten links. Es gibt ein Telefon und einen PC. Man kann auch ein Fernsehprogramm beim gleichen Anbieter bestellen bei den Kabelnetzbetreibern heute, nur haben die Dinger nichts miteinander zu tun, außer, dass es ein kommerzielles Bündel ist. Die Zukunft wird dann sein, dass auch das Fernseherlebnis sich dramatisch verändert, weil über IPTV Interaktion möglich ist, weil auch eine Verbindung zwischen PC und Telefon und PC und Fernseher usw. im Dienstespektrum möglich wird. Da gibt es eine ganze Reihe von Beispielen, von denen ich nur einige kurz aufgreifen möchte, wobei die Frage natürlich immer ist: Warum?

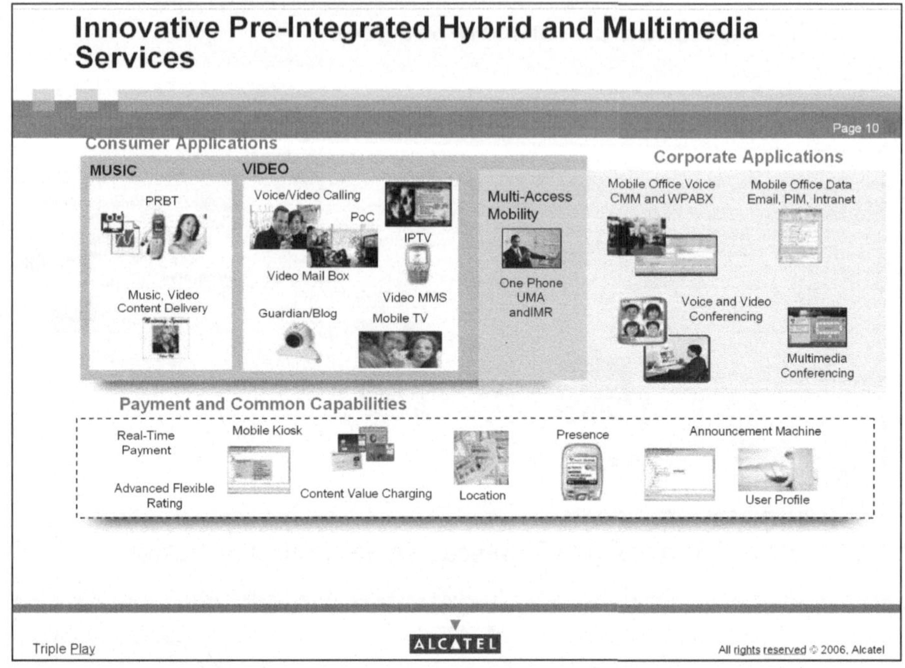

Bild 9

Im Moment muss man wohl noch sehr klar die zwei Welten unterscheiden, nämlich den Privatkunden und den Geschäftskunden (Bild 9). Und man muss sich die Frage stellen, welche Art von Integration uns eigentlich interessiert. Dabei denke ich, muss man vor allen Dingen versuchen, die inneren Blockaden, die man selbst hat, kurz zur Seite zu legen. Wenn man sich vorstellt, dass man im Büro sitzt, ist es absolut normal, dass auf dem PC bei einem Anruf deutlich der Anrufer angezeigt wird. Das kennen wir. In jedem Callcenter werden darüber hinaus auch noch Daten von Kunden usw. angezeigt. Früher war das noch nicht üblich, heute ist es üblich. Wenn ich mir demnächst vorstelle, die Fußballweltmeisterschaft anzuschauen, Ballack stürmt nach vorn, es wird brenzlig ..., das Telefon klingelt, ich weiß, mein Chef wird mich anrufen, könnte aber auch die Schwiegermutter sein. Ich muss mich entscheiden, ob ich aufstehe und riskiere, das wichtigste Spiel meines Lebens komplett zu verpassen oder die wichtigste Sekunde – da wäre es hilfreich, wenn eben genau diese Information auf dem Fernseher angezeigt würde. Es klingt banal, aber genau solche Arten von Verbindungen, dass der Fernseher auch etwas mit Kommunikation zu tun, dass ich dann vielleicht nicht nur über das Telefon mit meinem Gegenüber kommuniziere, sondern über den Fernseher, führt vielleicht dazu, dass wir ganz neue Zugänge schaffen. Ein Effekt, den wir im Moment sehen und den Herr Prof. Brosius erwähnte, wird dann aufgehoben: nämlich, dass das Wachstum der Internetnutzer, anfing zu stagnieren, weil es einfach Altersgruppen gibt, die sich mit dem PC nicht rumschlagen wollen.

Eine zweite Frage ist, welcher Content eigentlich wertvoll ist? Es gibt heute im Internet schon ganz andere Arten, wie Content entsteht und wie sich Interessensgruppen treffen. Möglicherweise ist der wertvollste Content für mich ja der, der meine Familie betrifft. Das ist heute schon Realität. Mein Bruder hat kürzlich geheiratet und hat seine gesamte Bildersammlung, die der Fotograf gemacht hat, ins Internet gestellt. Das Problem ist, dass die Älteren jetzt nicht so begeistert davon waren. Ich stelle mir vor, wie er später mit IPTV das Video, auf dem vielleicht seine Tochter anfängt zu laufen, so zur Verfügung stellt, dass meine Großmutter, Großtante usw. über den Fernseher sehen kann, indem sie auf der Fernbedienung den Knopf 13 – gleich über Arte – drückt. Dann haben wir Family TV. Community TV. Das Internet zeigt so viele Möglichkeiten, wie Communities miteinander in Interaktion gehen und plötzlich ganz andere Contents entstehen. Warum soll so etwas nicht auch in eine Welt transportiert werden, die dann wesentlich einfacher bedienbar ist. Und schon haben wir eine andere Art von Konvergenz und das Heimfilmstudio auf meinem PC hat dann etwas mit dem Fernseher meiner Großtante zu tun.

So kann man viele Ideen entwickeln, wie man über eine solche Plattformen neue Bereiche erschließen kann. Warum soll nicht Bildung auch zuhause über den Fernseher passieren? In der Firma kennen wir es alle, Schulung über den PC und Interaktion usw. Warum nicht über den Fernseher? Warum nicht Interessengruppenaustausch über den Fernseher, und zwar über das hinausgehend, was es heute gibt, nämlich Homeshopping oder bei Günther Jauch zwischendrin mal anrufen.

Damit könnte vielleicht eine Barriere überschritten werden, die Herr Prof. Brosius aufgezeigt hat, nämlich, dass die nicht so Technik affinen Menschen, trotzdem in diese neue Welt einsteigen. Ich glaube, er hatte gesagt, bei 34% der Bevölkerung ist beim Internetzugang eine Stagnation zu beobachten. Das könnte sich ändern, wenn man über die Fernbedienung in die neue Welt kommt.

Wenn man das alles zu Ende spinnt und Applikationen, die man heute aus dem Geschäftskontext kennt, mit nach Hause bringt, Conferencing usw. Warum nicht auch den Kaffeeklatsch im Netz, für ältere Menschen, die nicht mehr so mobil sind? Warum nicht Health Care, eCommerce etc. in einer ganz anderen Form?

Ergibt sich durch diese neue Infrastruktur ein Satz von Möglichkeiten, den die Kreativen, vielleicht von STURM und DRANG, in den nächsten Jahren nutzen werden? Ich weiß es nicht, aber ich kann es mir vorstellen. Das Entscheidende ist, dass durch diese Investitionen Möglichkeiten geschaffen werden, die es heute noch nicht gibt. Einmal die Konvergenz zwischen PC und TV in Form von Anwendungen und damit ganz andere Möglichkeiten, breiteres Kundenspektrum zu adressieren. Das nächste ist die Interaktion und diese nicht nur in der Form, dass ich neue Inhalte bekomme, sondern eben auch, und das ist wertvoll für die Anbieter von Content, dass ich mitkriege, wer meinen Content nutzt. Machen wir uns nichts vor, die Werbepause von Günther Jauch und der Anruf dient nicht nur dazu, dass ich 5000 € gewinnen kann, sondern es geht darum, zu erfahren, wer die Sendung anschaut. Im Internet ist ein Cookie etwas völlig Übliches und eine IPTV Plattform könnte natürlich unter Wahrung aller rechtlichen Standards, die noch zu definieren sind, auch zeigen, welche Inhalte erfolgreich sind und, wann man wegzappt. Vielleicht bekomme ich dann in Zukunft auch wirklich die uninteressanten Angebote nicht mehr, weil meine Anbieter endlich erfahren, dass ich da immer wegzappe. Auch das kann man als Bedrohung auffassen. Man kann es aber auch als Chance begreifen, für qualitativ höheren Content, denn da, wo ich immer wegzappe, und das Zapping scheint ein großes Thema zu sein, muss ich nicht mehr anbieten.

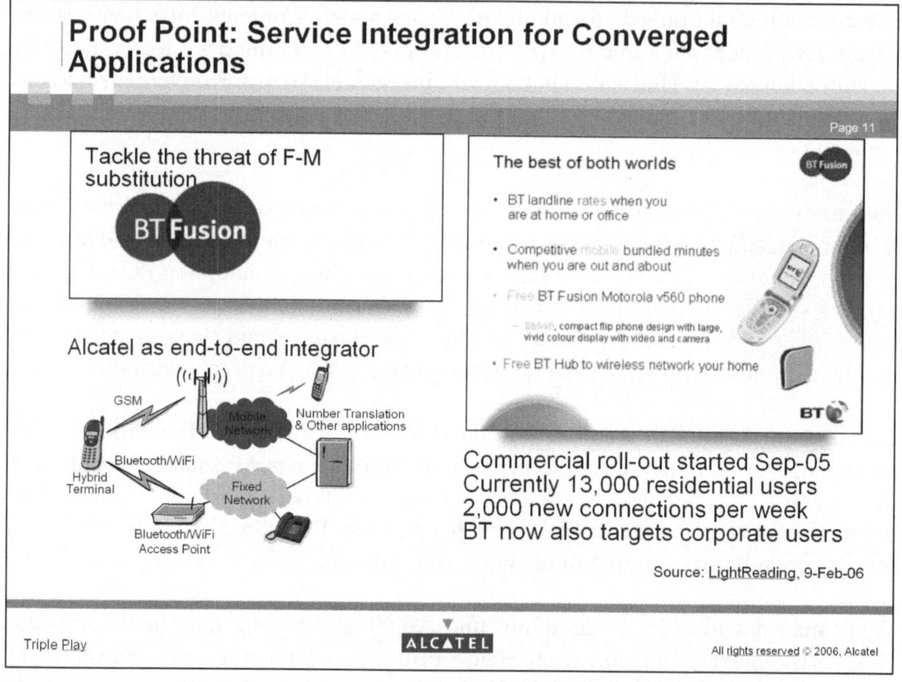

Bild 10

Insofern sehe ich eine ganze Reihe von neuen Möglichkeiten, neue Erlebnisse zu generieren. Aber da hört es nicht auf. Wir haben auch über das Thema Konvergenz in Richtung Endgeräte diskutiert, die heute im Wesentlichen als Mobilfunkendgeräte begriffen werden (Bild 10). Auch dort gibt es Beispiele, dass das Ende nicht erreicht ist. British Telecom mit dem Produkt BT Fusion zeigt, dass das Endgerät, um das es da geht, nicht mehr nur ein GSM Telefon ist – es ist auch ein MP3 Player und eine Kamera, also eine Contentproduktionsmaschine. Warum soll die zuhause nicht in meinem breitbandigen Netz eine Rolle spielen? Nicht nur zum Telefonieren, das wäre zu kurz gegriffen, sondern zum Runterladen von MP3 Files oder zum Raufladen und zum Publishing meiner Contents, die ich, während ich auf der Straße war, aufgenommen habe? Eine Form der Konvergenz, eine der vielen Möglichkeiten, weniger technologie- als anwendungsgetrieben.

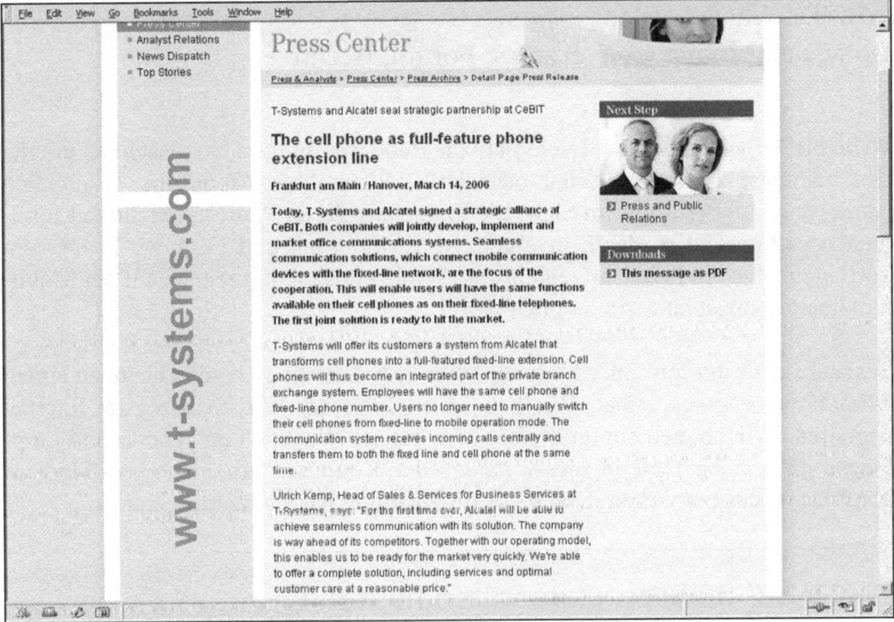

T-Systems and Alcatel seal strategic partnership at CeBIT

The cell phone as full-feature phone extension line

Frankfurt am Main / Hanover, March 14, 2006

Today, T-Systems and Alcatel signed a strategic alliance at CeBIT. Both companies will jointly develop, implement and market office communications systems. Seamless communication solutions, which connect mobile communication devices with the fixed-line network, are the focus of the cooperation. This will enable users will have the same functions available on their cell phones as on their fixed-line telephones. The first joint solution is ready to hit the market.

T-Systems will offer its customers a system from Alcatel that transforms cell phones into a full-featured fixed-line extension. Cell phones will thus become an integrated part of the private branch exchange system. Employees will have the same cell phone and fixed-line phone number. Users no longer need to manually switch their cell phones from fixed-line to mobile operation mode. The communication system receives incoming calls centrally and transfers them to both the fixed line and cell phone at the same time.

Ulrich Kemp, Head of Sales & Services for Business Services at T-Systems, says: "For the first time ever, Alcatel will be able to achieve seamless communication with its solution. The company is way ahead of its competitors. Together with our operating model, this enables us to be ready for the market very quickly. We're able to offer a complete solution, including services and optimal customer care at a reasonable price."

Bild 11

Last not least, um auch da ein kleines Beispiel zu liefern, gibt es auch in Deutschland Konvergenzprodukte, in diesem Falle von der T-Systems (Bild 11). Bei denen geht es darum, dass ich Ihnen als geschäftlicher Nutzer nicht mehr meine Handynummer gebe, sondern nur die Festnetznummer, so kann ich, wenn ich zum Beispiel im Urlaub bin, meine Kommunikation kontrollieren. .So glaube ich, dass auch die Art von Fixed/Mobile Konvergenz noch viele Blüten treiben wird, die wir heute noch nicht kennen, aber die technischen Möglichkeiten führen dazu, dass diese Ideen überhaupt entstehen und preisgünstig umsetzbar sind.

Insofern meine ich, Triple Play ist eher eine Chance als Risiko.

5.2 Fernsehempfang auf dem Handy: Basis für neue mobile interaktive Dienste

Prof. Dr. Claus Sattler
Broadcast Mobile Convergence Forum, Berlin

Wenn bisher heute hier von Triple Play die Rede war, ging es hauptsächlich um die Übertragungsplattformen Kabel oder DSL. Wenn über Mobilfunk gesprochen wurde, dann meistens nur im Sinne die Ergänzung dieser Plattformen durch Mobilfunk oder hinsichtlich der Konvergenz von Mobilfunk und Festnetz. In meinem Vortrag möchte ich Ihnen aufzeigen, dass Triple Play zukünftig auch auf der Mobilfunkübertragungsplattform möglich wird.

Sie sind sicher mit mir einer Meinung, dass sich das Handy bereits heute zu einem Alleskönner entwickelt hat: Wir können telefonieren. Wir können zum Internet zugreifen. Wir können fotografieren. Wir können Nachrichten senden und empfangen. Was noch fehlt in dieser Palette der Kommunikation und des Medienkonsums ist das Fernsehen. Und diese Entwicklung hat nunmehr begonnen.

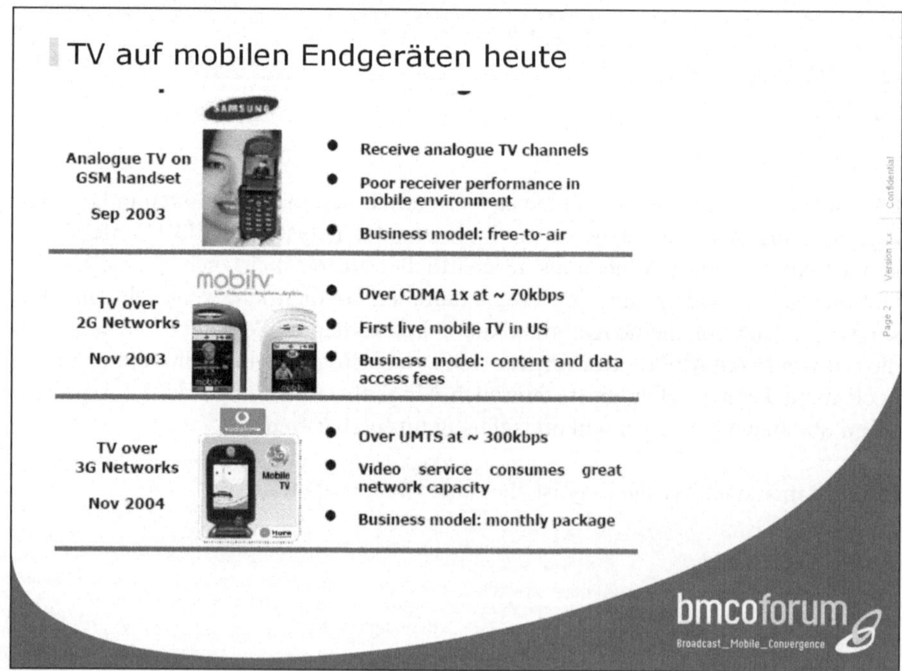

Bild 1

Fernsehen auf mobilen Engeräten ist nicht ganz neu (Bild 1): Bereits im Jahre 2003 wurde erstmals in Japan analoges Fernsehen auf Mobiltelefonen angeboten. Die Empfangsqualität war dabei relativ bescheiden. Im November 2003 ging dann mit mobitv in den USA das erste digitale Fernsehangebot an den Markt. Die Datenübertragungsrate beträgt etwa 70 kbps. Obwohl die Übertragung digital erfolgt, ist auf Grund der geringen Bandbreite auch hier die Qualität eher mäßig. Seit der Einführung von UMTS verzeichnen wir am Markt eine Vielzahl von mobilen TV-Angeboten. Die Datenübertragungsrate beträgt nunmehr bis zu 300 kbps, meistens jedoch noch 128 kbps.

Das Business Model basiert zumeist auf einem monatlichen Entgelt speziell für das mobile Fernsehen oder mobiles Fernsehen wird zusammen mit weiteren Diensten angeboten, zum Beispiel mit der Nutzung von Datendiensten.

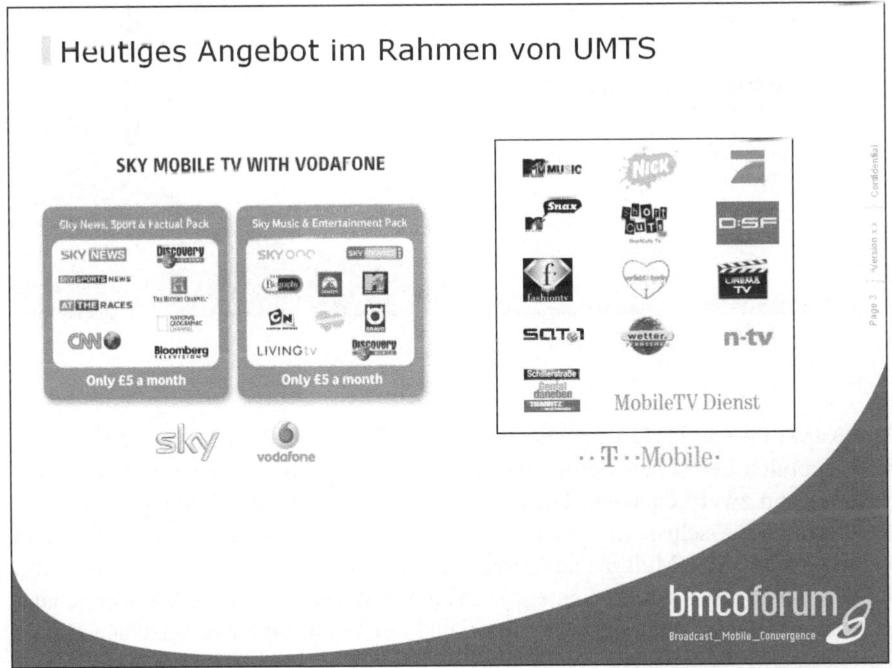

Bild 2

In Bild 2 sehen Sie zwei Beispiele für mobile TV-Dienste im Rahmen von UMTS. Das eine ist SKY Mobile TV und wird von SKY zusammen mit Vodafone in UK angeboten. Das andere ist von T-Mobile in Deutschland. Dabei sind zwei Arten von Angeboten sichtbar: Zum einen werden bestehende Fernsehkanäle unverändert über das Mobilfunknetz auf das Handy übertragen, zum anderen werden spezielle Angebote für den Mobilfunk produziert. Vodafone D2 produziert beispielsweise in

Deutschland eine eigene Fußballsendung für das mobile Fernsehen. In UK kann man für 5 im Monat spezielle Pakete abonnieren.

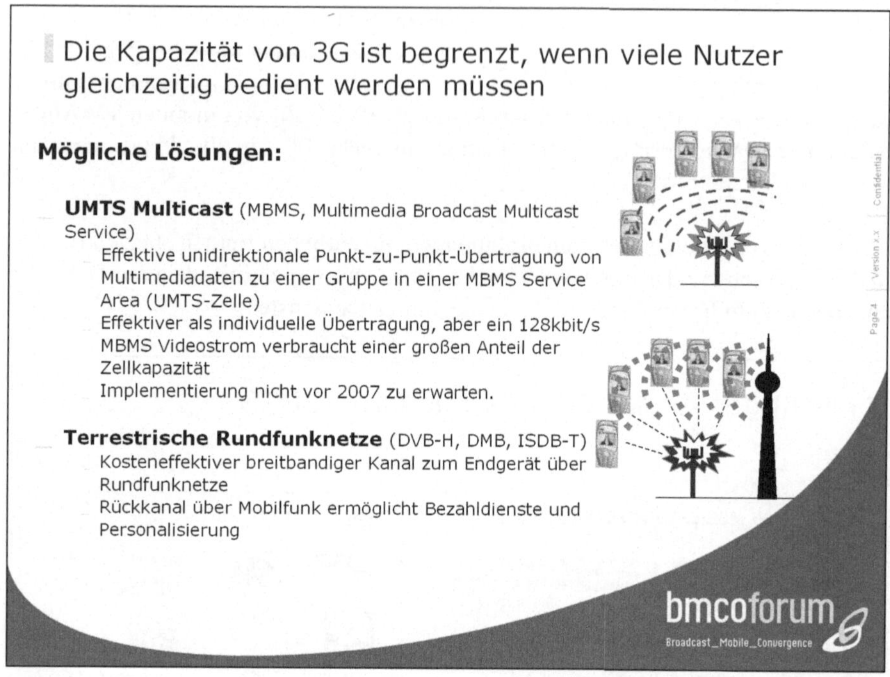

Bild 3

Die Kapazität von UMTS ist jedoch begrenzt (Bild 3). Mit steigender Nutzerzahl beim mobilen Fernsehen werden die UMTS-Netze an ihre Grenzen stoßen. Dafür gibt es dann zwei Lösungen: Die erste liegt in der Weiterentwicklung der Mobilfunktechnologie selbst. Ein entsprechender Standard ist in der Entwicklung und nennt sich MBMS (Multimedia Broadcast Multicast Service). Hierbei wird in das UMTS ein Broadcast-Modus integriert. Ein mit MBMS in einer UMTS-Zelle ausgestrahltes Fernsehprogramm wird dabei nicht mehr nur für einen einzelnen Nutzer bereitgestellt, sondern jeder Nutzer, der sich in dieser Zelle befindet, kann dieses Fernsehprogramm empfangen. Die Kapazität der UMTS Zelle wird dadurch jedoch nicht erhöht. Somit bleibt die Anzahl der pro Zelle gleichzeitig ausstrahlbaren Fernsehprogramme gering.

Der andere Ausweg ist, dass man sich den terrestrischen Rundfunknetzen zuwendet. Da haben wir ebenfalls zwei Möglichkeiten: Die eine basiert auf der Nutzung eines Netzes für digitales Radio nach dem DAB Standard. Die andere basiert auf dem digitalen terrestrischen Fernsehen nach dem DVB-Standard.

Mit der Nutzung von terrestrischen Rundfunknetzen wird das Triple Play auf dem Handy anders als bei DSL oder Kabel nicht von einem Übertragungsmedium allein bereitgestellt, sondern wir nutzen dafür zwei Übertragungsnetze; zum einen das UMTS-Netz, das die Telefonie ermöglich und darüber hinaus den Rückkanal für weitere Dienste bereitstellt, z.B. den Zugang zu Datendiensten oder zum Internet. Und zum anderen benötigen wir ein Rundfunknetz, über das die Fernsehprogramme auf das Handy kommen, eventuell ergänzt mit Zusatzinformationen.

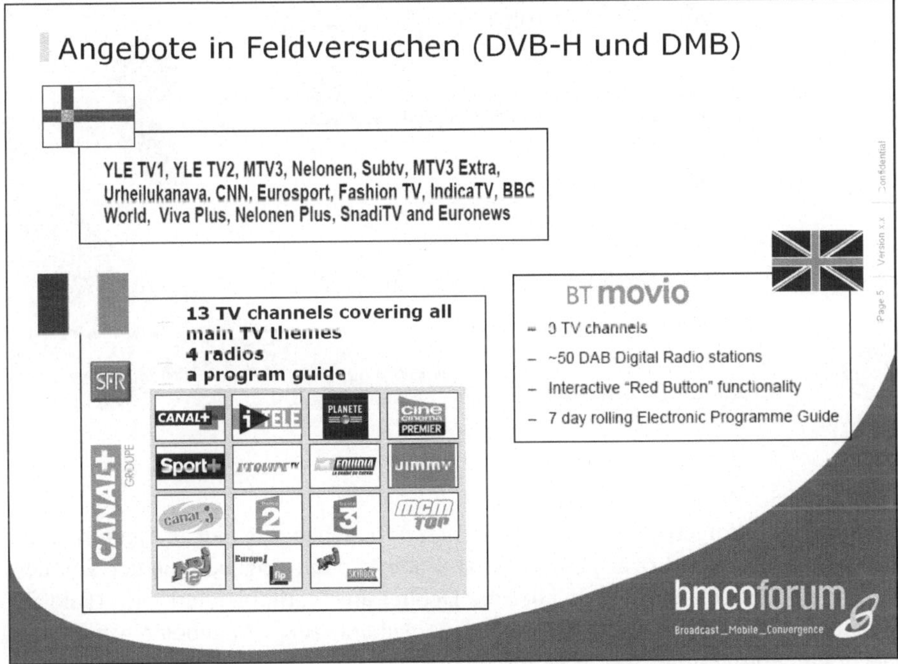

Bild 4

In Bild 4 sind einige Angebote zu sehen, die im Rahmen von Feldversuchen bei DVB-H und DMB international angeboten wurden. In Finnland waren es ausschließlich Fernsehprogramme. In Frankreich boten Canal+ und SFR 13 Fernsehprogramme sowie 4 Radioprogramme an. BT Movio war ein auf DAB aufsetzender Feldversuch. Hier hatte man aufgrund der begrenzten Kapazität nur 3 TV-Programme angeboten, aber auch 50 Radioprogramme. Das Angebot von Radioprogrammen ist dabei sehr gut angekommen.

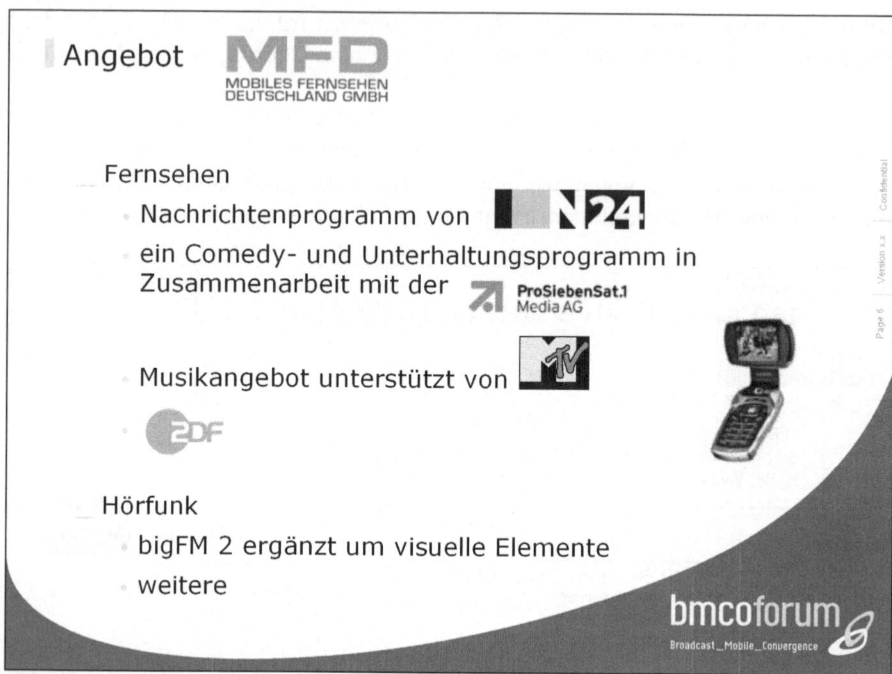

Bild 5

Wie sieht das Angebot in Deutschland aus? Wo stehen wir hier in Deutschland? Heute wurde schon kurz erwähnt, dass ab Ende Mai ein Angebot von der Mobilen Fernsehen Deutschland GmbH über die Debitel am Markt platziert wird (Bild 5). Bereits zur CeBIT gab es die entsprechende Ankündigung. Angeboten werden das Nachrichtenprogramm von N24, ein Comedy- und Unterhaltungsprogramm in Zusammenarbeit mit ProSiebenSat1 sowie ein Musikangebot, was von MTV unterstützt wird. Diese drei Programme werden verschlüsselt ausgestrahlt und sind Bestandteil eines kostenpflichtigen Angebotes, das über eine monatliche Flatrate erworben werden kann Dann gibt es noch ZDF, das unverschlüsselt ausgestrahlt wird, und auch ohne die Bezahlung der Flatrate empfangen werden kann, sofern man ein entsprechendes Endgerät verfügbar hat. Das Fernsehangebot wird ergänzt durch Hörfunkangebote. Aus medienpolitischen Gründen wurde dieser Dienst von den Landesmedienanstalten zunächst als Erprobungsprojekt auf mehrere Jahre befristet, hat jedoch einen kommerziellen Charakter.

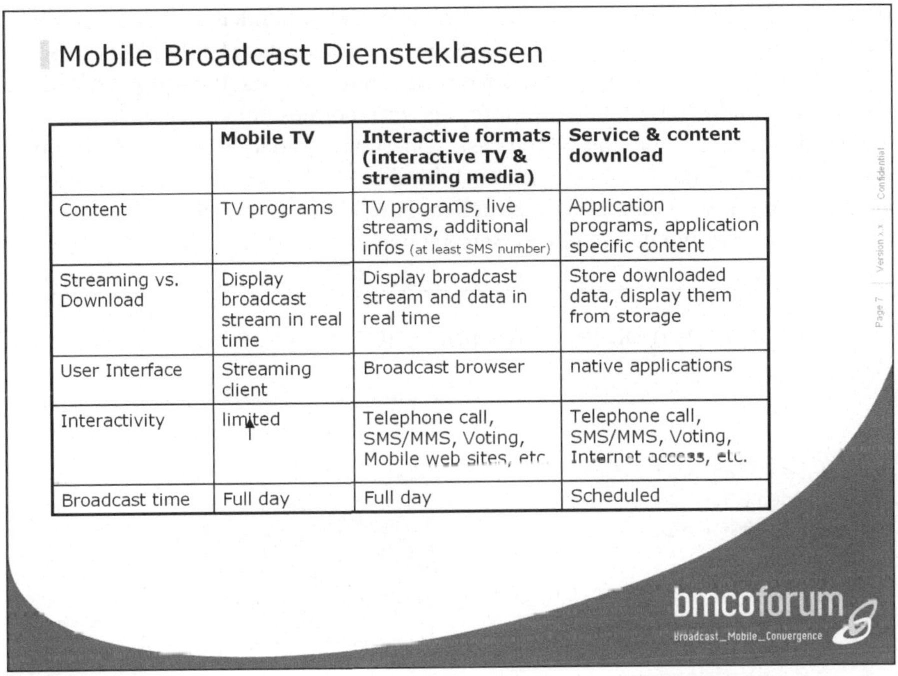

Mobile Broadcast Diensteklassen

	Mobile TV	Interactive formats (interactive TV & streaming media)	Service & content download
Content	TV programs	TV programs, live streams, additional infos (at least SMS number)	Application programs, application specific content
Streaming vs. Download	Display broadcast stream in real time	Display broadcast stream and data in real time	Store downloaded data, display them from storage
User Interface	Streaming client	Broadcast browser	native applications
Interactivity	limited	Telephone call, SMS/MMS, Voting, Mobile web sites, etc.	Telephone call, SMS/MMS, Voting, Internet access, etc.
Broadcast time	Full day	Full day	Scheduled

bmcoforum
Broadcast_Mobile_Convergence

Bild 6

Im Wesentlichen lassen sich beim mobilen Fernsehen drei Dienstklassen identifizieren (Bild 6):

Erstens das klassische Fernsehen, also der unveränderte Empfang von Fernsehprogrammen, so wie sie auch auf dem stationären Fernseher empfangbar sind. Vor einiger Zeit haben wir noch gedacht, dass man Ticker nicht wird lesen können oder dass der Fußball nicht erkennbar ist. Doch durch die weitere Verbesserung der Qualität treffen diese Bedenken heute nicht mehr zu. Wenn Sie während der Fußball-WM auf dem Handy Fußball sehen, werden Sie den Ball deutlich erkennen.

Eine zweite Klasse von Angeboten geht in Richtung interaktiver Formate: interaktives Fernsehen, interaktive Streaming Media. Das ist all das, was heute unter Begriff „Response TV" im Fernsehen zusammengefasst ist, wo die Zuschauer aufgefordert werden, anzurufen oder eine SMS zu schicken. Durch die Integration in einem Endgerät kann man über Klicks dafür sorgen, dass sich direkt das SMS-Fenster öffnet und dabei keine SMS-Nummer mehr eingegeben werden muss usw. Oder wenn Sie einen Call Button drücken, dass die Telefonnummer bereits hinterlegt ist und die Anwahl über das Handy ohne weitere Nutzeraktionen eingeleitet wird.

Eine dritte Klasse ist das Herunterladen von Diensten und Inhalten. Für einen abonnierten Dienst werden z.B. über Nacht Kino-Trailer auf das Handy geladen. So ist der Nutzer dann in der Lage, diese auch offline auf dem Handy anzusehen und die Kinokarten direkt zu bestellen. Mittelfristig wird mobiles Fernsehen nicht nur klassisches Fernsehen, nur eine Simulcast- Übertragung der heutigen Fernsehprogramme auf das Handy sein. Gerade auch für die Geschäftsmodelle ist sehr wichtig ist, neue interaktive Dienste bereitzustellen. Hier bieten sich vielfältigste Möglichkeiten an. Ich möchte das an einem Beispiel demonstrieren.

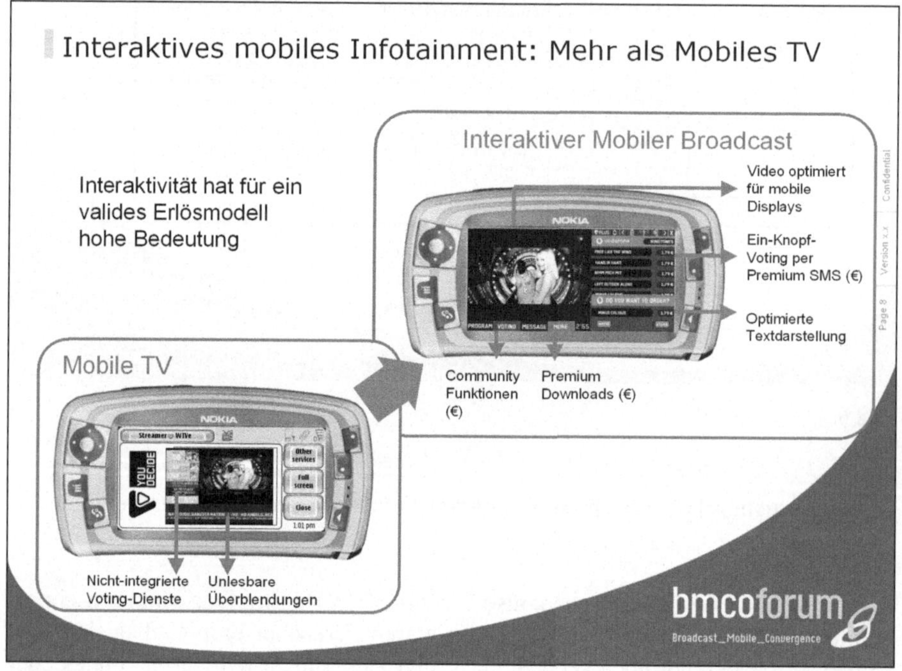

Bild 7

Bild 7 zeigt das Programm von VIVA „Get the clip“. Das ist als stationäres Fernsehprogramm zu empfangen. Der Zuschauer kann dabei abstimmen, welcher Musiktitel als nächster gespielt wird. Im Rahmen des bmco-Pilotprojetes in Berlin wurde dieses Programm auch auf das Handy übertragen. Dafür wurde jedoch ein anderes Layout gewählt, das besser für das Handy geeignet ist und mit dem der Nutzer interaktiv sofort reagieren kann. Er klickt auf die Liste der zur Auswahl stehenden Titel. Dann klickt er auf den Titel, den er wählen möchte. Danach eröffnet sich ein SMS-Fenster, in das ein Text eingeben werden kann, der mit ausgestrahlt wird für den Fall, das dieser Titel dann gesendet wird. Mit einem weiteren Klick bestätigt der Nutzer, dass er bereit ist, 49 Cent zu bezahlen. Der Zuschauer am stationären Gerät muss dafür zusätzlich in sein Handy die SMS-Nummer des VIVA-Dienstes sowie die Titelnummer eingeben.

Technisch gesehen werden dabei über das Rundfunknetz neben dem Fernsehsignal verdeckt Zusatzinformationen gesendet, die benutzt werden, um die Interaktion des Nutzers zu vereinfachen, indem interaktive Buttons erzeugt werden können, die die Anwendung mit wenigen Klicks zum Erfolg führen.

Bild 8

In Bild 8 ist ein weiteres Beispiel aufgezeigt, das während der IFA 2005 zu sehen war. Ein spezielle Programm „Rund um das Auto“ enthält aktuelle Verkehrsnachrichten und Staumeldungen, ein Quiz sowie die Möglichkeit der Vereinbarung einer Probefahrt. Selbstverständlich kann der Nutzer das Fernsehbild zoomen, so dass der gesamte Bildschirm eingenommen wird.

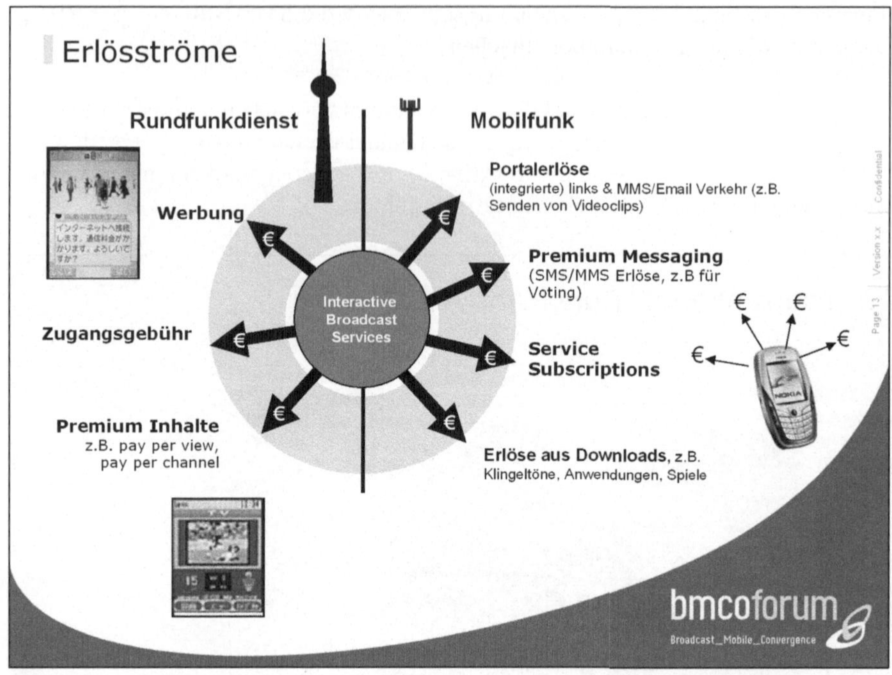

Bild 9

Die Erlösströme des mobilen Fernsehens setzen sich zum einen aus den klassischen Erlösströmen für das Fernsehen wie Werbung, Zugangsgebühr und Premium-Inhalte zusammen (Bild 9). Die meisten, auch internationalen Anbieter gehen davon aus, dass das Fernsehen auf dem Handy zunächst im Rahmen eines Basispaketes über eine monatliche Flatrate finanziert wird und dann eventuell Premium-Angebote dazu kommen, die dann einzeln oder in weiteren Paketen zusätzliche Erlöse bringen. Weitere Erlöse ergeben sich aus den interaktiven Diensten, durch gesendete Nachrichten, durch Anrufe oder auch durch Downloads, die über das empfangene Fernsehprogramm stimuliert werden.

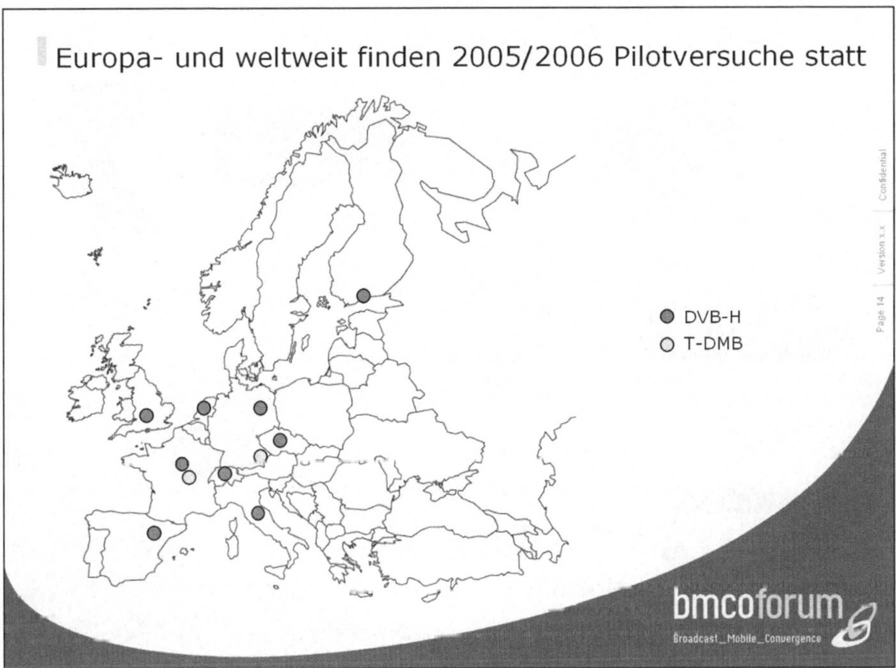

Bild 10

Bild 10 zeigt europaweite Feldversuche des mobilen Fernsehens, weltweit gibt es viele weitere. Daraus wird ersichtlich, dass in den meisten Ländern DVB-H favorisiert wird. Neben dem DMB-basierten Angebot der MFD gibt es in Deutschland ein weiteres DMB-basiertes Erprobungsprojekt in Bayern zusammen mit den benachbarten Ländern Schweiz und Österreich. Im europäischen Ausland gab es nur in Frankreich noch einen Pilotversuch, der DMB als Basistechnologie nutzte. In den letzten Tagen ist auch angekündigt worden, dass die MediaFlo-Technologie, die Qualcomm entwickelt hat, jetzt durch Sky in England erprobt werden soll.

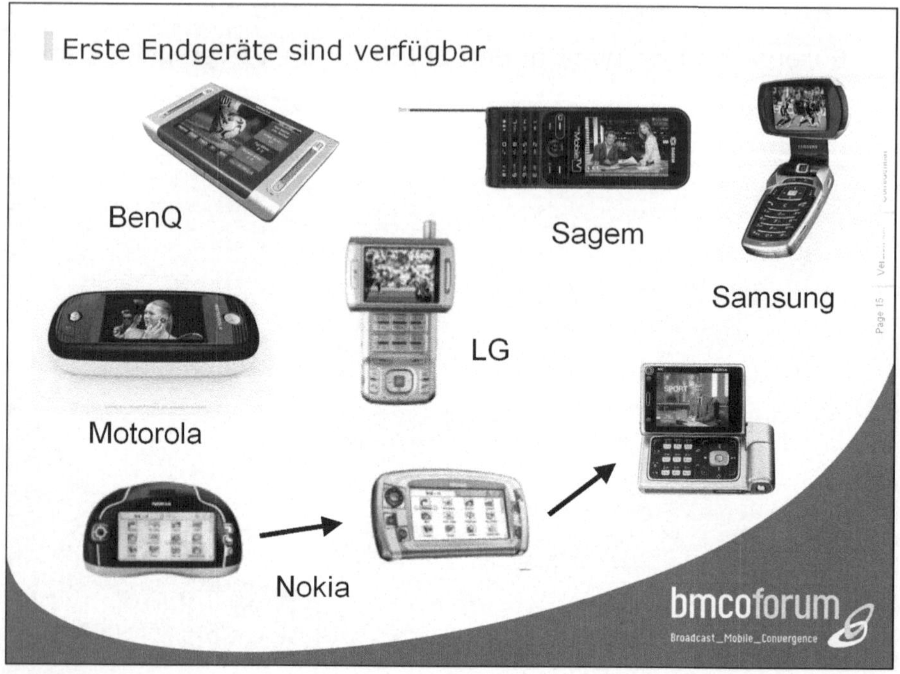

Bild 11

Die Endgeräte sind weitgehend verfügbar (Bild 11). Bei DMB sind die Endgeräte für kommerzielle Dienste recht ausgereift mit der Einschränkung, dass diese bisher nur von südkoreanischen Herstellern zur Verfügung stehen, z.B. von Samsung und LG. Bei DVB-H haben wir verschiedenste Hersteller, wenn auch zurzeit noch nicht alle Geräte kommerziell ausgreift sind.

Was sind die nächsten Schritte in Deutschland? Ich hatte bereits erwähnt, dass Mobiles Fernsehen Deutschland Ende Mai seinen DMB-basierten Dienst in ersten Städten startet, der dann schrittweise bundesweit ausgebaut werden soll. Entsprechende (Erprobungs-) Lizenzen wurden erworben. Bei DVB-H laufen Vergabeverfahren für Hamburg, Hannover und Berlin. Zunächst wird erst einmal zur Fußball WM in diesen Städten sowie in München ein Showcase realisiert.

Ich möchte abschließend noch etwas zur Frage der Chancengleichheit der Technologien in Deutschland sagen. Hier haben wir ein Problem bezüglich DVB-H, das momentan aus verschiedensten Gründen in seiner Chancengleichheit benachteiligt ist. Ein Problem ist die Frequenzverfügbarkeit. Während für die DMB-Technologie im L-Band zunächst für einen Start ausreichend Frequenzen zur Verfügung stehen, ist bei DVB-H die prinzipielle Möglichkeit aufgezeigt worden, dass es machbar ist, einen deutschlandweiten DVB-H-Multiplex zur Verfügung zu stellen. Damit der aber wirklich Realität wird, bedarf es weiterer Anstrengungen im politischen Bereich, bei den Landesstellen für Rundfunk, bei den Landesmedienanstalten, aber auch bei den privaten Rundfunkveranstaltern. Wenn alle Beteiligten erkennen, dass es hier wirklich um einen weiteren attraktiven Verbreitungsweg für Fernsehen geht, denke ich, dass diese Probleme in der Zukunft irgendwann gelöst werden können.

Zurzeit ist nach wie vor ein uneinheitliches Auftreten der Landesmedienanstalten zu verzeichnen. Im Gegensatz zu DMB ist es für DVB-H bisher noch nicht gelungen, zwischen allen Landesmedienanstalten ein entsprechendes Eckpunktepapier abzustimmen, was sich in diesem Vergabeverfahren negativ bemerkbar macht.

Drittens stellt sich auch hier die Frage der Einbeziehung der öffentlich-rechtlichen Rundfunkanstalten in eine entsprechende Zugangskontrolle; ein Thema, was heute schon mehrfach diskutiert wurde. Was bei Zugangskontrolle natürlich mit dem Thema Verschlüsselung zu tun hat und wo bisher die Bereitschaft der öffentlich-rechtlichen Sender nicht vorhanden ist, sich in ein solches System einzubringen. Das hat natürlich Auswirkungen für die Geschäftsmodelle. Am Beispiel „Mobiles Fernsehen Deutschland“ sieht man bereits, dass in diesem Fall von vier Fernsehprogrammen, die man insgesamt technisch nur übertragen kann, eines bereits aus dem Geschäftsmodell heraus fällt, also dafür nur noch drei Programme zur Verfügung stehen. Ähnliches ist dann natürlich auch bei DVB-H zu erwarten.

Viertes und letztes Problem der Chancengleichheit für DVB-H ist zurzeit die die Empfangbarkeit in Gebäuden. Die DVB-T-Sendernetze, so wie sie heute aufgebaut sind, reichen nicht aus, um eine Empfangbarkeit in Gebäuden zu gewährleisten. In Pilotversuchen hat sich aber gerade gezeigt, dass sehr viele Nutzer mobiles Fernsehen auch zuhause nutzen. Die Gründe sind vielfältig: Man nutzt es in Räumen, in denen kein großer Fernseher steht, man sieht ein anderes Programm als der Rest der Familie oder hat am Handy ein Programm abonniert, das am stationären Fernseher nicht zur Verfügung steht. So kann man erwarten, dass bei den von Herr Tillmann hier angekündigten Plänen des Bayerische Rundfunks die Empfangbarkeit in Gebäuden sehr zu wünschen übrig lässt. Ein zweiter Aspekt ist, dass für eine gute Empfangbarkeit in Gebäuden die Netzkosten höher als bei DVB-T sind. Über die Höhe kann auch mitentscheiden, inwieweit es gelingt, mehr Wettbewerb zu erzeugen und wenn nicht mehr Wettbewerb, dann zumindest Transparenz der Kosten.

5.3 Interaktives TV – Konvergente Geschäftsmodelle für TV und TK Kriterien für erfolgreiche interaktive Geschäftsmodelle

Michael Werber
FiveWorks GmbH

Der Vortrag stellt (erfolgreiche) interaktive Geschäftsmodelle der „analogen“ Welt, wie Call TV, Community TV und Teleshopping, den Herausforderungen der Digitalisierung und des Triple Play gegenüber. Aus heutigen Erfolgskriterien werden zukünftige abgeleitet und kritisch betrachtet: Was wird der Zuschauer annehmen? Werden heutige Geschäftsmodelle lediglich angepasst oder kommen grundsätzlich neue hinzu?

Am Ende steht für Triple Play wie so oft die Frage nach der „Killer Applikation“ und die damit verbundene Akzeptanz des Endkunden. Die Entscheidung darüber wird nicht nur über den Preis, sondern vor allem über die Bedienbarkeit und den „gefühlten“ Mehrwert gefällt werden. Auch wenn sich Telekommunikationsunternehmen zu Brands für Inhalte entwickeln, müssen sie auf der Plattform mit den etablierten TV Marken konkurrieren. Diese wiederum müssen, um rentabel zu arbeiten, ihre Inhalte für viele Distributionswege aufbereiten. Aus diesem Grund werden die bestehenden Player – TV Anbieter – im Markt die Entwicklung interaktiver Geschäftsmodelle weiterhin bestimmen.

Die Neuen – hier Triple Play Anbieter oder Dritte auf der Plattform – müssen neue interaktive Dienste, Anwendungen und Inhalte erst etablieren. Spannend wird es dann, wenn sich bestehende und neue Konzepte auf der Plattform beginnen zu substituieren und eine Konkurrenz der Angebote entsteht. Auf dem Feld der neuen, substituierenden interaktiven Geschäftsmodelle wird sich mittelfristig zeigen, ob und in welchem Umfang die Plattform Erfolg hat. Im Mittelpunkt steht der Endkunde, der die neue Form des TV verstehen und annehmen muss. Erst dann entsteht ein echter Paradigmenwechsel der Mediennutzung in deutschen Wohnzimmern.

Interaktives TV Heute

Rückkanal: Telefon, Mobiletelefon

Geschäftsmodell: Mehrwertnummern, SMS, Provisionen, Retail, Klassische Werbeeinnahmen

Wer verdient?: Sender, TK Operator (+ Service Provider), Mobile Operator (+ Service Provider), Content Provider, Produzent, Lieferant

Wer zahlt?: Der Zuschauer oder Kunde

Marktvolumen: 2,4 Mrd in 2007*)

Aber: Ohne Video on Demand, Digital Retail, Individual Content, Time Shift Advertising, Pay per Channel, Pay per Service

*) **Quelle:** Goldmedia, 2005

3

Bild 1

Betrachtet man heute die Vielfalt an „interaktiven“ Formaten, Sendekonzepten und Geschäftsmodellen im TV Umfeld so bestechen alle mit ein und demselben Rückkanal-Konzept – Telefon oder Handy (Bild 1). Die aus der Not geborene Idee, das Festnetz-Telefon und/oder das Handy aktiv in TV Geschäftsmodelle einzubeziehen, ist heute die Erfolgsstory von Sendern und Produktionsfirmen, der so genannten dritten Generation, geworden (mangels TV Haushalten mit einem dicken Telefonkabel, das eine schwarze Box unter dem TV mit der Telefondose verbindet).

Die dritte Generation – eine Auswahl an Geschäftsmodellen

- 3 etablierte Teleshopping Kanäle im Deutschen Fernsehen
- 1-2-3.TV als erstes VC finanziertes Geschäftsmodell nach dem Untergang der New Economy
- 9Live als erster Vollkanal für Mitmach TV
- Alle großen und vor allem kleinen TV Sender bedienen sich, in Ergänzung zu Ihren Werbeeinnahmen, bei dem Geschäftsmodell von 9Live.
- Zuschauer können via SMS und TV sich über nahezu alle Themen (inkl. über sich selbst) unterhalten.
- Voting per Telefon, z.B. welche Schönheit in die nächste Runde kommt.
- Die Nation hat die Liebe zur Astrologieberatung über TV und Call Center entdeckt.
- „Transaktionserlöse" werden nicht nur über das TV Format selbst generiert, sondern auch über den integrierten Aufruf zu Bildung von Off Air Communities, z.B. im Teletext.

Wer verdient mit und wer zahlt?

All diese Geschäftsmodelle (außer Teleshopping, das seine Wertschöpfung aus dem Handel bezieht) generieren ihre Erlöse aus Mehrwertdiensten (IVR, Premium SMS), bei denen die Initiatoren des Triple Play heute schon kräftig mitverdienen. Aufgeteilt wird der Kuchen nicht nur zwischen den Programmveranstaltern und den Telekommunikations-Anbietern sondern auch noch zwischen Service Providern, SMS Providern, Produktionsfirmen, Content Providern und Technologieanbietern.

Die Kosten trägt der Zuschauer und/oder Kunde, der sich das interaktive Vergnügen inklusive dem bequemen Shopping vom Wohnzimmer aus im Jahr 2007 voraussichtlich 2,4 Mrd. Euro kosten lassen wird (Quelle: Goldmedia).

Dieses Feld wird vornehmlich von den klassischen analogen TV Betreibern besetzt. Nicht inkludiert sind hier Dienste, wie Video on Demand (Pull, Push), Digital Retail (heute: Bestellung eines Klingeltons), Pay per Channel (Premiere, KDG), Pay per Service (Blue Movie) und andere individualisierte Dienste. Und genau hier liegt naturgemäß das Potential von Triple Play mit seinem breitrandigen Rückkanal.

Aber zunächst ein kurzer Blick auf die Motivation und Bereitschaft des Zuschauers für Interaktion Geld auszugeben.

Bild 2

Warum macht der Zuschauer mit und ist bereit dafür Geld auszugeben? (Bild 2)

Nach nicht geglückten Versuchen, TV Zusehern die Fernbedienung mittels eines langen Kabels im Wohnzimmer als interaktive Schaltzentrale der Zukunft zu verkaufen, haben Programm- und Mediendienstmacher (letztere haben den Weg bereitet) sich wieder alter Grundsätze erinnert: Man muss bekannte Nutzungsmuster ansprechen und die Nutzung muss einfach und gelernt sein.

Fazit: Formate, die zur Interaktion anregen wollen, müssen einfach, verständlich, nachvollziehbar, kurzum massentauglich sein. Die Konsequenz war, dass das Telefon/Handy als möglicher Rückkanal Einzug gehalten hat in das alltägliche TV Geschehen. Ob man gute Freunde anruft, oder mit einem Sender kommuniziert, der Griff zum Telefon ist eingeübt und von klein auf gelernt. Die Geschäftsführerin eines bekannten deutschen Mitmachsenders soll in diesem Zusammenhang gesagt haben „Wer Visionen hat gehöre ins Krankenhaus.“. Für die Realisation von massentauglichen interaktiven Konzepten hat dies sicherlich seine Richtigkeit.

Die Erfolgsfaktoren solcher Programme und Geschäftsmodelle sind im Grund sehr einfach. Im Mittelpunkt steht der Mehrwert für den Nutzer. Ein guter Kunde muss, wenn er für die angebotene interaktive Dienstleistung Geld ausgibt, am Ende zufrieden sein. Das ist er, wenn er seine Motivation zur Teilnahme und/oder seine Bedürfnisse befriedigt sieht.

Motivation zur Teilnahme:

- Mitteilungsbedürfnis stillen: öffentliche Äußerungen (Meinungen, persönliche Daten, Vorlieben etc.) z.B. per Chat-SMS
- Gewinnmöglichkeit: Call-in Formate
- Beeinflussung des Programmablaufs: Voting, z.B. "Deutschland sucht den Superstar"
- Leute kennen lernen: Datingformate
- Konsumfreude: Teleshopping- oder Auktions-Sender
- Besser fühlen: z.B. Astro Beratung
- Bequemlichkeit: von zu Hause aus
- Entertainment: Unterhaltung, Entspannung, usw.

Werden diese Motivationen Ziel führend bedient, ist das Wertschöpfungspotential jedes einzelnen Kunden enorm.

Interaktives TV im Triple Play

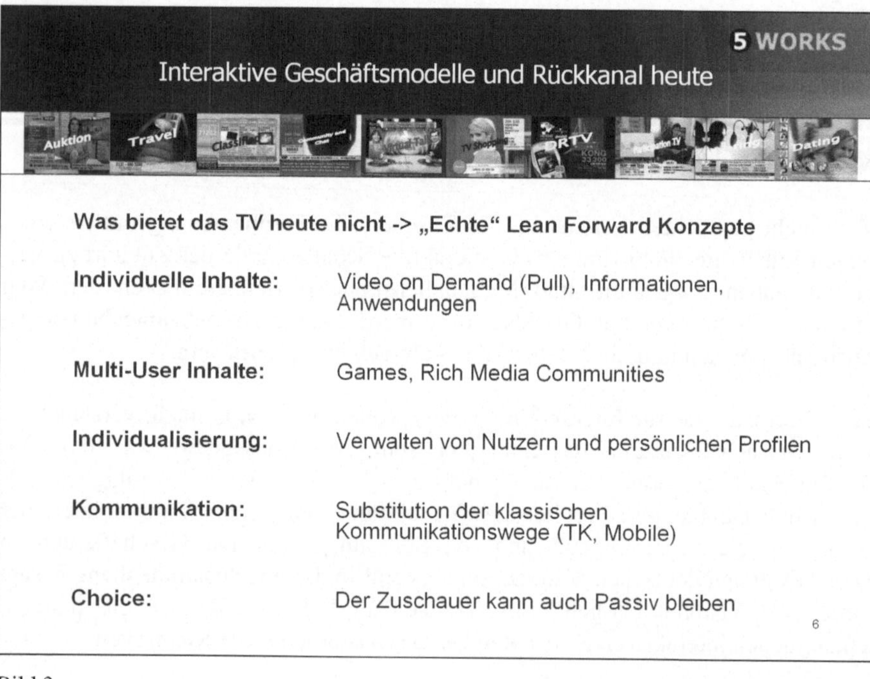

Bild 3

Was bietet das TV heute nicht und wo ist noch Platz für weitere Geschäftsmodelle? (Bild 3)

Während alle gängigen Modelle – wie bereits angesprochen – auf Telekommunikation als Rückkanal basieren, können diese Dienste und Inhalte bis heute allenfalls über Push Techniken (pseudo-individuell) abgewickelt werden.

Größter Markt – aber nur per IPTV möglich – ist der Abruf und die Ausspielung von individuellen Inhalten im Pull-Verfahren. Klassische Anwendungen sind hier z.B. VoD (Filme), tagesaktuelle Informationen oder Anwendungen (Games). Über die Motivation Bequemlichkeit können Kunden von der Videothek oder der „schwarzen Versorgung" abgeworben und zum Kauf von Inhalten über Triple Play motiviert werden.

So genannte Multi-User Inhalte, wie etwa Games oder Community Anwendungen können heute nur sehr begrenzt im TV – wie etwa in der Nacht bei der SuperRTL FUN NIGHT – stattfinden. Auf Online Plattformen hingegen ist kein professionelles Spiel ohne die Anbindung an das Internet mehr denkbar. Auch hier können gemäß bekanntem Nutzungsverhalten Gamer ins TV migriert werden. Der Wunsch nach Individualisierung und die damit verbundene magische Wirkung kann sich jeder mittels seines PCs oder Mobiltelefons vor Augen führen. Receiver lassen sich heute nur sehr bedingt und TV Geräte überhaupt nicht individualisieren. Der Wunsch nach einem selbst gestalteten elektronischen Medium kann nur über neue Plattformen befriedigt werden. Persönliche Programmlisten, eigene Favoriten, individuelle Belieferung mit Inhalten, aber auch das ausschließen von Inhalten wird möglich.

Die Substitution klassischer Kommunikationswege (TK, Rückkanal über Telefon/ Handy) hängt jedoch im Wesentlichen vom Willen der Content Provider ab. Wichtig ist, das der Zuschauer in Zukunft die Wahl haben wird zwischen klassischer passiver Nutzung des TV, klassischer Interaktivität und den neuen Anwendungen. Nur wenn dies gewährleistet ist, gelingt die Migration in neue Modelle. Aber zunächst muss der Kunde erst einmal durchblicken – im digitalen Jungle.

Welcome to the Jungle!

Während wir uns hier in Ruhe dem Thema Triple Play, den Auswirkungen auf Geschäftsmodelle, Inhalten und Chancen widmen, steht der viel umworbene Kunde bei der Bewertung seiner digitalen Zukunft sprichwörtlich im Wald. Wenn wir uns der entstehenden digitalen Vielfalt im Umfeld der Verbreitungswege zuwenden, wird es schwer, die Lichtung der medialen Glückseligkeit zu finden:

Freien – GEZ finanzierten – Zugang verspricht DVB-T, doch wo kann man das empfangen. Und alle Programme sind auch nicht drauf.

Das Kabel lockt in den verschiedenen Regionen mit attraktiven digitalen Angeboten – für den Zuschauer kommt das heute häufig eher dem Nutzen von Telekolleg Sprachkursen gleich.

Also doch der Satellit? Aber stand da nicht zu lesen, dass man der Sat-Schüssel ein Delphinarium bauen möchte? Egal – hier gibt's auf jeden Fall die meisten Programme – mit oder ohne Schwimmflügel aus dem All. Aber Filme bestellen? Schwer.

Das kann man wiederum neuerdings im T-Punkt, dies aber nur wenn man sich eine Box + einen Internet-Anschluss mit bestellt.

Telefon und Internet – das geht doch viel besser über die Firma mit der langbeinigen Frau auf den Plakaten – oder waren das zwei Firmen? Oder zwei Frauen? Wie ist das aber nun mit dem „Filme bestellen und direkt aufs TV"? Egal – da ist ja noch der Mobilfunkpartner, der Karten für das Laptop anbietet – TV im Biergarten – oder lieber gleich auch dem Handy?

Aber eigentlich geht's dem Kunden doch nur um das Beste – neuste Technik, brillante Farben und toll klingende Kisten mit Standards zum anfassen. HDTV, mit Plasma oder LCD, MHP oder IPTV, DVB-T oder … – da fragt man am besten den, oder besser die gut ausgebildeten Promotoren bei Media Markt. Und Bundesliga wird in der Kneipe geschaut – oder? Am besten den Wald kaufen und alles bestellen, dann ist man safe – und herausfinden aus dem Wald muss man dann auch nicht mehr.

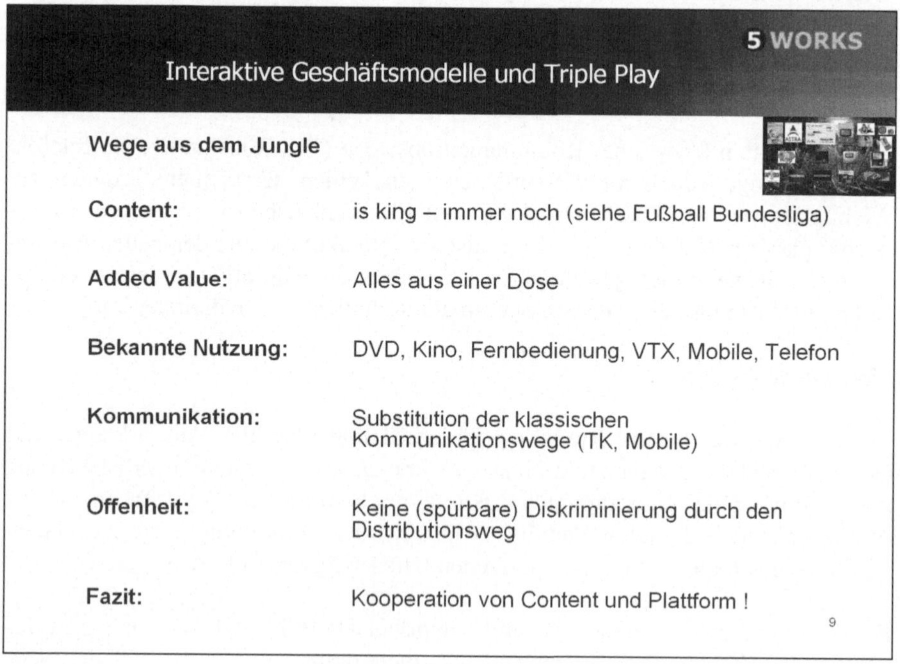

5 WORKS

Interaktive Geschäftsmodelle und Triple Play

Wege aus dem Jungle

Content:	is king – immer noch (siehe Fußball Bundesliga)
Added Value:	Alles aus einer Dose
Bekannte Nutzung:	DVD, Kino, Fernbedienung, VTX, Mobile, Telefon
Kommunikation:	Substitution der klassischen Kommunikationswege (TK, Mobile)
Offenheit:	Keine (spürbare) Diskriminierung durch den Distributionsweg
Fazit:	Kooperation von Content und Plattform !

9

Bild 4

Wege aus dem Jungle – Triple Play ist nur eine mögliche Lichtung (Bild 4)

Also halten wir fest: Es gibt interaktive Zusatzdienste neben den bestehenden, die nur durch Triple Play (oder IP TV im engeren Sinn) für den Zuschauer sinnvoll angeboten werden können. Das ist ja schon mal ein großer Vorteil! – Nur: Der Kunde muss diesen finden, verstehen und annehmen. Dazu müssen Triple Play und Content Anbieter gemeinsam an den Vorteilen der Plattform arbeiten.

Wie die Diskussion um die Fußball Bundesliga zeigt, wird auch hier gelten: CONTENT IS KING. Neuentwicklung von Formaten ist Sache der bestehenden Sender, um eine Plattform attraktiv zu machen muss bekannter Inhalt geboten werden. Diese Vorgehensweise wurde in der Vergangenheit durch Premiere vorgelebt. Dies (Content) verbunden mit dem Schlagwort „Alles aus einer Dose" zum besseren Preis ist dann ein echter Vorteil. Nur wie gesagt sollte der Kunde dann nicht auf sein ProSieben oder RTL verzichten müssen.

Einmal im Haus müssen neben den Faktoren Preis und „Bundesliga" die zusätzlichen Dienste gewinnbringend vermarktet und verkauft werden. Jetzt zählt das Angebot an individuellen Inhalten, Interaktiven Angeboten verbunden mit Mehrwert in der Nutzung (siehe oben). Der Kunde wird den Dienst nämlich nur dann langfristig nutzen, wenn die Erfolgsfaktoren und Kriterien, die wir oben beschrieben haben zutreffen und wenn er keine Behinderung seines Medienkonsums spüren kann – also keine spürbare Diskriminierung. Die Erfahrungen aus dem Internet zeigen hier, dass geschlossene Modelle wie AOL und t online (Client Software) mittelfristig gegen das offene Internet keine Chance hatten. Fazit: Content is king, Nutzen und Preis sind der Weg, Kooperation zwischen Plattform und TV Industrie unausweichlich.

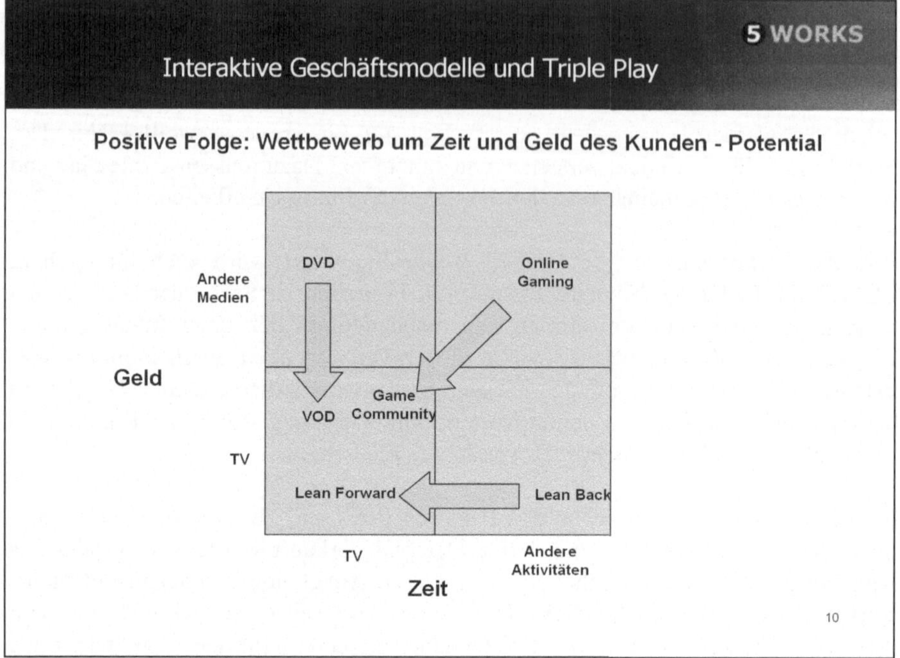

Bild 5

Medienzeit- und Mediengeldbudget (Bild 5)

Menschen verfügen über begrenzte Zeit, die Sie bereit sind für Mediennutzung zu verwenden. Dasselbe gilt natürlich für das monatliche Budget. Es ist erwiesen, dass beide Parameter in der modernen Mediengesellschaft sich ständig ausweiten, jedoch die Anzahl der Mitstreiter und somit die Konkurrenz um die begehrte Zeit und das Geld auch immer größer wird. Diese Tatsache wird den Erfolg der Plattform im Verkauf und der Ausschöpfung des Kunden wesentlich beeinflussen.

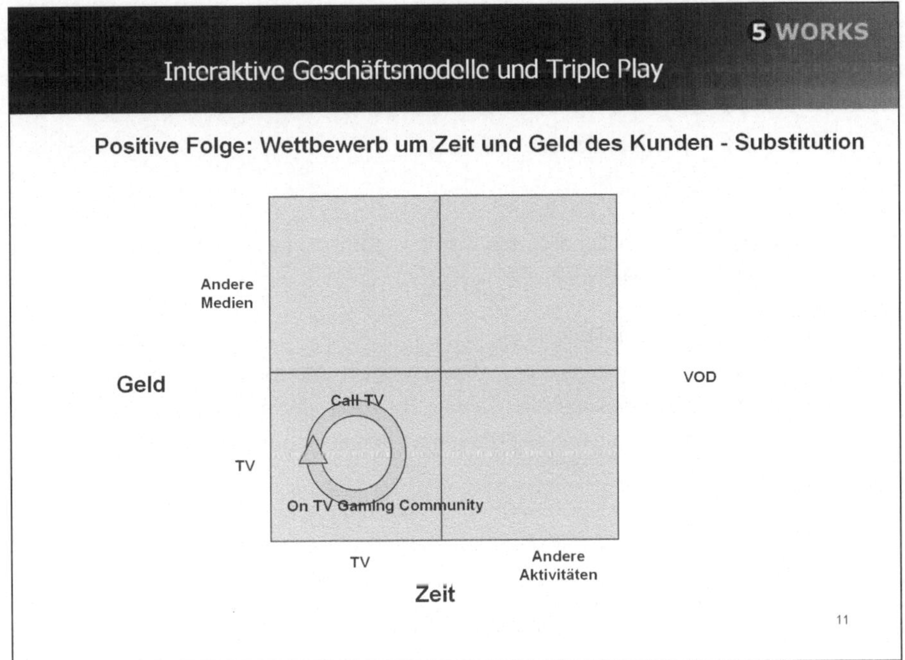

Bild 6

Auswirkungen auf die Entwicklung Interaktiver Geschäftsmodelle im Triple Play (Bild 6)

Im Fall interaktiver Programme, Inhalte und Anwendungen findet auf der Triple Play Plattform ein klarer Verdrängungswettbewerb statt (den Wettbewerb zwischen den Plattformen mal ausgeschlossen). Wir sehen 3 Kategorien von Diensten, die sich in Grad der Verdrängung und Erfolgspotential unterscheiden:

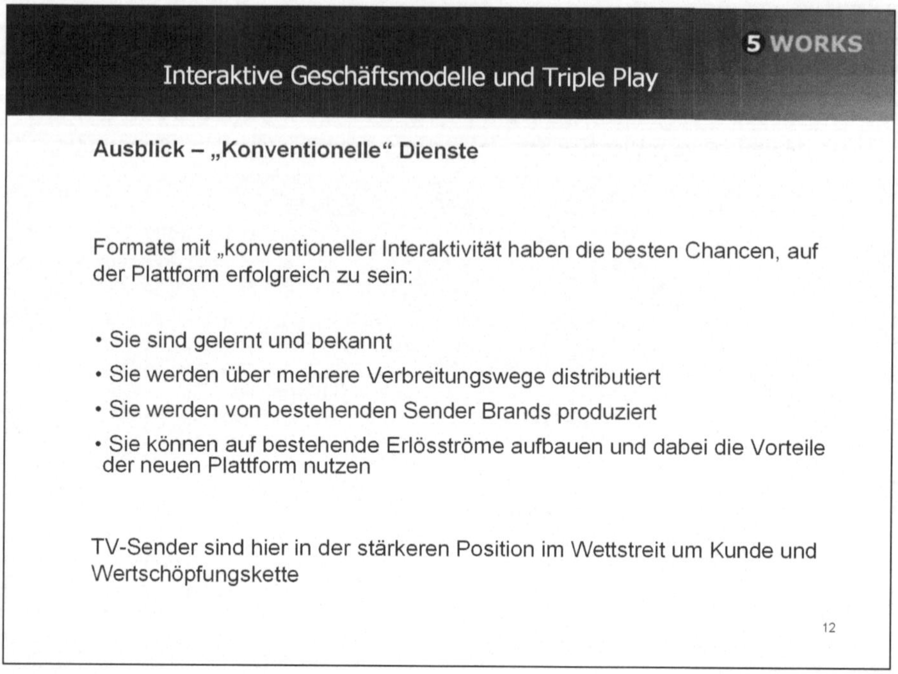

Bild 7

„Konventionelle Dienste" (Bild 7)

Dabei haben zunächst bestehende Formate mit „konventioneller" Interaktivität (aus der analogen Welt) die besten Chancen sich weiter zu entwickeln, da sie gelernt und bekannt sind, über mehrere Verbreitungskanäle distribuiert werden von existierenden Sender-Brands produziert werden und vor allem bei Beibehaltung des bestehenden Erlösströme die Vorteile der neuen Plattform nutzen können. Diese Entwicklung unterstreicht die Starke Rolle der TV-Seite in dem Wettstreit um Kunde und Wertschöpfungskette.

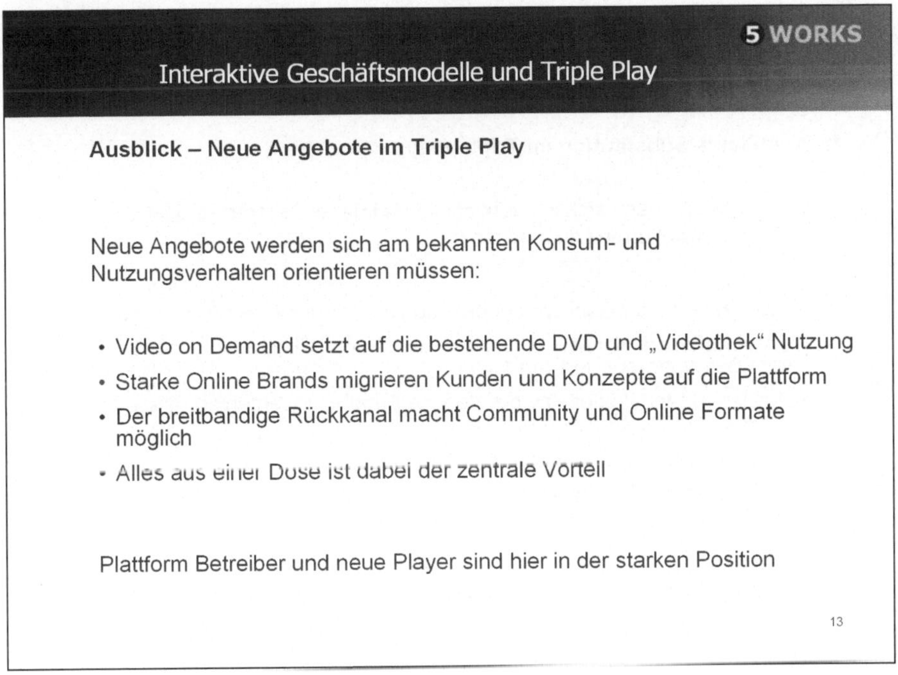

5 WORKS

Interaktive Geschäftsmodelle und Triple Play

Ausblick – Neue Angebote im Triple Play

Neue Angebote werden sich am bekannten Konsum- und Nutzungsverhalten orientieren müssen:

- Video on Demand setzt auf die bestehende DVD und „Videothek“ Nutzung
- Starke Online Brands migrieren Kunden und Konzepte auf die Plattform
- Der breitbandige Rückkanal macht Community und Online Formate möglich
- Alles aus einer Dose ist dabei der zentrale Vorteil

Plattform Betreiber und neue Player sind hier in der starken Position

13

Bild 8

Neue Angebote im Triple Play (Bild 8)

Neue Angebote orientieren sich zunächst an bekannten Konsum- und Nutzungsmustern. Dies ist – wie angesprochen – notwendig, um die Dienste schnell erfolgreich zu machen. Diese werden durch die Plattformbetreiber oder Dritte Anbieter zur Verfügung gestellt. Marke und Nutzungsform unterliegen dabei einer Transformation, z.B. t online Vision bietet auf er Plattform Dokus unter der Marke Spiegel TV an. Dadurch konkurrieren diese – wie im Fall Video on Demand – mit der Nutzung und dem Budget für Miet- und Kauf-DVD, Push on Demand Dienste (Premiere) oder Download-Plattform im Internet. Qualität, Nutzbarkeit und Preis werden über Ihren Erfolg entscheiden. Der Faktor „alles aus einer Dose“ im Zusammenspiel mit der Qualität der Inhalte wird hier das Rennen bestimmen. Mit diesen (interaktiven) Diensten versucht die andere Seite das Tauziehen um Kunde und Erlös für sich zu entscheiden.

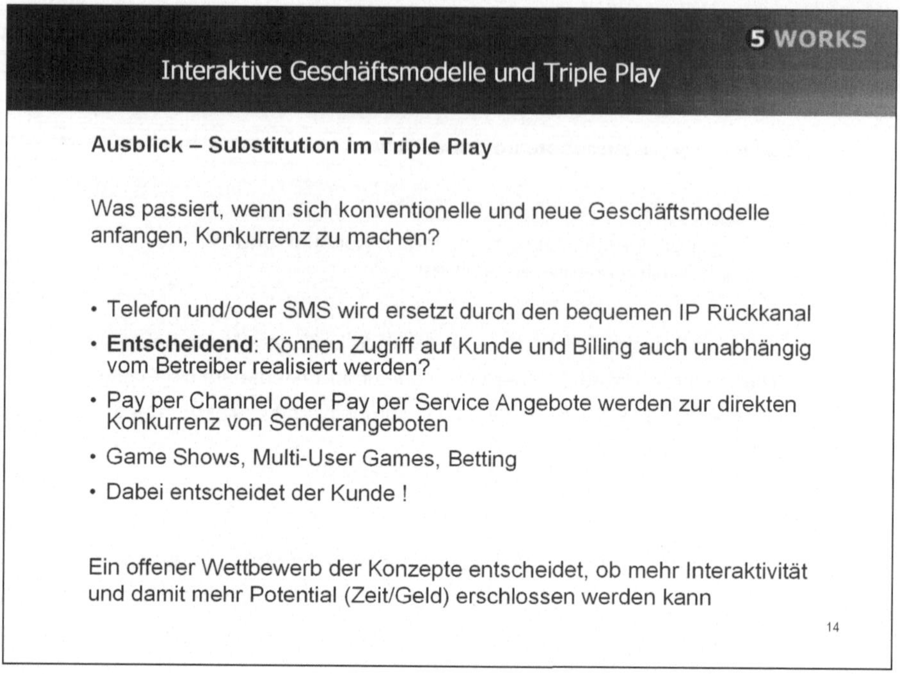

5 WORKS

Interaktive Geschäftsmodelle und Triple Play

Ausblick – Substitution im Triple Play

Was passiert, wenn sich konventionelle und neue Geschäftsmodelle anfangen, Konkurrenz zu machen?

- Telefon und/oder SMS wird ersetzt durch den bequemen IP Rückkanal
- **Entscheidend**: Können Zugriff auf Kunde und Billing auch unabhängig vom Betreiber realisiert werden?
- Pay per Channel oder Pay per Service Angebote werden zur direkten Konkurrenz von Senderangeboten
- Game Shows, Multi-User Games, Betting
- Dabei entscheidet der Kunde !

Ein offener Wettbewerb der Konzepte entscheidet, ob mehr Interaktivität und damit mehr Potential (Zeit/Geld) erschlossen werden kann

14

Bild 9

Substitution im Triple Play (Bild 9)

Spannend wird es erst, wenn sich bestehende Geschäftsmodelle von Sendern, Plattformbetreibern und / oder Dritte gegenseitig substituieren. Für Interaktive Formate bedeutet dies aus heutiger Sicht folgendes: Telefon als gebührenpflichtiger Rückkanal wird ersetzt durch den IP Rückkanal. Wichtig ist, wie dabei kostenpflichtige Dienste mit oder ohne zutun des Betreibers realisiert werden. Es entstehen Pay per Channel oder Pay per Service Angebote auf der Plattform, welche die bestehenden Angebote der Sender teilweise substituieren werden Game Shows, Multi User Games, Fun (oder echtes) Betting usw. Folgt die Plattform dabei den Regeln des Internet hat der Kunde dabei den Erfolg der verschiedenen Dienste alleine in der Hand. Der Community Faktor der Plattform (durch den Allways on Rückkanal) ist bei dem „Substitutionsprozess“ zwischen klassischer Interaktion und neuen Modellen der Driver.

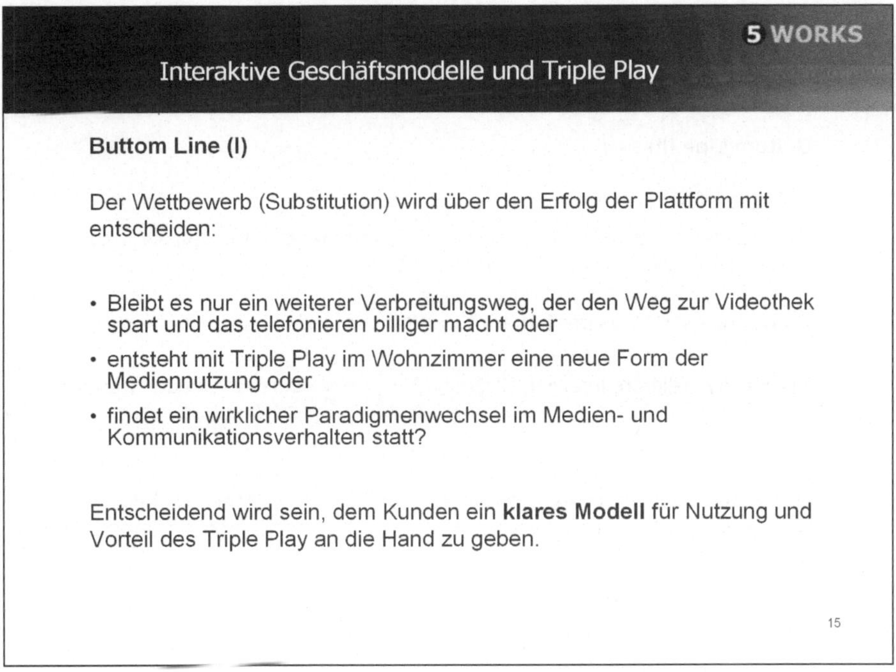

5 WORKS

Interaktive Geschäftsmodelle und Triple Play

Buttom Line (I)

Der Wettbewerb (Substitution) wird über den Erfolg der Plattform mit entscheiden:

- Bleibt es nur ein weiterer Verbreitungsweg, der den Weg zur Videothek spart und das telefonieren billiger macht oder
- entsteht mit Triple Play im Wohnzimmer eine neue Form der Mediennutzung oder
- findet ein wirklicher Paradigmenwechsel im Medien- und Kommunikationsverhalten statt?

Entscheidend wird sein, dem Kunden ein **klares Modell** für Nutzung und Vorteil des Triple Play an die Hand zu geben.

15

Bild 10

Buttom Line (Bild 10)

Auf dem Feld der neuen, substituierenden interaktiven Geschäftsmodelle wird sich mittelfristig zeigen, ob und in welchem Umfang die Plattform Erfolg hat. Bleibt es nur eine weitere Möglichkeit Harald Schmidt zu schauen, sich den Weg zur Videothek zu sparen und dabei billiger zu telefonieren oder entsteht mit Triple Play im Wohnzimmer eine neue Form der Mediennutzung, ein Paradigmenwechsel im Medien- und Kommunikationsverhalten, ähnlich wie nach der Einführung des TVs?

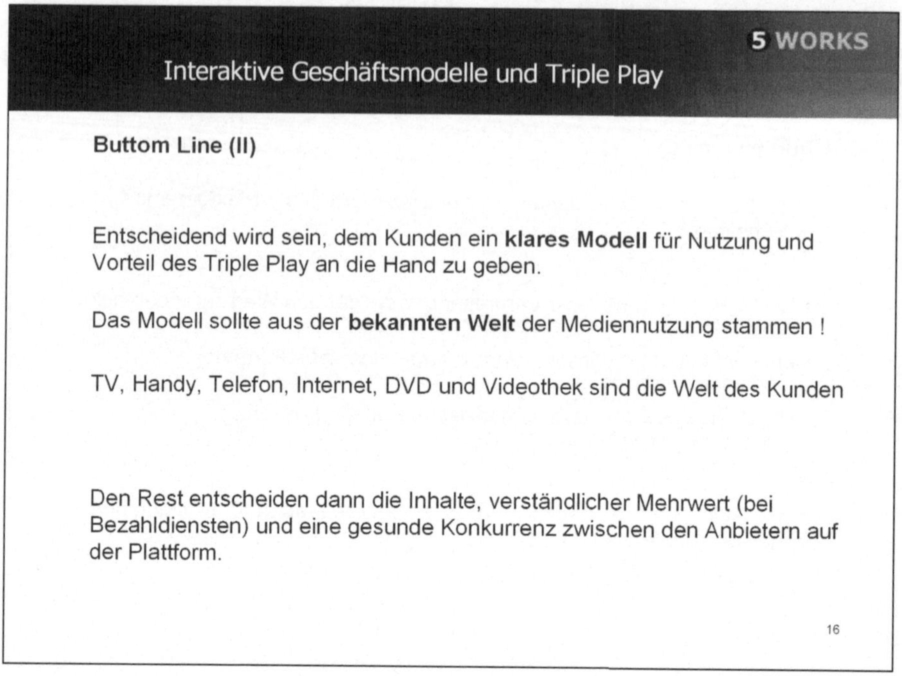

5 WORKS

Interaktive Geschäftsmodelle und Triple Play

Buttom Line (II)

Entscheidend wird sein, dem Kunden ein **klares Modell** für Nutzung und Vorteil des Triple Play an die Hand zu geben.

Das Modell sollte aus der **bekannten Welt** der Mediennutzung stammen !

TV, Handy, Telefon, Internet, DVD und Videothek sind die Welt des Kunden

Den Rest entscheiden dann die Inhalte, verständlicher Mehrwert (bei Bezahldiensten) und eine gesunde Konkurrenz zwischen den Anbietern auf der Plattform.

16

Bild 11

Entscheidend dabei wird sein, dem Kunden ein klares Modell für Nutzung und Vorteile von Triple Play an die Hand zu geben (Bild 11). Ein Modell, das ihn nicht überfordert und aus seiner bekannten Welt der Mediennutzung stammt, in der das TV, Handy, Telefon, Internet und auch die Videothek die zentrale Geige spielt. Alles andere besorgen dann die Inhalte, verständlicher (bezahlter) Mehrwert und eine gesunde Portion Konkurrenz und Vielfalt. Diese sorgt letztendlich auch dafür, dass sich das richtige Maß und die Form an interaktiven Angeboten durchsetzt. (Bild 12)

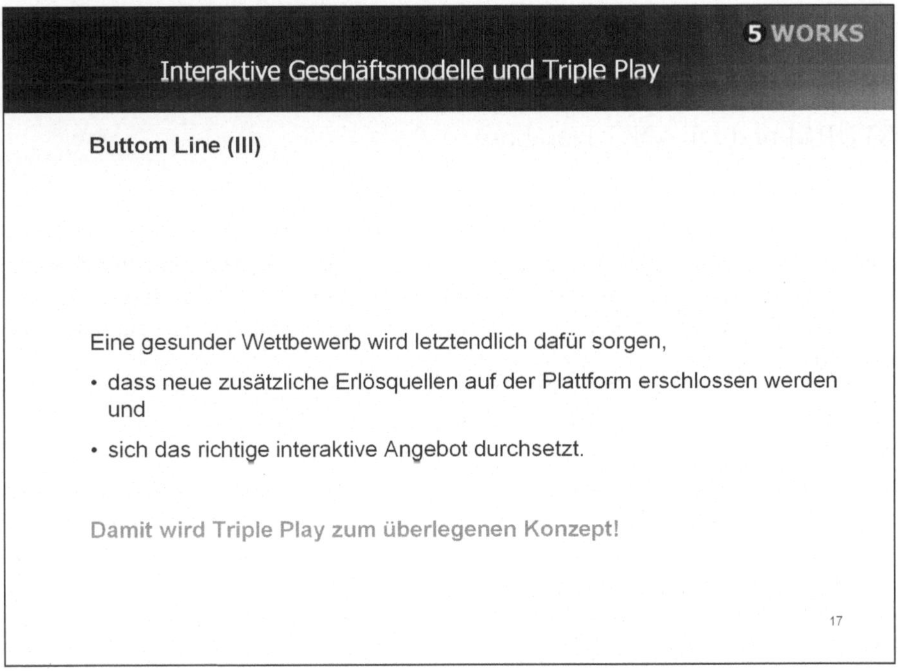

5 WORKS

Interaktive Geschäftsmodelle und Triple Play

Buttom Line (III)

Eine gesunder Wettbewerb wird letztendlich dafür sorgen,

- dass neue zusätzliche Erlösquellen auf der Plattform erschlossen werden und
- sich das richtige interaktive Angebot durchsetzt.

Damit wird Triple Play zum überlegenen Konzept!

17

Bild 12

5.4 Neue Multimediale Werbeformen

Stefan Baumann
STURM und DRANG, Hamburg

Ich freue mich, dass ich den Abbinder dieses sehr spannenden Tages machen darf. Ich möchte Ihnen gern eine Position vorstellen, die heute ein bisschen zu kurz gekommen ist, die aber ganz wichtig ist, um die Triple Play-Konzepte und -Services, die wir heute alle gehört haben, zu einem rentablen Geschäftsfeld zu machen.

Seien wir ehrlich, wenn wir uns die Medienbudgets der Rezipienten anschauen, dann fehlt vielen, auch mir, durchaus die Phantasie, wo denn das ganze Geld für den Paid Content und die Paid Services herkommen soll, damit diese Services im Triple Play Zeitalter, dieses neue Medien-Paradigma, tatsächlich stattfindet. Das kann nicht nur über transaktionsfinanzierte sondern muss auch und vor allem über werbefinanzierte Formen passieren und deshalb stehe ich heute in Stellvertretung der werbetreibenden Industrie hier, um Ihnen ein paar Zukunftsperspektiven aufzuzeigen. Unter den veränderten Rahmenbedingungen hat natürlich auch die Werbeindustrie ihre eigenen Konzepte, um auch in Zukunft den Rezipienten auch tatsächlich so zu erreichen wie sie ihn früher erreicht haben.

Fakt ist: Wir haben ein Aufmerksamkeits- Problem. In den Studien vom Vormittag haben wir vorhin schon gesehen, dass Printtitel an den Kiosken wahnsinnig in die Breite geschossen sind, aber leider nicht in die Höhe, was Auflage betrifft. Die meisten Auflagen der großen General Interest Titel sind rückläufig. Eine ähnliche Entwicklung kann man sich am digitalen TV Kiosk vorstellen, im Triple Play Kiosk, an dem die Aufmerksamkeit nicht zweimal vergeben werden kann. Wir haben nur eine gewisse Zeitspanne und die werden wir auch nicht ins Unendliche ausdehnen können. Deshalb ist die Frage natürlich: Wo kriegen wir diese Aufmerksamkeit her? Und als Werber weiß ich natürlich, dass die Aufmerksamkeit natürlich als erstes von der Werbung genommen wird. Wir können jetzt schon beobachten, dass im anbrechenden digitalen Zeitalter die Aufmerksamkeit und gleichzeitig die Finanzströme, vor allem die Werbefinanzströme, zerfließen. Was wir daraus lernen können, ist, dass interaktive und persönliche Medien unbedingt neue Werbeformen brauchen.

Wir haben den Tag über ziemlich viel darüber gesprochen, dass im Triple Play verschiedene Medien zusammenkommen, gebündelt werden, sich gegenseitig addieren. Was wir aus der Sicht von der Entwicklung von neuen Kommunikationsformaten glauben, ist aber viel mehr, dass wir momentan einen neuen Qualitätssprung der Medien erleben. Dieser Qualitätssprung kommt aber eben nicht über die

Addition von existenten und bisher getrennten Medien – jetzt aus einer Dose – sondern über die Multiplikation der Medienqualitäten zu einem gänzlich neuen Medium. Dieses neue Medium erfordert ganz andere Umgangsformen und erzeugt ganz andere Beziehungsverhältnisse zum Rezipienten.

Die Konsequenz dieser Gleichung bedeutet aber, angestrengt darüber nachzudenken wie man in diesem neuen Hybrid Medium über neue Werbeformate neue Werbewirkungen erzielen kann. Besonders wenn wir die Indikatoren aus den anderen Märkten als Orientierungskoordinaten beachten, wo es hingehen kann: So können wir z.B. sehen, dass die Werbeumsätze in Online Medien in USA das erste Mal die Werbeumsätze in analogen Medien, konkret den Zeitschriften, übersteigen. Das ist ein ziemlich alarmierendes Zeichen vor allem für die Printindustrie.

Eine Ursache dafür ist das die Effektivität von Werbung auf klassischen Wegen kontinuierlich abnimmt und je mehr Kanäle wir haben, je mehr Medien wir haben, desto großer sind die Reichweitenverluste. 15 bis 20% Reichweitenverluste werden in den USA bis ins Jahr 2010 prognostiziert. In Deutschland fließen im Augenblick noch 85% der TV Werbegelder sechs bis acht Sendern zu. Das wird sicher nicht so bleiben.

Es bedeutet aber auch, dass wir statt der quantitativen Reichweite, die wir wahrscheinlich nie wieder so erreichen werden wie das mal war, eher auf eine emotionale Reichweite gehen müssen. Das heißt, den Involvierungsfaktor steigern müssen, um durch zu dringen und tatsächliche Beschäftigung mit der Markenbotschaft zu initiieren. Aus diesem Gedanken entspringt der zentrale Trend der Marketingkommunikation: Werbung und Content verschmelzen. Und das wird auch im Weiteren das Thema meines Vortrags sein.

Wir kennen diese Entwicklung schon länger aus den USA; und da ist natürlich alles ein bisschen einfacher wie wir wissen. Aber wenn wir uns das genauer angucken, um auch ein paar Visionen zu schärfen, dann können wir dort auf jeden Fall feststellen, wenn wir die Zahlen sprechen lassen, dass 5 bis 20% der Budgets für klassische TV Spots auf programmintegrierte Werbeform umgeschichtet werden. Das ist doch schon eine ziemlich stattliche Zahl. Und 76% aller Unternehmen in den USA würden laut Forrester Research ihre Werbespendings aus dem TV nehmen, wenn in 30% der Haushalte ein Personal Videorekorder steht mit Time Shifting und Werbeausblendungsfunktionen. Ob die das wirklich machen, ist eine andere Geschichte, aber es zeigt sich, dass die Industrie natürlich sehr sensibel darauf reagiert, was mit digitalen Möglichkeiten in Zukunft mit ihrer wertvollen Werbung passiert.

Bild 1

Viel haben wir heute Morgen über technologische (und rechtliche) Möglichkeiten geredet. Ich bin kein Techniker, ich bin Psychologe. Deshalb werde ich auch nicht darüber reden, wie Technik den Markt macht, sondern meiner Überzeugung folgen, dass die nächste Marktphase vorwiegend vom Content bestimmt wird, denn wenn die Infrastrukturen so aufgebaut sind wie wir das in den Hochrechnungen uns ausmalen, dann geht das vor allem über den Preis und über Abgrenzung über den Content. Content also wird das sein, was in Zukunft diesen Markt treiben und Nachfrage ziehen wird (Bild 1).

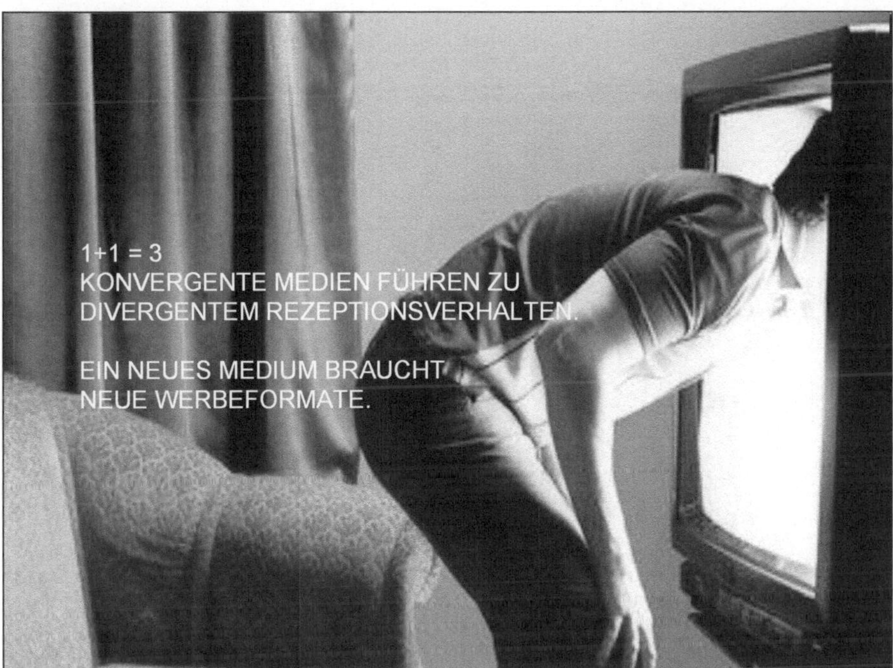

Bild 2

Meine Überzeugung: Konvergente Medien führen zu divergentem Rezeptionsverhalten und folgerichtig zu divergentem Content, d.h. ein neues Medium braucht auch neue Werbeformate (Bild 2). Das Interessante am Konvergieren sind die Interdependenzen der einzelnen Medien, die dann den neuen Mediencharakter ausmachen. Deshalb ist das Mediennutzungsverhalten natürlich wahnsinnig interessant. Wo wir es am besten studieren können, und dieses Medium wurde heute nur gestreift, wird das Internet sein, wird Online sein – das Leitmedium dieses neuen Triple Play Zeitalters. Wenn wir vorbildliche Beispiele angucken wollen, in denen neue Werbeformate und Ansprachemöglichkeiten ausprobiert werden und letztendlich auch Involvierungstechniken, dann ist das vorwiegend im Internet zu finden, allen voraus natürlich bei Google. Von Google hört man z.B. gerade, das sie nicht nur Werbeclips auf Abruf bereit stellen wollen, sondern das sie auch über eine spezielle „Abhörtechnik" in den Wohnzimmern der Konsumenten bestimmen wollen, welches TV Programm gerade im Hintergrund läuft. Darauf abgestimmt wird dann auf der Google Site Werbung eingeblendet. Ein gutes Beispiel dafür – finde ich – wie weit Google den Gedanken des kontextsensitiven Werbens treibt.

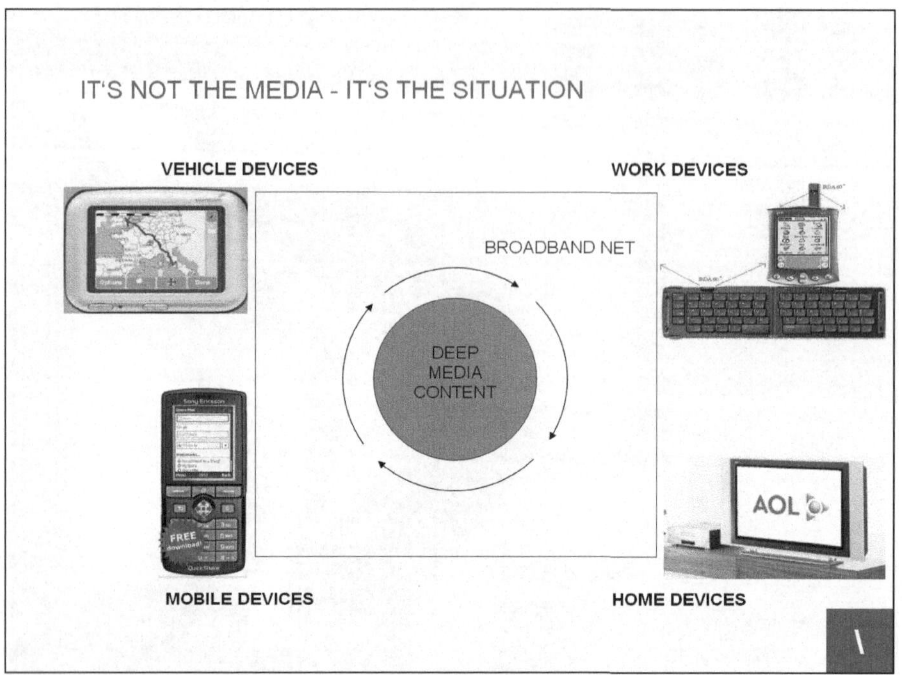

Bild 3

Was lässt sich daraus lernen? Statt in Medien sollten, wir eher in Media-Situationen denken (Bild 3). Jede dieser Media-Situationen erfordert andere Devices (und Features) anderen Content und andere Werbung. Welche grundsätzlichen Media-Situationen lassen sich dabei unterscheiden? Zunächst mal die Mobile Devices für die mobile Situation unterwegs. Dann gibt es die Home Devices für die „zu Hause Situation", die ganz andere Formen von Kommunikation, logischerweise letztendlich auch von Engeräten, erfordert. Dann haben wir den ganzen Bereich der Work Devices, auch eine andere Situation, in der ich wahrscheinlich ganz andere Kommunikations- und Ansprachetechniken brauche. Und letztendlich all das, was im Augenblick im Auto passiert; Navigationsgeräte, die sich auch immer mehr zu multimedialen Stationen weiterentwickeln, die auch TV integrieren.

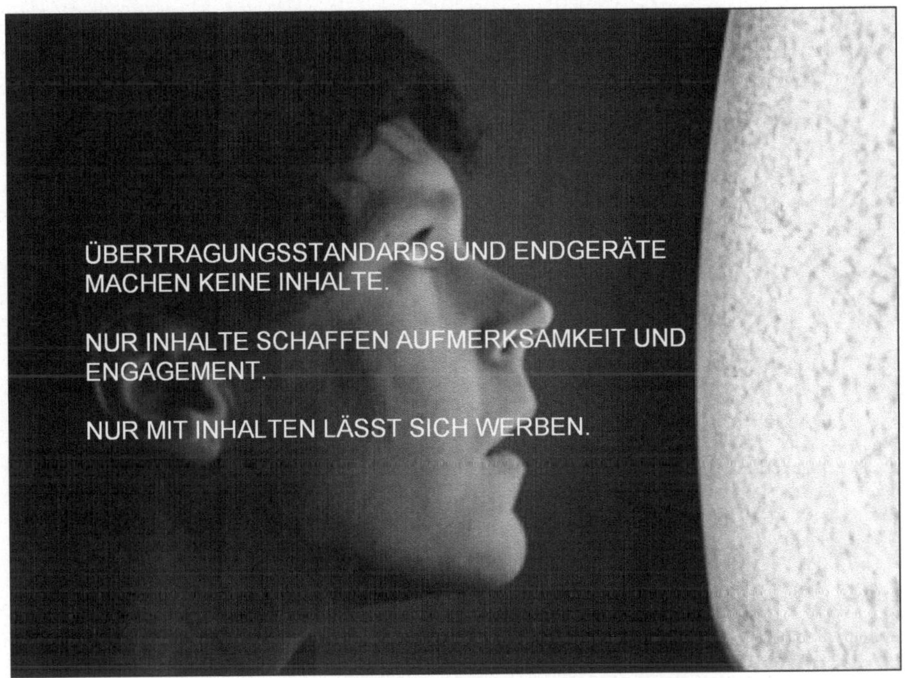

Bild 4

Wenn die Medien zum Schluss in ihren Features relativ gleich werden dann ist die kardinale Frage in welchen Situationen, in welchen Needstates, wie wir dazu sagen, ich dieses Medium dann eigentlich brauche. Und das heißt, dass wir uns viel stärker um die Message kümmern müssen, weil die Übertragungsstandards, die wahnsinnig wichtig sind, um sich in einer Industrie erst einmal zu einigen bzw. hier auch den Markt erst einmal zu strukturieren, machen keine Inhalte. Nur Inhalte schaffen Aufmerksamkeit und letztendlich auch Engagement. Nur mit Inhalten lässt sich auch werben (Bild 4).

WIE VERÄNDERN SICH DIE INHALTE UND SERVICES?
THESEN ZUR ZUKUNFT DES TRIPLE PLAY-PROGRAMMS

DAS PROGRAMM IST MOBIL UND IMMER VERFÜGBAR.

DAS PROGRAMM WIRD ABGERUFEN NICHT GESENDET.

DAS PROGRAMM WIRD VOM ZUSCHAUER MITPRODUZIERT.

DAS PROGRAMM IST SUBJEKTIV UND DEZENTRAL.

DAS PROGRAMM IST SPEZIELL UND SPARTIG.

DAS PROGRAMM IST PERSÖNLICH UND ADAPTIV.

DAS PROGRAMM IST BEEINFLUSSBAR.

DAS PROGRAMM IST GEBRANDET.

Bild 5

Deshalb möchte ich jetzt den Rest des Vortrags über Inhalte und über Programm reden (Bild 5). Wie verändern sich denn Programm, Inhalte und Services? Hier haben wir ein paar gängige Thesen. Auf jeden Fall kann man sich sehr gut vorstellen, dass das Programm mobil und immer verfügbar ist. Das Programm wird abgerufen und nicht gesendet. Das Programm wird vom Zuschauer mit produziert, Stichwort – user generated content. Das ist Programm ist subjektiv und dezentral im Sinne eines Community Programmes, Das Programm ist speziell und spartig. Für 3 Mio € pro Jahr können sie schon heute ihren eigenen Spartenkanal betreiben. Das Programm ist persönlich und adaptiv. Ich kann es auf meine Bedürfnisse zuschneiden und bekomme auch nur die Sendungen gezeigt, die ich gerne sehen möchte, die in meinem Interessenspektrum liegen. Das Programm ist sogar beeinflussbar, logischerweise, wenn es interaktiv ist. Und das Programm ist gebrandet, wir werden gleich noch sehen, was das heißt.

Aus Kommunikationssicht, um in so einem Umfeld zu werben, müssen wir uns von einer lieb gewonnenen Technik verabschieden, die lange Zeit unsere Werbeblöcke bestimmt hat. Diese Technik heißt 'Interrupt und Repeat'. Was eigentlich nichts anderes heißt als 'hol sie dort ab, wo der Zuschauer im Augenblick unheimlich involviert in den Programmen ist', also im eigentlichen redaktionellen Beitrag und nutze diese Aufmerksamkeit, diese emotionale Spanne und hau dein Produkt rein', und zwar so lange, bis sie es kapiert haben, möglichst drei-, viermal in einer Sendung. Dann haben sie es gelernt und ich habe die nötigen Recallwerte, die ich brauche, um zu legitimieren warum ich diese Werbekampagne gemacht habe und warum die Schaltkosten so teuer gewesen sind.

Das ist sicher nicht das Prinzip der Wahl, wenn wir uns genau in diesem Programmparametern, die ich eben beschrieben habe, bewegen. Denn genau dann, wenn sich Medien und Marken fragmentieren, wenn die steigenden Mediakosten die kommunikative Penetration unterlaufen und wenn die Konsumenten lernen, der Werbung auszuweichen –dann ist die Konsequenz daraus, dass kommunikative Aufmerksamkeit und Zeit verdient und belohnt werden müssen. Oder aber, die Werbung muss gewollt werden. Und einen Wert an sich darstellen. Das heißt, sie ist nicht notwendiges Übel, sondern sie braucht irgendeinen neuen Kommunikationswert. Wie kann denn eigentlich Werbung Kommunikationswert bekommen? Indem sie natürlich selber zum Content wird.

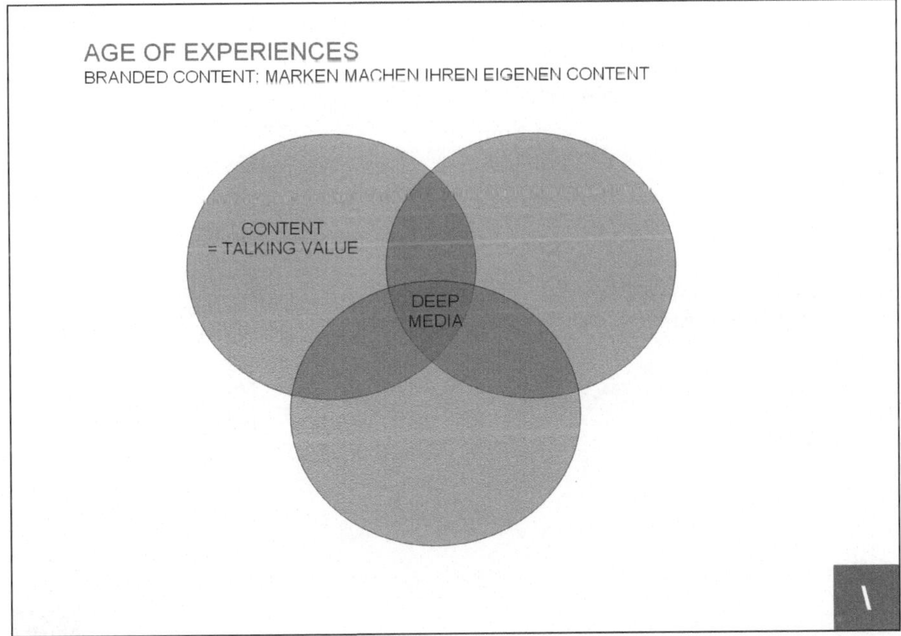

Bild 6

Wir haben drei Wertearten definiert mit denen Werbung für den Rezipienten einen Wert an sich darstellt (Bild 6). Und zwar jenseits des heute schon üblichen Unterhaltungswert, dem man guter Werbung ja nicht absprechen kann. Diese Werte heißen: Talking Value, Engagement Value und Embedding Value,

Bei Talking Value, und da geht es natürlich um den erzählbaren Content. Die Werbetreibenden und die Markenartikler haben gelernt, sich an den Programmformaten und an den Storylines der Programme zu orientieren. Sie machen es selber; sie gucken sich Hollywood an, und sie schreiben die Geschichten im Grunde genommen nach. Heutzutage werden aus Marken Geschichten und Rolf Jensen (Autor von „Dream Society") hat dazu ein schönes Zitat beigesteuert

> „Früher gewann auf dem Markt das beste Produkt, in diesem Jahrhundert wird die beste Geschichte gewinnen. Der Warenmarkt wird Geschichten auf dieselbe Weise erzählen, wie es Kino, Fernsehen und Romane heute tun".

Was bedeutet das? Marken müssen immer mehr zu Storytellern werden und Werbung wird nicht mehr gepusht sondern in Content eingewickelt. Content Kommunikation also, die ganz eigene Pulleffekte erzeugt. Und das gilt für alle Medien, ob jetzt TV, Radio, Print, Music oder Web. Praktisch heißt das, dass zwischen den Sendern und den Marken eine Art von Kollaboration stattfinden muss, in der Formatentwicklung (Bild 7).

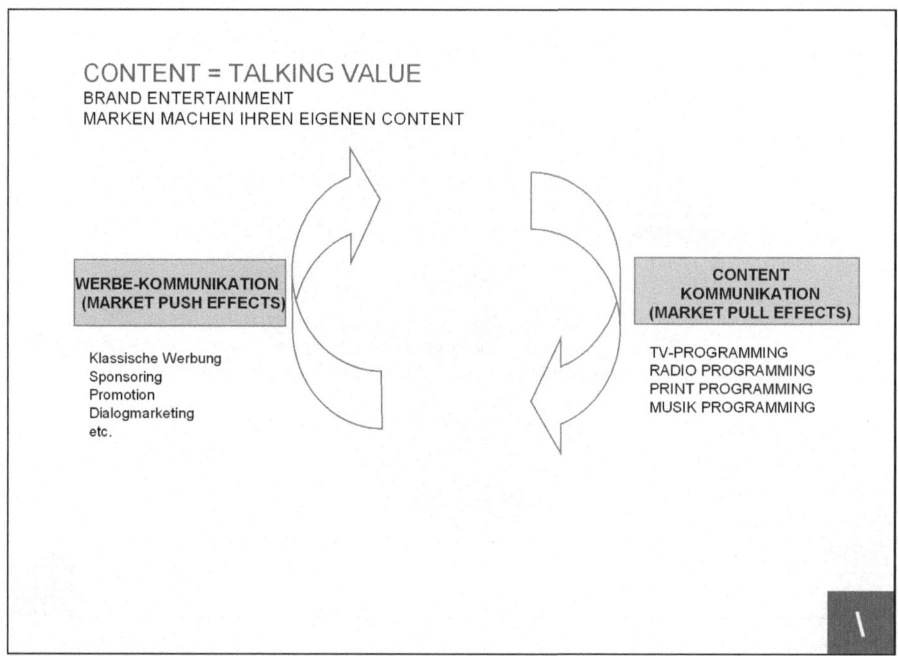

Bild 7

Eine andere Art sich in eine bestehende Story rein zu schreiben oder in einem bestehenden Content aufzutauchen, wird hierzulande immer gerne unter dem Begriff Product Placement gefasst. Marken werden dabei zu Kulissen gemacht. Als plakatives Beispiel lässt sich das Ingame-Advertising nennen, weil das ein Bereich ist, der einen wahnsinnigen Aufwind zu verzeichnen hat. Gerade gestern wurde die Playstation 3 vorgestellt. Die Spielekonsole Hersteller haben sich gerüstet und rüsten auch weiter ihre Endgeräte auf. Man kann sich vorstellen, dass das durchaus eine Konkurrenz ist, zumal man auch weiß, dass die meisten Innovationen vom Militär in das Kinderzimmer und vom Kinderzimmer dann tatsächlich ins Wohnzimmer kommen. Der Markt für Ingame-Advertising soll 2010 ein Volumen von 2,5 Milliarden Dollar haben. Nehmen wir zum Thema Brand Entertainment ein Beispiel aus dem eigenen Haus von TBWA.

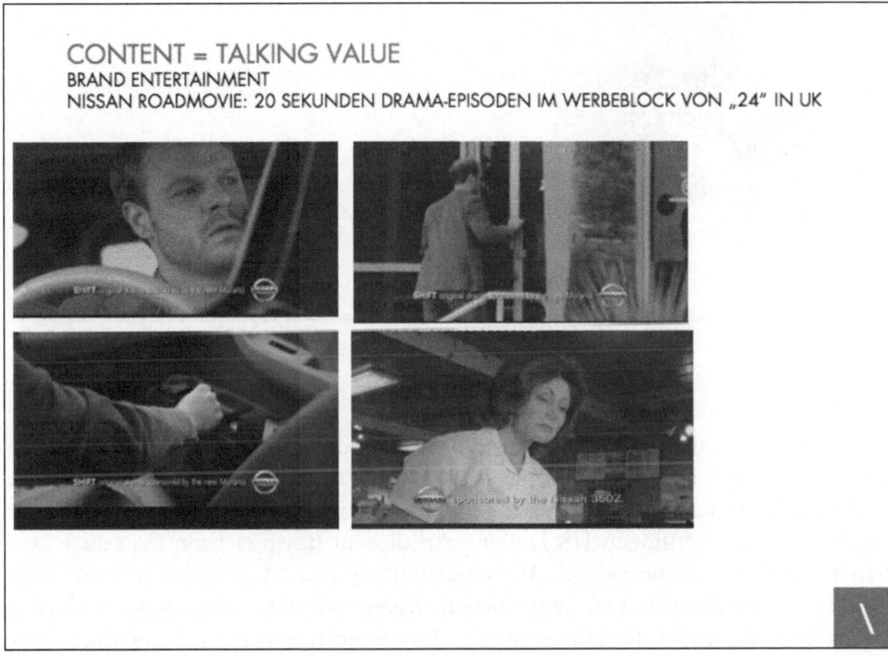

Bild 8

Das ist der so genannte Nissan Roadmovie (Bild 8). Hier hat man Werbung zu einem Drama gemacht, in 20 Sekunden Abschnitten und die über den Werbeblock verteilt und zu einer richtigen Fortsetzungs-Geschichte mit einem Spannungsbogen aufgebaut. Zwischen den Clips lief immer normale Werbung. Das ist noch relativ konventionell, zeigt aber die Richtung, in die auch Werbung stückweit zum Content. Das kann man gut finden oder nicht, aber das ist die Realität.

Weiter geht es mit einem Beispiel aus den USA; auch aus unserem Haus. Wir haben für Absolut Wodka ein Branded Entertainment Programm gemacht (Bild 9).

CONTENT = TALKING VALUE
BRAND ENTERTAINMENT
ABSOLUT HUNK: WIE ABSOLUT SICH DREI FOLGEN LANG IN DIE STORYLINE VON SEX AND THE CITY EINSCHRIEB. KONSEQUENZ: PR IM WERT VON 10 MIO $

Bild 9

Da hat sich „Absolut Vodka" für drei Folgen lang in die Storyline von „Sex in the City" eingeschrieben. Ich glaube, das ist weit mehr als Product-Placement, Absolut Vodka ist der Protagonist, ist der Träger der Geschichte. Konsequenz: Ein riesiger PR-Wert von 10 Millionen US Dollar . An diesem Beispiel kann man auch studieren, das PR, also die mediale Berichterstattung über Markenereignisse die real oder fiktiv stattfinden, den eigentlichen Kampagnenwert ausmachen. Marken werden inszeniert und die Massenmedien fungieren weniger als Werbeträger sondern mehr als PR-Plattform.

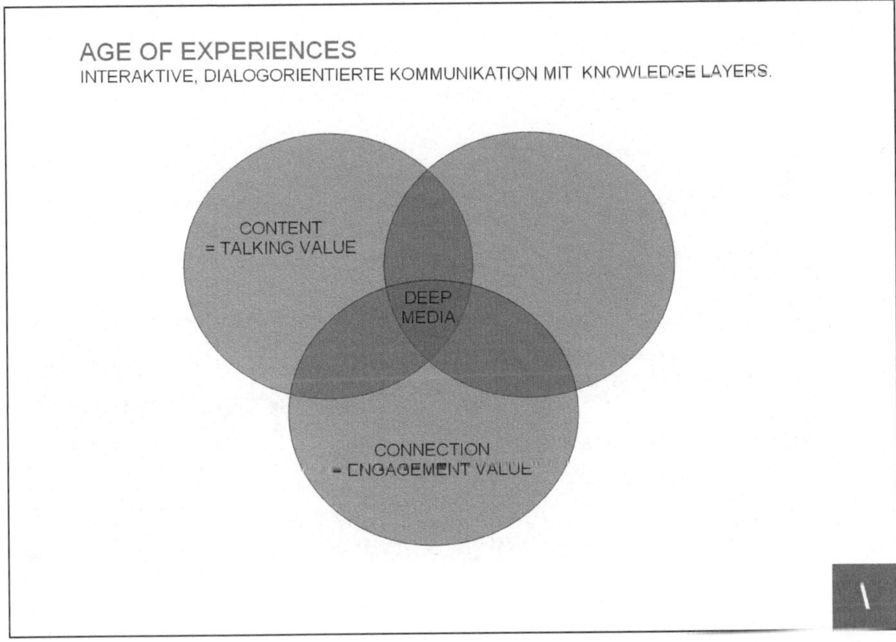

Bild 10

Den zweiten Kommunikationswert, den ich vorstellen möchte, habe ich überschrieben mit Engagement Value (Bild 10). Das meint konkret: Interaktive, dialogorientierte Kommunikation mit Knowledge Layers aufzubauen. Um dort einzusteigen, müssen wir uns vorwiegend anschauen, was im Internet passiert. Hier vielleicht noch einmal kurz ein Zitat vorweg; Es stammt aus dem Buch 'Experience Economy', ein sehr wertvolles Buch von Pine und Gilmore wie ich finde,:

> „Erfahrungen müssen ein einprägsames Angebot darstellen, das einen lange Zeit begleitet und um das zu erreichen, müssen Konsumenten so in das Angebot hineingezogen, dass sie es als eine Sensation verspüren."

Was sie sagen ist, das Kommunikation es schaffen muss, über den Content die Leute so zu involvieren und mit ein zu beziehen, das die emotionale Reichweite erhöht wird. Man könnte auch sagen. Kommunikation muss anstecken und infizieren. Stichwort: Virales Marketing, mittlerweile eine sehr gängige Werbeform, die den Rezipienten zum Teil der Kampagne macht und als Botschafts-Verstärker nutzt. Das heißt, ich gebe ihm ein Stück Werbung mit, pflanze es ihm ein, und dieses Stück Werbung verteilt er selber. Er ist so etwas wie ein arbeitender Kunde. Das hilft uns natürlich extrem weiter, weil es viele Kosten spart, die man sonst hätte, um groß flächig eine Kampagne zu fahren.

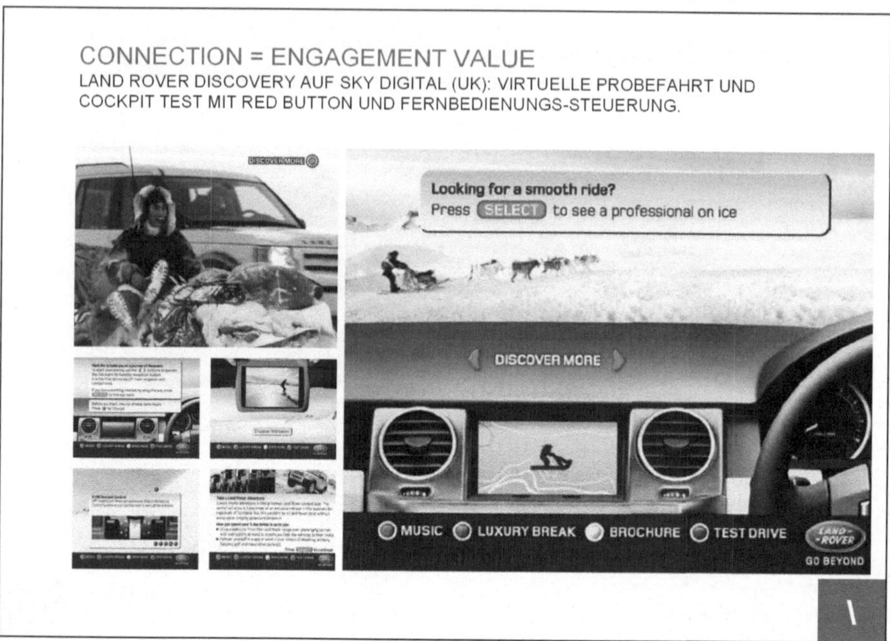

Bild 11

Wie solche involvierenden Kampagnen aussehen, bei denen Kommunikation und Kaufimpuls gleichermaßen konvergieren, kann man and en folgenden Beispielen ungefähr erahnen. Das ist ein Beispiel aus einer interaktiven Werbung, für den Landrover Discovery, die auf SKY Digital gefahren wurde (Bild 11). Hier kann man eine virtuelle Probefahrt machen, einen Cockpittest und eben auch mit dem Red Button eine Fernbedienungssteuerung angehen, um sich selber virtuell in den Landrover zu begeben. Mit dem Red Button schaltete man quasi einen Interessengang hoch. Man kann Broschüren bestellen oder eben die Internetseite aufrufen. Neckermann hat letztes Jahr den Konvergenz Award gewonnen mit der Möglichkeit, die Produkte ranzuzoomen und zu hinterfragen. Das meine ich mit Knowledge Layers. Ich habe irgendeinen Content, und ich kann mich ranzoomen und versuchen, dahinter liegende Informationen, im vorwiegenden Fall natürlich Werbung, zu erfragen und letztendlich viel stärker schon auf den Kaufentscheid und den Kaufimpuls hinzuführen.

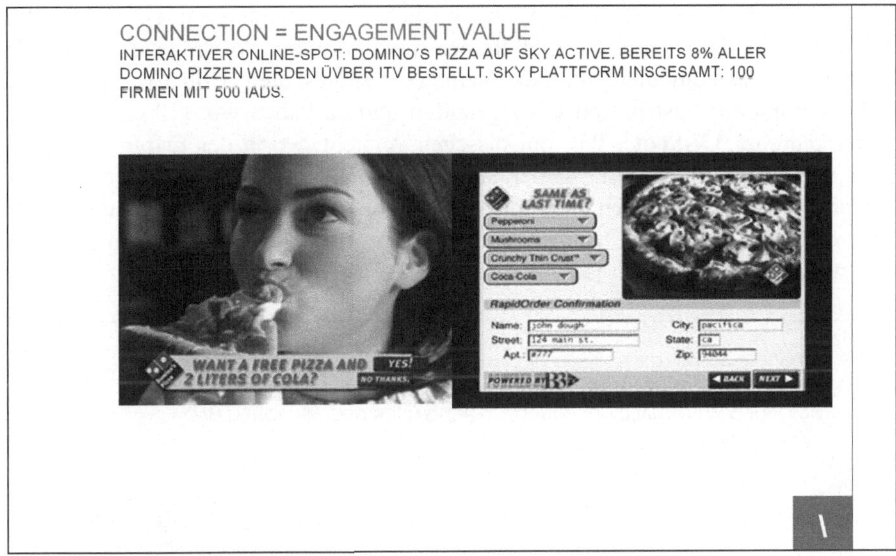

Bild 12

Einen weiteren interaktiver Onlinespot sehen wir hier von Dominos Pizza auch auf SKY active (Bild 12). Interessant ist vielleicht die Zahl dahinter; 8% aller Domino Pizzen werden mittlerweile über ITV bestellt. Hier wird die Interaktion dahingehend genutzt direkt in den Kauf über zu leiten.

Bild 13

Das stärkste Engagement erzeuge ich natürlich, wenn der Konsument selbst zum Teil der Kampagne wird. Es gibt immer mehr Marken, vorwiegend große wie L'Oreal, die dazu einladen, aktiv die Kampagne zu gestalten (Bild 13). ‚You make it the Commercial' ist in den USA gelaufen und da haben wir 110 eingesendete selbst gedrehte TV-Spots. Wer ein bisschen versteht, worin der Erfolg von YouTube.com liegt, einer „user generated content" Site auf die man seine selbst gedrehten Videos einsenden und draufstellen kann, wird auch verstehen, dass diese Art von Werbung, wo Konsument und Produzent miteinander verschmelzen ein sehr wirksames Instrument ist.

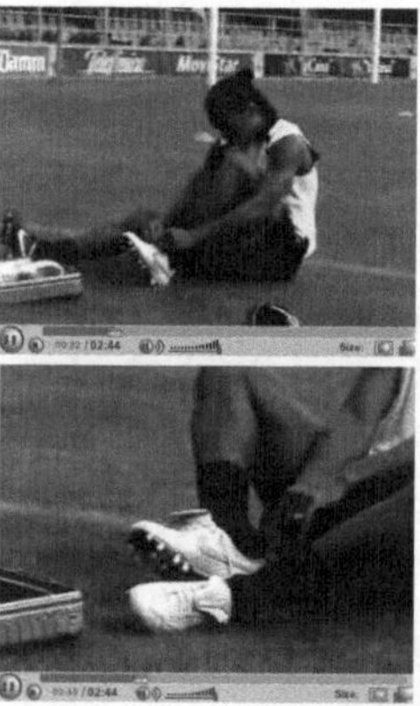

Bild 14

Über Virales Marketing haben wir vorher schon gesprochen.. BMW war da mit den Hire Spots ein wirklicher Pionier. Ein schönes aktuelles Beispiel kommt non Nike, natürlich im Vorfeld der Fußballweltmeisterschaft, das in den Internet Blog und Chats heiß diskutiert wird, weil, wir werden es gleich sehen, er Unglaubliches mit diesen Schuhen macht und alle fragen sich, ob das wirklich sein kann. Ist das wirklich wahr? Kann ein Ronaldhino den Ball mehrmals hintereinander gezielt gegen die Latte schießen und den Abpraller wieder aufnehmen? Kann er das gemacht haben oder kann er das nicht getan haben? Genau diese Unglaublichkeit war der Trigger warum der Clip m Netz kursierte. 3 Millionen mal wurde der Clip angeschaut und aktiv aufgesucht (Bild 14).

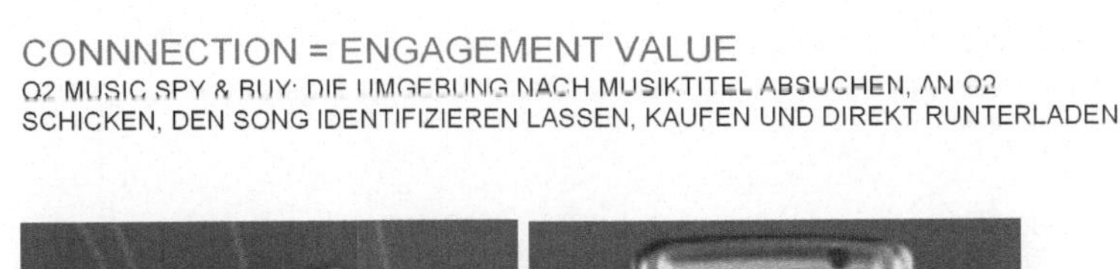

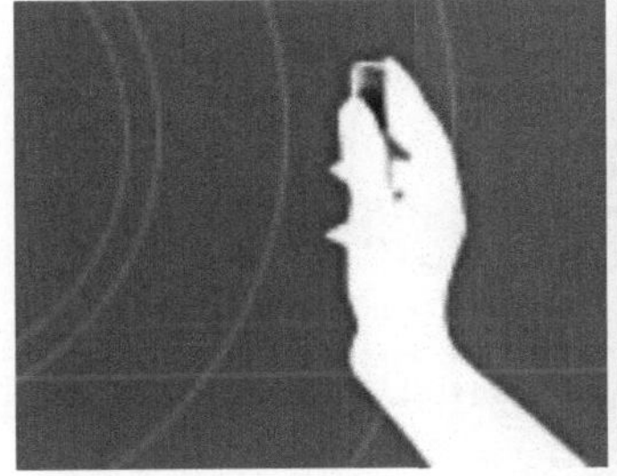

Bild 15

Ein weiterer Trend, den wir sehen ist der, das wir nicht nur eine Konvergenz der Medien feststellen, sondern auch eine Konvergenz zwischen realer und medialer Welt. Medien werden persönlich und dafür genutzt, die reale Welt, seine Umgebung abzutasten bzw. seine Umgebung besser zu verstehen. Simples aber schlagendes Beispiel ist die Aktivierung von Passivmedien durch digitale Technik: Wie die „sprechenden" interaktiven digitalen Plakate, die uns helfen, Werbemedien und Werbebotschaften zu senden, mit dem, Handy Dokumente downzuloaden und somit die aktive Beschäftigung forcieren (Bild 15).

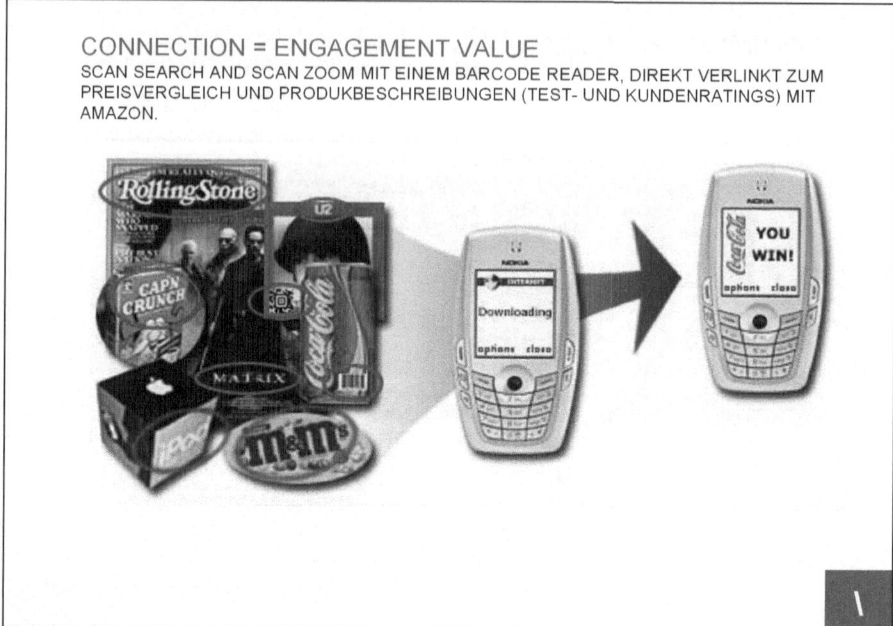

Bild 16

Das Handy lässt ich vielfach einsetzen: Wir können z.B. auch unsere Umgebung mittels unseres „O2 Music and Buy" Geräts abtasten, gesetzt den Fall wir haben gerade einen Song gehört, den wir unheimlich gut finden, zu dem wir aber natürlich mal wieder nicht den Musiktitel wissen und auch nicht den Interpreten. Nicht schlimm in diesem Fall: Wir nehmen den Song akustisch mit unserem Handy auf, versenden es an O2 und die identifizieren den Song, und bieten ihn mir Minuten später als Download direkt zum Kaufen an. Das Gleiche passiert auch mit Barcodes auf Produkten – ich kann jedes Produkt mit einem Scansearch und mit einem Scanzoom abtasten, abfragen und letztendlich über meinem Medium und mit dem Service, der damit verlinkt sein muss, einen Preisvergleich bekommen oder weitere Produktbeschreibungen, Tests und Kundenratings (Bild 16).

Das alles sind Beispiele, wie das Engagement weiter steigerbar ist und letztendlich dazu führt, dass der Kommunikationswert sich mit steigert.

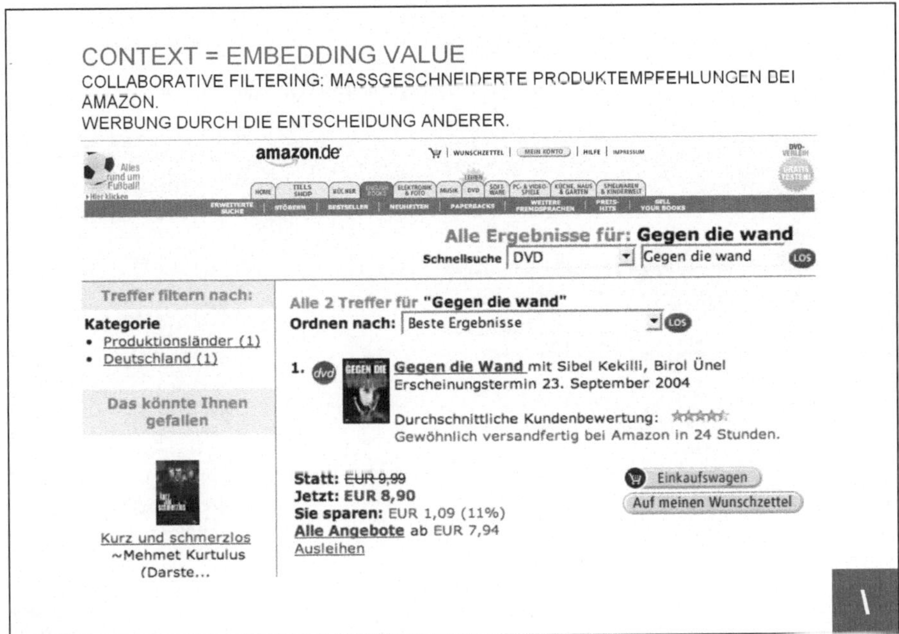

Bild 17

Letzter Wert für heute: Embedding Value. Dabei legt sich Kommunikation um das Interesse herum. Wie sieht so etwas aus? Da müssen wir nun wirklich ins Internet gucken, weil es da vorgemacht wird. Da gibt es einen wunderbaren Begriff. Collaborative Filtering; Amazon hat ihn in den Markt als Begriff eingeführt und er heißt soviel wie maßgeschneiderte Produktempfehlungen durch die hinzugezogenen und verrechneten Entscheidungsmuster meiner früheren Entscheidungen plus die Entscheidungsmuster von anderen Konsumenten, die ähnliche Präferenz- und Interessensmuster wie ich selber habe (Bild 17). Das ist natürlich eine sehr interessante Empfehlungs-Informationen, weil die sehr objektiv ist.

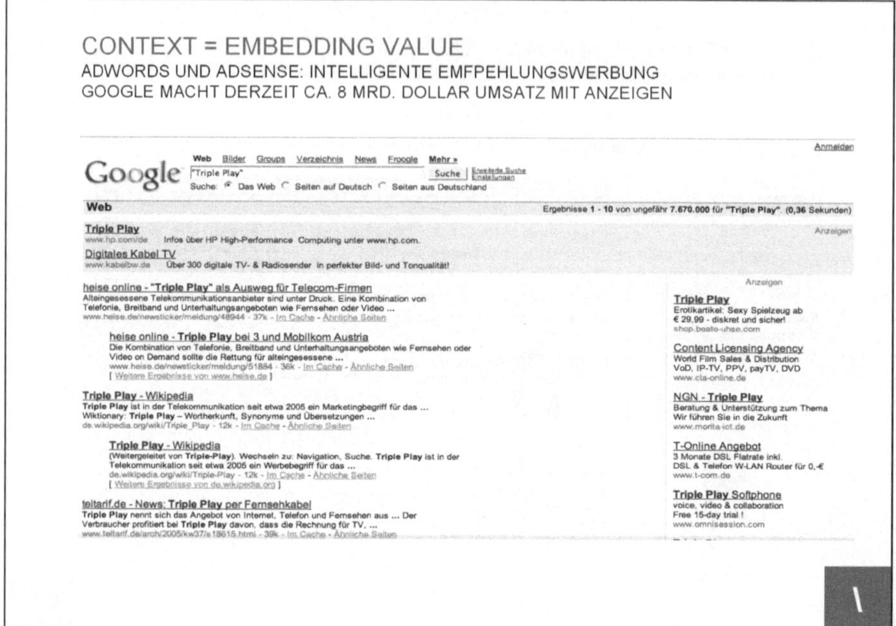

Bild 18

Ein anderes Beispiel, wiederum von Google, ist eine intelligente Kontextwerbung, Adwords genannt (Bild 18). Damit macht Google mittlerweile 8 Milliarden Dollar Umsatz,. Adwords sind buchbare Text-Annoncen des Suchmaschinenbetreibers, die eine Ergänzung zum Suchergebnis darstellen sollen und bei Eingabe eines Suchwortes in einer Spalte rechts neben den Ergebnissen zu finden sind. Die Adwords-Textanzeigen sind durch die Spaltenüberschrift „Anzeigen" von den Suchergebnissen abgegrenzt; bisweilen bieten sie dem Benutzer bessere Resultate als die eigentlichen Suchergebnisse. Das ist eine spannende Geschichte, zumal Google dieses Prinzip immer weiter treibt. Bei Google Mail (bisher nur USA) werden tatsächlich auf Inhalte, die man in den Mails schreibt, bestimmte Werbung angeboten. Also, wenn man zum Beispiel schreibt, „Wie ist denn das nächste Woche mit unserem Sylturlaub?" könnte ich mir gut vorstellen, dass rechts bestimmte touristische Empfehlungen und Werbungen kommen würden, die mir bestimmmte Hotels und Restaurants auf Sylt vorschlagen. Also, da ist noch ziemlich viel Phantasie offen, in welche Richtung das laufen kann. Wir versuchen letztendlich das Verhalten der Konsumenten direkt zu beantworten und direkt während sie sich „bewegen" Angebote zu unterbreiten. Begleitende oder Betreute Werbung quasi. Dazu ist es natürlich sehr wichtig, dass wir wissen, wie die Interessensprofile der Konsumenten sind. Wir müssen unseren Kunden, unseren Konsumenten wahnsinnig gut kennen.

Bild 19

Ein Beispiel aus Australien zeigt, dass bei BluePulse über das Handy die GPS-Koordinaten angegeben werden und das Konsumprofil, was man vorher eingegeben gespeichert ist. Das erlaubt dann ortsabhängiges Werben und Empfehlen. Das ist ein super spannender in dem man sich vorstellen kann, auch wieder auf Google- Technik basierend, hier ortsabhängige interaktive Karten mit kontextbezogener Werbung stattfinden werden (Bild 19). Das mag im Augenblick vielleicht noch relativ weit weg sein von dem, worüber wir heute Morgen gesprochen haben. Aber wenn Sie sich die Aufrüstung Ihrer Medien in dieser Konvergenz vorstellen, ist das alles nur einen Schritt entfernt, zumal ich immer noch davon ausgehe, dass das Internet das Leitmedium sein wird innerhalb des Triple Plays. Wenn über Triple Play sich das Rezeptionsverhalten tatsächlich ändert, dann spielt das Internet die dominante Rolle.

Fassen wir zusammen, wie sich Werbewirkung im digitalen Zeitalter definiert: Es geht sehr stark darum, ob ich irgendetwas habe, was ich weiter erzählen kann. Ob in dieser Werbung irgendetwas drin ist, was ich mitnehmen kann, kopieren kann, weiter tragen kann oder was ich behalten kann, also was mir nicht nur vorgespielt wird, sondern wo ich ein Teil einer Werbung werden kann oder teilweise sogar ein Trägerstoff dieser Werbung werden kann. In der Konvergenzwerbung verschmelzen Werbung und Content zunehmend.

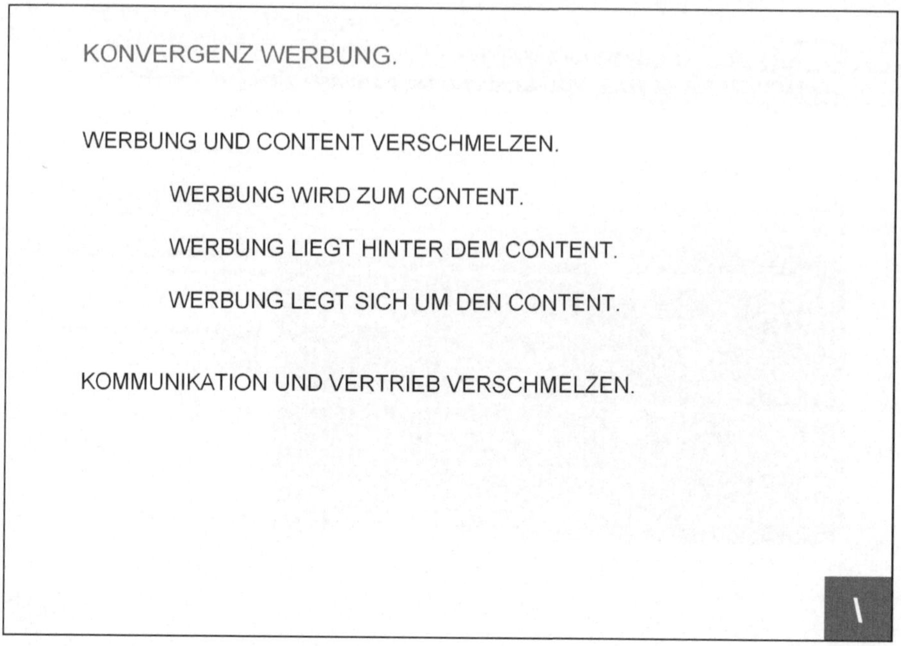

KONVERGENZ WERBUNG.

WERBUNG UND CONTENT VERSCHMELZEN.

WERBUNG WIRD ZUM CONTENT.

WERBUNG LIEGT HINTER DEM CONTENT.

WERBUNG LEGT SICH UM DEN CONTENT.

KOMMUNIKATION UND VERTRIEB VERSCHMELZEN.

Bild 20

Das kann entweder so sein, dass Werbung zum Content wird, was ich mit Brand-Entertainment und Branded Content vorhin beschrieben habe (Bild 20). Werbung liegt hinter oder unter dem Content, ist also eine Tiefenschicht, wo man ranzoomen kann und wo die Werbung im Grunde genommen auf einer zweiten Involvierungs- und Engagementschicht liegt. Oder Werbung legt sich um den Content rum, begleitet meine Interessensbekundungen. Dann bekomme ich maßgeschneiderte. personalisierte Werbung. In diesem Modell verschmelzen Kommunikation und Kaufakt immer weiter, was letztendlich diese Art von konvergenter Werbung ausmacht.

5.5 Diskussion

Moderation:
Dr. Annette Schumacher, Kabel Deutschland GmbH, Unterföhring

Frau Dr. Schumacher:
Meine Damen und Herren, ich begrüße Sie ganz herzlich zur letzten Session des heutigen Tages. Diese widmet sich speziell der Technologie- und der Diensteseite. Es soll insbesondere dargestellt werden, was sich hinter Triple Play aus technischer und inhaltebezogener Sicht verbirgt und wie sich Technologie und Inhalte perspektivisch weiterentwickeln werden. Dabei wird es besonders interessant sein, zu erfahren, ob Triple Play doch weit mehr als nur ein Bündel herkömmlicher, bekannter Angebotsformen ist und ob wir nicht tatsächlich neue Diensteformen, d.h. konvergente Anwendungen vorfinden oder jedenfalls künftig vorfinden werden. Lässt man den heutigen Tag einmal Revue passieren, so fällt auf, dass wir es, jedenfalls in Deutschland, bislang vor allem mit einer vermarktungsseitigen Bündelung von Sprachtelephonie, Breitbandinternet und Rundfunk im herkömmlichen Sinne zu tun haben, ohne, dass die nunmehr jedenfalls vorhandene technische Konvergenz bislang zu einer Konvergenz auf der Inhalteseite geführt hätte. Die nachfolgenden Vorträge sollen daher aus unterschiedlichen Perspektiven Entwicklungslinien von Triple Play gerade mit Blick auf die Konvergenz aufzeigen.

Ich freue mich, Ihnen die Referenten dieser Session vorstellen zu dürfen:

Herr Stefan Baumann ist Managing Director bei \STURM und DRANG, einer unabhängigen Marktberatungsagentur innerhalb der TBWA\ Agenturgruppe. Der Markt- und Konsumpsychologe ist seit vielen Jahren in der Trend- und Marketingforschung beschäftigt und wird uns insbesondere Einblick in die Herausforderungen der Konvergenz an die Werbung und neueste Entwicklungen in der Werbeindustrie geben.

Herr Norbert Günther ist studierter Elektroingenieur, seit vielen Jahren bei Alcatel beschäftigt und dort Vice President Global Account Management Deutsche Telekom: Herr Günther wir insbesondere über die technologischen Aspekte von Triple Play berichten.

Herr Chris Lefrere ist Manager für Research Projects bei Telenet Vlaanderen, einem belgischen Kabelnetzbetreiber und hat bei Telenet den Aus- und Umbau des Kabelnetzes zu einem interaktiven Netzwerk für Triple Play intensiv begleitet.

Herr Prof. Claus Sattler ist Geschäftsführer des Internationalen Industrieforums Broadcasting Mobile Convergence Forum und wird über die Entwicklungen und Entwicklungsperspektive von Triple Play im Mobilfunk referieren.

Herr Michael Werber ist Geschäftsführer des Münchner Unternehmens FiveWorks GmbH. Five Works entwickelt insbesondere interaktive TV-Formate. Viele der heute schon als interaktiv bezeichneten Formate, wie „Call in Formate", wurden von Five Works entwickelt.

Norbert Günther:
(Vortrag ist unter Ziffer 5.1 abgedruckt.)

Frau Dr. Schumacher:
Vielen Dank, Herr Günther. Da es keine unmittelbaren Fragen aus dem Auditorium zu geben scheint, würde ich gerne nochmals auf die für IPTV notwendigen Endgeräte und die hiermit zusammenhängen Fragen der Standardisierung zurückkommen. Es klang bereits heute Vormittag im Vortrag von Herrn Pech an, dass sich, auch mit Blick auf internationale Entwicklungen, bei IPTV vor allem Microsofttechnologien durchzusetzen scheinen. Auch der eine oder andere Vertreter eines Programmveranstalters hat heute bereits das Thema Standardisierung/Offene Standards bei Endgeräten für IPTV angesprochen. Inwieweit könnten sich aus Ihrer Sicht bei der Einführung von IPTV Probleme im Hinblick auf Fragestellungen wie „Kaufmärkte für Endgeräte" und „Interoperabilität" ergeben?

Herr Günther:
Ich möchte nicht mutmaßen über die Szene von Microsoft. Schauen wir einmal, was uns die IP Welt tatsächlich gebracht hat, die auf dem PC deutlich von Microsoft dominiert ist, gar keine Frage. Gibt es irgendeine Welt, wo so einfach neue Inhalte platzierbar sind wie das Internet? Ich glaube, ich habe noch keine erlebt. Es gibt da keine Standards und trotzdem funktioniert es. Im Zweifelsfall, wenn Sie ein Format auf einer Webseite finden, wo Sie das passende Programm nicht haben, drücken Sie auf einen Knopf und dann lädt er Ihnen in pdf oder Microflash oder was auch immer runter und dann läuft es. Eine Offenheit ohne Ende. Ich bin noch nie blockiert worden. Wenn wir jetzt das Thema IPTV anschauen, ist die Philosophie, die Microsoft da verfolgt, eine relativ klare und einfache. Das Endgerät ist der Fernseher. Und der Fernseher hat heute einen Standard mit einer Skartbuchse, wie er angeschlossen wird behält man. Davor gibt es dann die Settop Box, die über IP funktioniert, d.h. jeder Fernseher ist anschließbar. Und die Settop Box soll dann zwei Dinge erlauben, dass man einmal die Fernsehprogramme, so wie man das heute kennt, bekommt. Auf der anderen Seite ist da etwas drin, um zu ermöglichen, dass der Fernseher auf jede Internetanwendung in Zukunft zugreifen kann über eine virtuelle Serverkonzeption. Insoweit also die gleiche Offenheit, die wir heute im Internet finden. Das Endgerät, nämlich der Fernseher, ist komplett unabhängig davon.

Frau Dr. Schumacher:
Bei der Kabel- und Satellitenübertragung, aber auch in der Terrestrik gibt es sogenannte DVB Standards, die sicherstellen, dass die Settop Box die entsprechenden

Signale auf dem Fernsehgerät sichtbar macht. Die Internetwelt hält ihre eigenen Standards bzw. Übertragungssoftware bereit. Glauben Sie, dass die Konvergenz auch erfordert, dass diese beiden Welten miteinander verbunden werden müssen? Erfordert echte Konvergenz auch eine Verbindung von DVB – und IP-Welt auf der Ebene der technischen Standards für Endgeräte?

Herr Günther:
Es geht ja um die Frage, wie weit ist das mit dem Distributionsmedium verknüpft, also Koaxkabel und die Logik dahinter und inwieweit lässt dies eine Vielfalt zu. Musik gibt es in allen möglichen Formaten. Und wenn Sie heute ins Internet gehen, ist das Format MP3, wie Sie es meistens bekommen. Das funktioniert blendend und ist ein solcher Standard geworden, dass das eigentlich auf jedes Endgerät, ob das Handy, den iPod oder was auch immer funktioniert. Dass dieser Musikcontent in irgendeiner anderen Firma produziert wurde, ist ja fast unerheblich. Die Frage ist, wie ich in den einzelnen Netzen diese Umcodierung so vornehme, dass der Inhalt bereitsteht. Im Internet wird es Kompressionsmechanismen geben, M-Pack4, eine Reihe von Standards, die sicherlich anders sind als das, was man bei DVBT macht. Das heißt aber nicht, dass ich als Nutzer diesen Content nicht bekommen werde. Ich bekomme ihn auf einem anderen Weg und daraus auch eine Codierung möglicherweise. Aber das behindert mich ja nicht. Es behindert mich heute bei Musik ja auch nicht, wie mein Radio digitalen Radioempfang sicherstellt.

Frau Dr. Schumacher:
Vielen Dank, Herr Günther.

Ich möchte dann Herrn Lefrere bitten, seinen Vortrag zu halten.

Chris Lefrere:
(Vortrag lag bis zum Redaktionsschluss noch nicht vor.)

Frau Dr. Schumacher:
Gibt es aus dem Auditorium Fragen zu dem Vortrag von Herrn Lefrere?

Dr. Ventroni, RA in Munich:
A question to Mr. Lefrere: As you reported about the difficulties that you had in Belgium I would be interested, how you managed to deal with the Belgium copy right society SABAM. Did you find it extremely difficult to handle all your contents or did you find a quick solution there? That is a problem we face in Germany that we have to deal with several copy right societies which is very difficult here and which some times even seems to be an obstacle with regard to the development of new services.

Mr. Lefrere:
Yes, indeed it was not easy but on the other hand due to the fact that we are working together with the broadcasters it made things a bit easier. But in the end it is hard work, I agree.

Dr. Ventroni:
Do you have a kind of umbrella agreement with them or do you pay to them on an individual usage basis? Is there some tendency that you can tell us?

Mr. Lefrere:
I have to excuse myself here. I am an engineer, I am not a lawyer. So, you beat me.

Frau Dr. Schumacher:
Wenn es keine weiteren Fragen mehr gibt, schlage ich vor, dass wird nun zum Vortrag von Prof. Sattler übergehen.

Prof. Sattler:
(Vortrag ist unter Ziffer 5.2 abgedruckt.)

Frau Dr. Schumacher:
Vielen Dank, Prof. Sattler. Ich hätte zu Ihrem Vortrag gleich eine Anschlussfrage und würde dabei gerne noch einmal auf das Thema Bündelung klassischer Services zurückkommen. Es scheint so, dass sich die Entwicklung des Mobilfunks ähnlich gestaltet, wie wir das auch bei den Festnetzinfrastrukturen gesehen haben. Auch hier scheint es im Moment so auszusehen, dass zunächst einmal klassische Services, d.h. vorhandene Programme im Simulcast verbreitet werden, d.h. dass etwa das ZDF, wie wir es über Satellit, Kabel und DVB-T sehen können, nun zusätzlich über eine vierte oder neben DSL gar auch fünfte Infrastruktur, nämlich über DMB oder DVB-H verbreitet wird. Muss und wird der Zuschauer künftig dafür bezahlen, dass er das identische Programm ZDF bzw. die übrigen über DMB bzw. DVB-H verbreiteten Programme, zusätzlich mobil sehen kann? Woran liegt es, dass bislang noch keine konkret auf das Handy TV zugeschnittene Inhalte produziert werden?

Prof. Sattler:
Das waren zwei Themen auf einmal. Das eine ist, dass der Nutzer nicht für die Inhalte bezahlt. Er bezahlt im Prinzip für den Übertragungsweg. Das Sendernetz, ich hatte das gerade als letzten Punkt angesprochen, kostet Geld und das wird sozusagen durch das Zugangsentgelt refinanziert. Das bedeutet, dass so wie im Kabel, wo der Kabelanschluss zu bezahlen ist, der Nutzer hier ein Entgelt bezahlt, damit er überhaupt in die Lage versetzt wird, mobil Fernsehbilder zu empfangen. Ansonsten müssten beispielsweise die privaten Fernsehveranstalter entsprechend diese Übertragungskosten tragen, was sie nicht tun werden, weil sich das aus den Werbeerlösen nicht finanzieren lässt.

Zu der Frage zugeschnittener Programme, denke ich, dass das ein zeitlicher Aspekt ist. Zunächst haben wir eine Anlaufphase und in dieser Anlaufphase lohnt es sich zunächst noch nicht, in zusätzliche Inhalte zu investieren. Die Produktion kostet halt Geld. Der zweite Aspekt ist, dass sicher auch die vorhandenen Marken der Fernsehsender mit genutzt werden, um die dann neuen Angebote an den Kunden zu bringen. Aber mittelfristig können wir sicher damit rechnen, dass auch maßgeschneiderte Programme angeboten werden, die mehr den kurzzeitigen Charakter des Fernsehens auf dem Handy ins Kalkül ziehen.

Frau Dr. Schumacher:
Wenn es keine weiteren Fragen mehr an Prof. Sattler gibt, würde ich gerne direkt zum Vortrag von Herrn Weber übergehen und mehr über Perspektiven der Interaktivität auf der Inhalteseite erfahren. Wie wir heute Morgen gelernt haben, sind Inhalte wie „Call in Formate“, die wir aus der täglichen Fernseherfahrung als „interaktiv“ kennen, erst der Anfang ganz neuer interaktiver Möglichkeiten.

Herr Weber:
(Vortrag ist unter Ziffer 5.3 abgedruckt.)

Frau Dr. Schumacher:
Vielen Dank. Darf ich dann direkt im Anschluss Herrn Baumann bitten, seinen Vortrag zu halten. Herr Baumann wird berichten, vor welchen Herausforderungen die Werbeindustrie steht und welche neuen Werbeformen entwickelt werden müssen, um in einer konvergenten Vielkanalwelt auch weiterhin die Aufmerksamkeit des Zuschauers auf sich ziehen und damit letztlich die Werbung als Finanzierungsquelle aufrecht erhalten zu können.

Herr Baumann:
(Vortrag ist unter Ziffer 5.4 abgedruckt.)

Frau Dr. Schumacher:
Vielen Dank, Herr Baumann. Wie es scheint, werden gerade die von Ihnen dargestellten, sehr grundlegenden Veränderungen im Bereich der Werbung mittelfristig die Inhaltesproduktion insgesamt erheblich verändern. Augenscheinlich ist dabei auch, dass der in unserer Medienordnung zentrale Grundsatz der Trennung von Werbung und Programm dabei in seiner konkreten Ausgestaltung wohl nochmals auf den Prüfstand muss.

Wenn noch Fragen sind, bitte ich Sie diese nun zu stellen.

NN:
Die Industrie für Audio- und Videorekorder hat es also in zehn Jahren nicht geschafft, einfache Bedienungselemente herzustellen, die der Normalbenutzer auch ohne großes Manuel studieren, in die Hand nehmen kann, um die Funktionsvielfalt

in diesen Geräten zu aktivieren. Wenn ich mir jetzt vorstelle, was wir heute hier behandelt haben, dass also Interaktivität die Möglichkeiten des Internets in das Wohnzimmer wandert, also in das Fernsehen hinein, und ich stelle mir also den typischen Benutzer vor zwischen 30 und 60, der dort sitzt und irgendetwas machen soll. Ich frage mich, welche Vorstellungen bestehen eigentlich von den Bedienelementen, die diese Menschen dann in die Lage versetzen sollen, diese ganzen interaktiven Möglichkeiten zu nutzen? Das ist mir nicht klar. Und ich glaube, dass wir uns darüber noch viele Gedanken machen müssen, wie wir diese Interfaces gestalten, dass das auch wirklich dem Endnutzer möglich wird, all diese neuen Dinge hier zu bedienen. Wenn da ein Engpass besteht, der nicht überwunden werden kann, dann können wir uns all diese Zahlen, die da prognostiziert werden, an die Wand schreiben. Ich nehme jetzt nur mal die Beispiele, ich schau zurück, denken Sie heute einmal daran, Sie gehen an Ihren Videorekorder, wollen irgendwas programmieren, haben das zwei, drei Wochen nicht gemacht, schon sind Sie wieder am Lesen und Studieren dieser oder jener Funktion. Das ist ein ganz einfaches Beispiel im Vergleich zu den Möglichkeiten, die heute hier berichtet wurden. Wenn ich das Internet bediene, gehe ich an meinen Computer. Da habe ich eine schreibmaschinenartige Tatstatur, und über die aktiviere ich all diese Möglichkeiten. Wenn ich Fernsehen schaue, sitze ich im Wohnzimmer, da bin konsumorientiert, also ganz anders eingestellt, einer mehr relaxten Atmosphäre ausgesetzt und will mich mit Technologiekomplexität in der Situation nicht auseinander setzen. Das wäre vielleicht noch einmal ein ganz interessanter Aspekt, den man von der benutzerpsychologischen Seite her vertiefen müsste, um diese Prognosen wirklich wahr zu machen.

Prof. Sattler:
Eine ganz kurze Antwort von meiner Seite, bezogen natürlich nur auf den Mobilfunk. Ich glaube, dass Konvergenz eine Chance ist und hier wirklich neue Möglichkeiten bietet. Ich hatte vorhin das Beispiel mit Dienst VIVA „Get the clip“ gezeigt, wo Sie beim stationären Fernsehen eine Menge Daten in Ihr Handy eingeben müssen, viele Nummern und ähnliches mehr. Beim mobilen Fernsehen benötigen Sie im Prinzip nur drei Klicks. Ein weiteres Beispiel sind alle Fernsehsendungen, bei denen heute eine Telefonnummer eingeblendet ist, wo Sie für irgendwas abstimmen sollen, für den Spieler A, das Tor des Monats usw. Beim mobilen Fernsehen agieren Sie nicht mit Telefonnummern, sondern wieder sind es nur Klicks, mit denen abgestimmt werden kann. Das vereinfacht die Mitwirkung. In meinem Beitrag wollte ich durch die mannigfaltigen Beispiele auch zeigen, dass bei der Interaktivität ein Wiedererkennungswert da sein sollte. Wir können nicht mit beliebig vielen Formaten agieren, sondern es wird eine gewisse, vielleicht gleiche Aktionsfähigkeit erhalten bleiben müssen. Das sind sicher alles erst Ansätze. Ich akzeptiere aber, dass darüber noch viel nachzudenken sein wird.

Herr Günther:
Ich glaube, die Antwort ist zu finden. Gehen Sie ins Internet. Gucken Sie Ihrer Frau über die Schulter beim Einkaufen! Gucken Sie Ihren Kindern und Enkeln über die Schulter! Meine Frau hat gesagt: PC-Tastatur ist kompliziert. Einkaufen ist ganz einfach. Da ist dann ein Warenkorb. Da drücken Sie drauf, schieben es rein. Das ist so einfach. Das funktioniert. Das funktioniert auch über die Fernbedienung.

Ich glaube tatsächlich, dass wir hier viel mehr Probleme sehen als die Chancen. Das ist die Frage, die ich mitnehme für mich, wenn ich den heutigen Tag reflektiere und eigentlich auch an Sie alle stellen möchte. Wir haben festgestellt, dass einseitige Kommunikation unheimlich unmenschlich ist. Einige von Ihnen haben den Kampf gegen das Schlafbedürfnis kurzzeitig verloren, weil eben einseitige Kommunikation unmenschlich ist und Interaktion viel erfrischender. Fernsehen ist heute Berieselung, und man schläft vor der Glotze ein, und man kriegt das, was es gibt. Heute haben wir gesprochen über eine neue Welt der Interaktion und die Möglichkeiten, die sich da eröffnen. Die haben wir ganz am Ende diskutiert. Es haben alle akzeptiert, dass wir zunächst einmal das Bewahren, das Regulieren sehr intensiv diskutieren, auch sehr viel Zeitverzug einbauen, so dass Frau Schumacher mit Ihrem Panel ganz nervös wird und gar nicht mehr die Zeit gehabt hat, wirklich die intensive Diskussion über die Möglichkeiten zu führen. Also, ist die Frage an uns, die wir ja Teilnehmer und Gestalter einer Welt, einer Industrie sind. Sind wir dafür schon ready? Sind wir bereit, die Chancen zu sehen, das zu gestalten auch im Sinne einer Standortpolitik, die heute Morgen von der Politik her erwähnt wurde? Oder wollen wir vordergründig überall einmal gucken, was die möglichen behindernden Elemente wären? Denn die Antworten auf all das werden wir finden, wenn wir es wollen und nicht, wenn wir nur die Sorge formulieren. Also Frage: Are you ready? Wir waren spät für das Internet ready in Deutschland. Sind wir schon ready für IPTV? I don't know.

Frau Dr. Schumacher
Danke, Herr Günther. Ich denke, dass dies zwar eine eher skeptische, aber doch immerhin schlussworttaugliche Antwort war.

6 Schlusswort

Prof. Dr. Arnold Picot
Universität München

Meine Damen und Herren, unsere Zeit ist fortgeschritten. Ich möchte Herrn Staatssekretär Stadelmaier Recht geben, dass wir hier eine Fülle von Punkten angerissen haben, deren Bewältigung ein solches Panel überfordert. Die Funktion dieses Panels kann es nicht sein, dieses Panoptikum von Themen hier auch nur annähernd abzuarbeiten. Der Zweck war es, das Bewusstsein zu schärfen, die Aufmerksamkeit darauf zu lenken, dass wir es hier doch mit einem sehr vielfältigen, vielschichtigen, komplexen und auch zum Teil von konfligierenden Interessen geprägten Regelungsrahmen zu tun haben, in Europa wie auch in Deutschland. Jeder Aspekt hat seine gewisse Berechtigung aus einer bestimmten Perspektive, zum Teil gibt es gute Erfahrungen, zum Teil muss sich manche aber auch weiter entwickeln. Wir erkennen, dass die Märkte in ihrer Entwicklung sehr stark von dem institutionellen Rahmen beeinflusst werden und davon, ob und wie ein solcher Rahmen funktioniert und auch dynamisch bleibt. Jeder an seiner Stelle bemüht sich darum, diese Dinge zu verbessern und voran zu treiben, gerade auch alle Verantwortlichen, die hier sitzen. Es ist sicherlich auch zu überlegen, ob der eine oder andere Kernaspekt, die hier angesprochen wurde – z.B. der Plattformwettbewerb oder die Must Carry Fragen – einmal einer spezifischen Spezialveranstaltung zugeführt werden.

Insofern sehe ich hier eine Menge Anregungen, die dieses Panel gebracht hat, und ich möchte mich bei allen, die mitgewirkt haben, ganz herzlich bedanken. Ich entschuldige mich beim Auditorium, dass wir Sie nicht haben tiefer in die Diskussion einbeziehen können, aber das sind nun leider die institutionellen Restriktionen der Realität.

6 Schlusswort

Anhang

Liste der Referenten und Moderatoren / List of Speakers and Chairmen

Stefan Baumann
\STURM und DRANG
Axel-Springer-Platz 3
20355 Hamburg
stefan.baumann@sturmunddrang.de

Dr. Andreas Bereczky
Produktionsdirektor
Zweites Deutsches Fernsehen
ZDF-Str. 1
55100 Mainz
bereczky.a@zdf.de

Prof. Dr. Hans-Bernd Brosius
Universität München
Institut für Kommunikationswissenschaften
Oettingenstr. 67
80538 München
brosius@ifkw.uni-muenchen.de

Prof. Dr. Carl-Eugen Eberle
Justitiar
Zweites Deutsches Fernsehen
ZDF-Str. 1
55127 Mainz
eberle.ce@zdf.de

Axel Freyberg
Vice President
A.T. Kearney GmbH
Charlottenstr. 57
10117 Berlin
axel.freyberg@atkearney.com

Norbert Günther
Alcatel SEL AG
Lorenzstr. 10
70435 Stuttgart
Norbert.Guenther@alcatel.de

Dr. Hans Hege
Medienanstalt Berlin-Brandenburg
Kleine Präsidentenstr. 1
10178 Berlin
hege@mabb.de

Georg F. Hofer
Vorsitzender der Geschäftsführung
Kabel Baden-Württemberg GmbH & Co. KG
Im Breitspiel 2-4
69126 Heidelberg
georg.hofer@kabelbw.de

Staatsminister Erwin Huber
Bayer. Staatsministerium für Wirtschaft, Infrastruktur, Verkehr und Technologie
Prinzregentenstr. 28
80538 München
paula.prost@stmwivt.bayern.de

Wolfgang Kasper
Direktor Mobile Business RTL mobil
RTL interactive GmbH
Am Coloneum 1
50829 Köln
wolfgang.kasper@rtl.de

Prof. Dr. Jörn Kruse
Helmut-Schmidt-Universität Hamburg
Institut für Wirtschaftspolitik
Holstenhofweg 85
22043 Hamburg
Joern.Kruse@unibw-hamburg.de

Chris Lefrère
Special Projects Manager Corporate Affairs
TELENET
Liersesteenweg 4, PB 4
2800 Mechelen, BELGIEN
chris.lefrere@staff.telenet.be

Dr. Alwin Mahler
Vice President Strategy
Telefónica Deutschland GmbH
Landshuter Allee 8
80637 München
alwin.mahler@telefonica.de

Dr. Angelika Niebler, MdEP
Europäisches Parlament
Rue Wiertz
ASP 15 E 254
1047 Brüssel
BELGIEN
aniebler@europarl.eu.int

Eckart Pech
President and CEO
Detecon, Inc.
10700 Parkridge Blvd., Suite 100
Reston, VA 20191
USA
Eckart.Pech@detecon.com

Prof. Dr. Dres. h.c. Arnold Picot
Universität München
Institut für Information, Organisation
und Management
Ludwigstr. 28
80539 München
picot@lmu.de

Prof. Dr. Claus Sattler
Executive Director
Broadcast Mobile Convergence Forum
Attilastr. 61-67
12105 Berlin
claus.sattler@bmcoforum.org

Dr. Wolfgang Schulz
Direktor
Hans-Bredow-Institut
Heimhuder Str. 21
20148 Hamburg
w.schulz@hans-bredow-institut.de

Dr. Annette Schumacher
Leiterin Regulierung
Kabel Deutschland GmbH
Betastr. 6-8
85774 Unterföhring
annette.schumacher@kabeldeutschland.de

Prof. Dr. Bernd Skiera
Universität Frankfurt
Lehrstuhl für BWL
insb. Electronic Commerce
Mertonstr. 17
60054 Frankfurt
skiera@wiwi.uni-frankfurt.de

Staatssekretär Martin Stadelmaier
Chef der Staatskanzlei
des Landes Rheinland-Pfalz
Peter-Altmeier-Allee 1
55116 Mainz
Michaele.Glass@stk.rlp.de

Herbert Tillmann
Technischer Direktor
Bayerischer Rundfunk
Rundfunkplatz 1
80335 München
herbert.tillmann@brnet.de

Christof Wahl
Geschäftsführer COO
Kabel Deutschland GmbH
Betastr. 6-8
85774 Unterföhring
christof.wahl@kabeldeutschland.de

Michael Werber
Geschäftsführer
FiveWorks GmbH
Digital Entertainment Productions
Altheimer Eck 2
80331 München
michael.werber@fiveworks.com

Programmausschuss / Program Committee

Dr. Andreas Bereczky
Produktionsdirektor
Zweites Deutsches Fernsehen
ZDF-Str. 1
55100 Mainz
bereczky.a@zdf.de

Prof. Dr.-Ing. Jörg Eberspächer
Technische Universität München
Lehrstuhl für Kommunikationsnetze
Arcisstr. 21
80290 München
joerg.ebespaecher@tum.de

Axel Freyberg
Vice President
A.T. Kearney GmbH
Charlottenstr. 57
10117 Berlin
axel.freyberg@atkearney.com

Dr. Alwin Mahler
Vice President Strategy
Telefónica Deutschland GmbH
Landshuter Allee 8
80637 München
alwin.mahler@telefonica.de

Johannes Mohn
Executive Vice President
Media Technology Group
Carl-Bertelsmann-Str. 270
33311 Gütersloh
johannes.mohn@bertelsmann.de

Dr. Annette Schumacher
Leiterin Regulierung
Kabel Deutschland GmbH
Betastr. 6-8
85774 Unterföhring
annette.schumacher@kabeldeutschland.de